分数阶非线性系统的分析与控制

孙业国 著

科学出版社
北京

内 容 简 介

分数阶非线性系统及相关研究是近年来科研领域的研究热点，该项研究不仅具有重要的理论意义，而且具有广泛的应用价值。本书的内容主要取材于作者及其所在团队近几年的研究成果，深入浅出地讲解分数阶非线性系统的自适应控制、预设性能控制、有限时间控制以及固定时间控制。本书侧重于介绍分数阶非线性系统的模糊自适应控制、预设性能控制、有限时间同步控制以及固定时间同步控制的一些新方法，这些方法有的是作者近年来提出的，有的是对原方法进行的改进和发展。

本书可作为高等院校控制理论与控制工程、计算机应用技术、系统工程、机械工程与自动化、信息与计算科学、运筹学与控制论等相关专业的高年级本科生、硕士研究生和博士研究生的专业参考书。

图书在版编目（CIP）数据

分数阶非线性系统的分析与控制 / 孙业国著. --北京：科学出版社, 2025. 6.
ISBN 978-7-03-082237-6

Ⅰ. TP271

中国国家版本馆 CIP 数据核字第 20255JV620 号

责任编辑：任 静 高慧元 / 责任校对：任苗苗
责任印制：师艳茹 / 封面设计：蓝正设计

科学出版社 出版
北京东黄城根北街 16 号
邮政编码：100717
http://www.sciencep.com
北京华宇信诺印刷有限公司印刷
科学出版社发行 各地新华书店经销
*
2025 年 6 月第 一 版 开本：720 × 1000 1/16
2025 年 6 月第一次印刷 印张：12
字数：242 000

定价：118.00 元

前　言

近年来，随着计算机科学技术的跨越式发展和分数阶微积分理论的日趋完善，分数阶微积分作为整数阶微积分的推广，在物理、化学、生物、工程等诸多方面表现出的强大优势和广泛的应用前景，引起了国内外学者的广泛关注，已经成为当下的热点研究领域。其中，分数阶非线性系统的分析与控制一直是研究的热点与难点。我们主要围绕几类典型的分数阶非线性系统展开研究，包括分数阶混沌系统、分数阶神经网络、分数阶忆阻神经网络以及分数阶惯性神经网络。重点研究了这几类分数阶非线性系统的稳定性、镇定与同步控制器的设计，给出了一系列判断系统稳定的充分条件以及实现系统镇定与同步的控制器设计方法，主要研究内容包括以下几项。

第 1 章主要阐述分数阶非线性系统的研究背景及意义，同时分别对分数阶非线性系统的稳定性分析与控制方法、分数阶混沌系统同步控制方法、分数阶忆阻神经网络同步控制方法进行综述。

第 2 章～第 5 章主要基于模糊控制理论、自适应控制理论、时滞系统理论、分数阶微积分理论，运用 Lyapunov 稳定性方法，对分数阶混沌系统同步控制进行深入的研究。

第 6 章主要基于 Razumikhin 理论，运用 Lyapunov 直接法，研究分数阶忆阻时变时滞惯性神经网络的渐近和有限时间同步问题。

第 7 章主要基于误差变换理论，运用 Lyapunov 直接法，研究了分数阶忆阻神经网络的预设性能同步控制问题。

第 8 章主要基于固定时间稳定性理论，运用 Lyapunov 直接法，研究时变时滞分数阶忆阻模糊细胞神经网络的固定时间同步控制问题。

第 9 章主要基于自适应控制理论，运用同步控制方法，研究一类具有不确定系统参数的分数阶时变时滞神经网络的参数辨识问题。

第 10 章主要基于分数阶微积分理论，运用 Lyapunov 直接法，研究 Caputo 分数阶时变时滞惯性神经网络的渐近同步控制和稳定性分析问题。

第 11 章主要基于有限时间稳定性理论，运用 Lyapunov 直接法，研究一类具有时变混合延迟的分数阶模糊惯性细胞神经网络的固定时间同步问题。

本书的相关研究得到了国家自然科学基金项目（网络控制系统的有限时间分析与综合，项目编号：61403157）、安徽省自然科学基金面上项目（分数阶神经网络模糊自适应同步控制及应用研究，项目编号：2008085MF200）、安徽省高校优秀科研创新团队项目（光电检测与智能控制，项目编号：2022AH010085）等多个项目的资助，在此表示诚挚的感谢。

由于编写时间仓促加之作者水平有限，书中难免存在疏漏之处，恳请同行专家和广大读者批评指正，不吝赐教，同时也欢迎针对相关问题进行学术交流与讨论。

作者邮箱是 yeguosun@126.com。

目　　录

第1章 绪 论

1.1 分数阶系统的研究背景及意义

微积分作为数学中一个重要的基础学科，它的提出解决了众多无法用初等数学方法来解决的实际问题，并被应用到众多科学领域。在微积分被提出的同时，就有学者把积分和微分看成数轴上相互孤立的点，而这些点之间的部分又是什么?其实早在 1695 年，Leibniz 就在书信中对二分之一阶导数的意义进行过探讨。自此以后，众多著名数学家都投身到分数阶微积分的研究中，如 Caputo、Riemann、Liouville 等。整数阶微积分被广泛应用，并得到快速发展，其原因在于整数阶微积分有着清晰的物理意义。而与整数阶微积分不同的是，分数阶微积分在当时缺乏明确的物理意义并且难以应用到实际问题中，它的发展速度较为缓慢。这种状态一直持续到 1967 年，Mandelbrot 以海岸线为课题进行详细的研究[1]。尽管这种曲线具有极不光滑和极不规则等特征，在形状上呈现出蜿蜒曲折的复杂规律，但是其形貌上体现出一定的自相似性。因此，从统计自相似和分数维度这个角度出发，Mandelbrot 提出了分形理论，创立了分形几何学。自 Mandelbrot 分形理论的提出，分数阶微积分又重新受到了学者的关注。与整数阶微积分的孤立特性不同的是，分数阶微积分可以看成函数的一种连续的渐变过程，这种渐变过程可以看成函数信息的一种传递过程，该特性也被称为遗传特性。整数阶微积分只能体现出函数的一些局部特性，而分数阶微积分通过引入加权的方式可以涵盖函数的全局信息，这种特性也被称为记忆特性。研究发现，在黏弹性材料方面，采用分数阶微积分的这种记忆特性和遗传特性刻画出的黏弹性系统比传统的整数阶黏弹性系统更具优势[2]；在生物系统中，通过分数阶微积分建立的生物系统在保密通信中更能贴合生物的记忆特性和遗传特性[3]，通过分数阶微积分处理过的信号的保密性更强[4]。因此，大量实际系统的研究开始使用分数阶微分方程进行建模，并得到了丰硕的成果[5-8]。

与整数阶微积分和分数阶微积分关系相似的是，分数阶系统作为整数阶系统的延伸，更能刻画出一些实际系统的记忆特性和遗传特性，而整数阶系统只是分数阶系统在特定条件下的案例，因此分数阶系统动力学也涵盖了整数阶系统动力学的全部特性。由于整数阶微积分的发展较为完善，整数阶系统动力学的分析方法较多，所以对于整数阶系统动力学分析相对容易。然而，与整数阶微积分不同的是，分数阶微积分的起步较晚且分数阶微分方程分析的复杂度更高，所以分数阶系统动力学分析理论和动力学控制策略的设计及应用远不如整数阶系统发展得成熟。

1.2 分数阶系统的稳定性研究现状

稳定性是控制理论中的一个重要概念，开展稳定性分析也是控制系统设计的首要研究任务。不同于整数阶系统，针对分数阶系统的稳定性研究还在不断地发展与完善中，尚未达到成熟程度。截至目前，分数阶系统稳定性分析方法大致可以归类为两种方法，即基于系统矩阵特征值的方法和基于 Lyapunov 函数的方法。

1.2.1 基于系统矩阵特征值的方法

法国学者 Matignon 于 1996 年首次给出了能够保证分数阶线性时不变系统有界输入有界输出（BIBO）稳定的充分必要条件，即分数阶系统特征函数没有右半平面的零点[9]，两年后，Matignon 又对该稳定性结果进行了进一步拓展[10]，针对阶次于区间(0, 2]内的等阶的（Commensurate）分数阶线性时不变系统和非等阶的（Incommensurate）分数阶线性时不变系统分别给出了能够保证系统渐近稳定性的充分必要条件。基于这些重要的结果，Sabatier 等[11]利用线性矩阵不等式（LMI）技术，针对等阶次的分数阶系统给出了 LMI 稳定判据和镇定方案。进一步地，Ahn 等[12]针对阶次于区间（1, 2）内的分数阶区间系统给出了鲁棒稳定性结果；Lu 等[13]针对阶次于区间（0, 1）和（1, 2）的分数阶区间系统分别给出了改进的鲁棒稳定性结果及镇定方法。由于上述方法并不能直接推广到分数阶时延系统，Gao[14]针对等阶的分数阶滞后型时延系统给出了稳定区间的计算方法，Shen 等[15]给出了一类分数阶时延正系统的稳定性证明和性能分析。不难发现，上述的稳定性结果基本都是直接或间接地通过系统的极点分布或系统矩阵特征值的幅角来判定分数阶系统的稳定性。然而，该类结果通常仅适用于分数阶线性系统，很难被直接应用于更为复杂的分数阶非线性系统。

1.2.2 基于 Lyapunov 函数的方法

Lyapunov 方法已经被广泛地应用于传统整数阶系统的稳定性分析和控制器设计。受整数阶系统 Lyapunov 稳定性分析方法的启发，学者开始致力于分数阶系统 Lyapunov 方法的研究并取得了一些显著的成果，这些成果大致可以分为两类，即直接 Lyapunov 方法和间接 Lyapunov 方法。

1. 直接 Lyapunov 方法

Li 等[16]于 2009 年分析了分数阶系统的 Mittag-Leffer 稳定性并首次提出了直接 Lyapunov 方法，其思路是通过设计相应的 Lyapunov 函数，然后计算其分数阶导数再利用负定性判断分数阶系统的稳定性。进一步地，Li 等[17]又基于广义的 Mittag-Leffer 稳定给出了推广的分数阶 Lyapunov 方法。这些创新性的成果也极大地推动了分数阶系统稳定性分析和控制器设计的发展。文献[18]～[23]针对一类广义分数阶系统利用线性矩阵不等式技术，给出了稳定性条件并设计了能够保证闭环系统稳定的鲁棒控制器。文献[24]～[28]针对一类分数阶非线性系统建立了合适的正定 Lyapunov 函数，给出了保证系统渐近稳定的充分条件。文献[29]～[33]结合直接 Lyapunov 方法和滑模控制方法，设计了能够有效抑制混沌特性的滑模控制器。然而，研究发现直接 Lyapunov 方法存在一定的保守性且适用性也较为有限。从本质上看，分数阶系统是一种能够用偏微分方程描述的分布参数系统，具有无穷维特性。而利用分数阶微积分描述的状态空间模型都是具有有限维状态的，这也意味着所建立的数学模型实际上是一个包含伪状态的伪模型。而利用直接 Lyapunov 方法针对分数阶模型所建立的 Lyapunov 函数自然不能真实地反映原系统的内部能量。为此，一些学者也指出这种基于伪状态空间模型的分析方法仅可以用于分数阶系统的稳态分析而不适用于描述系统的动态响应。

2. 间接 Lyapunov 方法

早在 1998 年，Montseny[34]就给出了分数阶微分算子的无穷维分布模型描述并将其命名为“散布描述”。不同于前面所提到的伪模型，这种基于散布描述的模型能够反映出分数阶系统的真实状态。之后，一些学者也基于该描述方法成功地解决了工程建模和相关控制器设计问题，并将这种无穷维模型称为连续频率分布模型。进一步地，Trigeassou 等[35]于 2011 年首次针对分数阶积分系统提出了利用连续频率分布模型描述的等价模型。由于所建立的 Lyapunov 能量函数使用的是等价模型中的真实状态而不是分数阶状态空间模型中的伪状态，因此这种 Lyapunov 方法也称为间接 Lyapunov 方法。间接 Lyapunov 方法因其突破了直接 Lyapunov 方法的局限性，受到了学者的广泛关注，并陆续得到了一些有意义的研究成果[36-40]。特别应该指出的是，有别于传统整数阶稳定性分析中所提到的直接 Lyapunov 方法和间接 Lyapunov 方法，上述所提到的直接 Lyapunov 方法和间接 Lyapunov 方法仅仅是实现分数阶系统稳定性分析的方法，前者是基于伪模型伪状态建立 Lyapunov 能量函数，通过计算其分数阶导数利用负定性判断分数阶系统的稳定性；后者是基于一种等价模型中的真实状态建立 Lyapunov 能量函数，通过计算其一阶导数利用负定性判断分数阶系统的稳定性。

1.3 分数阶混沌系统的同步与控制研究现状

分数阶混沌系统的同步与控制的研究思路主要有以下三种。

（1）将分数阶混沌系统通过时频域转换，将其近似转化为整数阶混沌系统进行研究，然后按照整数阶混沌系统同步与控制方法来处理，例如，邵仕泉等[41]通过建立近似的整数阶模型，研究了两个耦合的分数阶 Chen 系统的混沌投影同步控制。Zhong 等[42]通过同样的方法结合脉冲控制实现了分数阶混沌系统的控制。Shao[43]通过时频域转化研究了分数阶 Rossler 系统的投影同步。这种方法的主要缺点在于近似值与实际值之间肯定会产生误差，从而使得分数阶系统的同步性能显著降低，有时甚至无法实现分数阶混沌的控制与同步。

（2）基于拉普拉斯变换的终值定理，主要代表结果有 Li 等[44]运用 Pecora-Carroll 方法和单向耦合方法实现了分数阶 Lu 系统的同步。Wu 等[45]采用非线性控制研究了一个新的超混沌系统的同步。黄丽莲等[46]提出了一个新的分数阶四维超混沌系统，设计了简单有效的线性反馈控制器并进行了电路实现。Hegazi 等[47]采用线性控制的方法实现了超混沌 Chen 系统的同步[47]。这种方法的主要缺点在于只适用于满足拉普拉斯变换条件的分数阶混沌系统，不具有普适性，同时在控制器设计上具有很大的局限性。

（3）基于分数阶线性系统的稳定性定理，目前大部分有关结果均是依赖这种方法，例如，Chen 等[48]利用非线性控制器研究分数阶混沌和超混沌的延迟投影同步。Peng 等[49]设计非线性观测器实现分数阶混沌系统的广义投影同步。Xin 等[50]采用线性反馈控制研究分数阶 WINDMI 系统的同步。Bhalekar 等[51]利用积极控制策略讨论了分数阶 Lorenz 系统与分数阶 Lu 系统之间的同步。这种方法的主要缺点是缺乏灵活性，所设控制器为抵消非线性项而过于复杂，难以物理实现且控制成本代价较大。

实现分数阶混沌系统的同步与控制的具体方法主要包括以下几种。

（1）线性控制。例如，Xin 等[52]研究了一类分数阶能源供需系统的投影同步；Odibat 等[53]研究了分数阶 Chen 系统、分数阶 Rossler 系统、分数阶 Chua 电路系统的自同步；张若洵等[54]基于线性反馈控制研究了分数阶统一混沌系统的同步。线性控制因具有外在形式简单、控制成本低、易于实现等方面的优势而备受青睐，在理论分析上采取分数阶线性系统稳定定理和 Lyapunov 直接法来处理。

（2）非线性控制。如文献[55]，该方法一般是设计非线性控制器来抵消系统的非线性项，然后结合分数阶线性系统的稳定性定理和采取极点配置方式处理。

（3）非线性观测器控制。例如，Donato 等[56]运用标量同步信号和非线性观测器研究了分数阶混沌系统的同步并运用到分数阶超混沌系统，主要是通过构造驱动系统的观测器系统作为相应的响应系统、这样得到的误差系统是一个含有增益矩阵的分数阶线性系统，再根据极点配置技术和分数阶线性系统稳定性理论，从而实现分数阶混沌系统的同步。

（4）积极控制。例如，文献[57]中的方法一方面控制成本太大，另一方面牺牲了非线性项具有较大的保守性。

滑模控制的优点是能够克服系统的不确定性，对干扰和未建模动态具有很强的鲁棒性，尤其是对非线性系统的控制具有良好的控制效果。由于滑模控制的诸多优点，学者尝试采用滑模控制来控制分数阶混沌系统，取得了一些不错的成果，例如，Aghababa[58]通过设计分数阶滑模控制器实现了分数阶混沌系统的镇定。曹鹤飞等[59]设计的分数阶切换面实现了三维分数阶混沌的同步。Hosseinnia 等[60]基于滑模控制研究了不确定分数阶 Duffing-Holmes 混沌系统的同步。Yang 等[61]提出一类分数阶积分切换曲面，并基于此研究了分数阶混沌系统的鲁棒同步。Saleh 等[62]通过利用主动滑模控制研究分数阶 Lu-Lu 系统、分数阶 Chen-Chen 系统、分数阶 Chen-Lu 系统的同步。

（5）脉冲控制。该方法可以用小的控制量来镇定一个混沌系统，因此所需能量少，控制响应速度快，具有较强的干扰能力和鲁棒性等特点，目前利用脉冲控制来控制分数阶混沌系统仅仅停留在数值仿真阶段，相关理论证明工作尚处于研究初期，Wang 等[63]研究了分数阶超混沌系统的同步；Fu 等[64]通过构造合适的响应系统，再将分数阶混沌系统转化为整数阶系统来处理。

（6）模糊控制。该方法应用模糊集理论、模糊语言变量及模糊逻辑推理的知识来模拟人的模糊思维方法，用计算机实现与操作者相同的控制。将模糊控制运用到控制分数阶系统，文献[64]提出了一种自适应模糊滑模控制器，并实现了两个不确定分数阶时滞系统混沌系统的同步；文献[65]提出了自适应模糊逻辑控制器与自适应算法，实现了分数阶不确定混沌系统的 H_∞ 同步。

1.4 分数阶忆阻神经网络同步控制研究现状

为了更加精确地描述大脑神经元的动力学行为，Lin 等[66]结合忆阻器和分数阶微积分的优点，首次建立了分数阶忆阻神经网络（Fractional-order Memristor-based Neural Network）模型。目前为止，关于分数阶忆阻神经网络同步控制研究主要围绕分数阶忆阻神经网络的无限时间同步控制和分数阶忆阻神经网络有限时间同步控制展开。

1.4.1 分数阶忆阻神经网络的无限时间同步控制研究综述

无限时间同步意味着只有在时间趋于无穷大时同步才能实现。对分数阶忆阻神经网络无限时间同步的分析相对简单，近年来学者提出了许多不同的方法和分析技术来研究各种类型分数阶忆阻神经网络的无限时间同步问题。

（1）分数阶忆阻神经网络的渐近同步研究。文献[67]基于 Lyapunov 方法研究了分数阶忆阻神经网络的全局 Mittag-Leffler 稳定性和同步性。通过构造 Lyapunov-Krasovskii 泛函并运用比较定理，Chen 等[68]研究了一类分数阶时滞忆阻神经网络的全局渐近稳定性和同步性。Chen 等[69]通过采用分数阶系统的钉扎控制和比较定理研究了有时变时延的分数阶复值忆阻神经网络全局渐近同步控制。在 Filippov 解和微分包含理论的框架下，借助 Lyapunov 直接法和比较定理，Yang 等[70]讨论了具有不确定参数的分数阶复值忆阻神经网络的全局渐近同步问题。在 Filippov 解和微分包含理论的框架下，基于比较定理和 Lyapunov 方法，Chen 等[71]研究了具有不确定参数的时滞分数阶忆阻神经网络的全局渐近同步。Xiao 等[72]给出了具有多个延迟的分数阶忆阻神经网络的全局渐近稳定性和同步结果。基于 Lyapunov 直接法和比较理论，利用哈密顿规则导致的四元数乘法的不可交换性，Gu 等[73]研究了具有时滞和不确定参数的四元数值的分数阶忆阻神经网络的全局渐近同步和稳定性问题。Jia 等[74]研究了阶数不相称和多个时变延迟的分数阶忆阻神经网络的全局稳定性。

（2）分数阶忆阻神经网络的准同步研究。在分数阶微分方程理论和微分包含理论的基础上，利用 Hölder 不等式和 Gronwall-Bellman 不等式，Yang 等[75]讨论了时滞分数阶忆阻神经网络的准均匀同步。Fan 等[76]通过线性反馈控制方法研究了带有不匹配开关跳跃的时滞分数阶忆阻神经网络的准同步问题。另外，Fan 等[77]运用区间矩阵法研究了分数阶忆阻器的神经网络的异步更新准同步问题。Huang 等[78]解决了在参数不匹配的情况下具有时间延迟的分数阶忆阻器神经网络的准同步问题，并通过构造合适的 Lyapunov 函数并引入一些分数阶微分不等式，建立了准同步标准。张建梅等[79]讨论了一类在参数不匹配情况下带有多个传输时滞与泄漏时滞的分数阶忆阻器神经网络的准同步问题。Zhang 等[80]研究了具有切换跳跃失配的分数阶复值忆阻递归神经网络的准同步问题。

（3）分数阶忆阻神经网络的自适应同步研究。通过将自适应控制、线性延迟反馈控制和分数阶不等式相结合的方法，Bao 等[81]研究了具有时滞的分数阶忆阻器神经网络的自适应同步问题。Xiang 等[82]通过将状态反馈控制与自适应控制相结合，设计了一种新颖而简单的自适应反馈控制器，以使两个分数阶忆阻神经网络实现全局渐近同步。利用 Razumikhin 稳定性理论和不等式技术，基于钉扎控制和自适应控制的方法，Jia 等[83]研究了时滞分数阶忆阻器的神经网络的同步问题。

（4）分数阶忆阻神经网络的鲁棒同步研究。基于 Lyapunov 直接法，Liu 等[84]讨论了带有参数扰动的分数阶忆阻 Hopfield 神经网络的鲁棒稳定性问题，给出了鲁棒稳定性的一些充分条件，并在 Filippov 解意义下分析了平衡点的唯一性和稳定性。

进一步地，Liu 等[85]通过构造合适的 Lyapunov 函数和分析 Mittag-Leffler 稳定性实现了带有参数扰动的分数阶忆阻 Hopfield 神经网络的鲁棒同步问题。

（5）分数阶忆阻神经网络的指数同步研究。基于分数阶微分不等式和 Mittag-Leffler 函数的性质，通过脉冲控制的方法，Zhang 等[86]研究了分数阶忆阻 Cohen-Grossberg 神经网络系统的指数同步问题，并获得了指数同步标准，同时还推导出了脉冲控制的收敛速度。基于拉普拉斯变换的方法，Yao 等[87]研究了具有多个延迟的分数阶忆阻模糊细胞神经网络的稳定性和同步控制问题。

（6）分数阶忆阻神经网络的投影同步研究。基于分数阶微分不等式，Bao 等[88]研究了分数阶忆阻神经网络的投影同步问题，并根据定义的 Lyapunov 函数推导了一些分数阶忆阻神经网络获得投影同步的充分条件。Zhang 等[89]研究了具有切换跳变不匹配和时变时滞的分数阶忆阻神经网络的投影同步，并基于著名的 Barbalat 引理和 Razumikhin 稳定性理论，推导出了一些分数阶忆阻神经网络的投影同步准则。基于比较定理和 Lyapunov 稳定性理论，采用开环控制与时滞反馈控制相结合的方法，Gu 等[90]研究了具有多个时滞的基于分数阶忆阻器的神经网络的全局投影同步。Ding 等[91]基于分数阶微积分不等式和 Lyapunov 直接法研究了非一致延迟分数阶忆阻神经网络的滞后投影同步问题。

1.4.2 分数阶忆阻神经网络的有限时间同步控制研究综述

无限时间同步意味着，只有在时间趋近于无穷大时同步才能实现，这就要求对系统施加持续的外部控制。而考虑到控制的代价，持续的外部控制是不现实的。相对地，有限时间同步意味着同步可以在一个有限的时间内实现，且这个有限时间是一个依赖于系统初始值的函数。如果系统的初始值是事先已知的，则可以提前计算出这个有限的同步时间。在工程应用中，有限时间同步比渐近同步和指数同步更有价值且更为实用。

（1）分数阶忆阻神经网络的有限时间同步控制研究。目前关于有限时间同步存在两种定义方式。第一种是基于 Dorato[92]提出的短时间稳定性概念得出的有限时间同步定义：驱动系统和响应系统关于$(\delta,\varepsilon,t_0,T)$可实现有限时间同步，当初始误差满足$\|e(t_0)\|<\delta$时，对任意的$t\in[t_0,t_0+T]$，恒有$\|e(t)\|<\varepsilon$成立[92]；第二种有限时间同步定义：驱动系统和响应系统可实现有限时间同步，如果存在常数$T>0$，使得$\lim\limits_{t\to T}\|e(t)\|=0$，并且当$t>T$时，$\|e(t)\|=0$，其中，$T$称为同步时间。基于第一种有限时间同步定义方式，关于分数阶忆阻神经网络的有限时间同步目前已经有了相关研究成果。基于广义 Gronwall 不等式、拉普拉斯变换、Mittag-Leffler 函数和线性反馈方法，Velmurugan 等[93]研究了阶数分别为$0<\alpha<1$和$1<\alpha<2$的带有时滞的分数阶忆阻神经网络的有限时间同步。基于 Banach 不

动点定理，Zheng 等[94]讨论了分数阶忆阻细胞神经网络 Filippov 解的存在唯一性问题，在此基础上，进一步运用 Gronwall 不等式和线性反馈控制方法研究了分数阶忆阻细胞神经网络的有限时间同步控制问题。基于 Lyapunov 理论、分数阶微分不等式、范数性质和线性反馈控制方法，Xiao 等[95]研究了一类分数阶忆阻 BAM 神经网络的有限时间同步。运用 Gronwall 不等式和线性反馈控制器，Zheng 等[96]研究了一类分数阶忆阻 Cohen-Grossberg 神经网络的有限时间同步问题，并给出两个驱动响应系统的有限时间同步的充分条件。基于忆阻器模型、集值映射和微分包含理论、Gronwall-Bellman 积分不等式和 Volterra 积分方程，Zheng 等[97]通过线性反馈的方法研究了分数阶忆阻神经网络的有限时间投影同步问题。Velmurugan 等[98]基于拉普拉斯变换方法和 Gronwall 不等式理论，讨论了带时滞的分数阶复值忆阻器的神经网络的有限时间稳定性问题。基于集值映射和微分包含理论，结合 Hölder 不等式和 Gronwall-Bellman 不等式，运用不等式放缩技巧，Wang 等[99]讨论了带有泄漏和时变时滞的分数阶复值忆阻神经网络的有限时间稳定性问题。基于微分包含理论，Sun 等[100]研究了分数阶复值忆阻神经网络的有限时间同步，建立了分数阶复值忆阻神经网络有限时间同步的代数准则。Zhang 等[101]利用分数的性质和比较原理，研究了切换跳跃不匹配分数阶忆阻 BAM 神经网络的有限时间脉冲同步问题。Du 等[102]基于分数阶 Gronwall 不等式，给出了一类时延分数阶忆阻器神经网络的有限时间同步控制方法。

（2）忆阻神经网络的固定时间同步控制研究。固定时间同步事实上是一种特殊的有限时间同步，但是相应的同步时间有一个确定的上界，该上界并不依赖于系统的初始值，而只是与系统参数和控制器参数有关。因而对固定时间同步而言，即使系统的初始值是未知的，仍可以事先对同步时间的上界进行估计。因为上述优点，固定时间同步在一些特殊的应用场景下是不可替代的，如电力系统控制和飞行器姿态控制等，所以对固定时间同步的研究具有重要意义。2012 年，Polyakov[103]提出了固定时间稳定这一重要概念，且给出了可保证系统实现固定时间稳定的判定准则。事实上，驱动响应系统的同步控制问题等价于相应误差系统零解的稳定性问题，所以与固定时间稳定相对应的一个概念就是固定时间同步。其后，一些学者将这些固定时间稳定判定准则用于研究复杂网络和神经网络的固定时间同步[104-108]。2017 年，Cao 等[104]首次基于反馈控制研究了忆阻递归神经网络的固定时间同步，并给出了相应的固定时间同步判定准则，通过调节控制增益的大小还可以改变同步时间的上界估计。Wei 等[105]则研究了带离散时延惯性忆阻神经网络的固定时间同步。利用一个依赖时延的反馈控制器，Zheng 等[106]研究了带离散时延忆阻模糊 BAM 细胞神经网络的固定时间同步。利用比较原理，Wei 等[107]研究了带脉冲忆阻 Cohen-Grossberg 神经网络的固定时间同步。为减小控制增益，文献[49]还考虑了利用自适应控制来研究带脉冲忆阻 Cohen-Grossberg 神经网络的固定时间同步。文献[108]讨论了随机忆阻神经网络的固定时间同步控制问题，并给出两种不同的控制器设计方法。文献[109]研究了一类不同时间尺度的忆阻竞争神经网络的固定时间同步。

参考文献

[1] Mandelbrot B. How long is the coast of Britain? Statistical self-similarity and fractional dimension[J]. Science，1967，156（3775）：636-638.

[2] Cunha A G，Briend Y，de Lima A M G，et al. A new and efficient constitutive model based on fractional time derivatives for transient analyses of viscoelastic systems[J]. Mechanical Systems and Signal Processing，2021，146：107042.

[3] El-Saka H A A，Lee S，Jang B. Dynamic analysis of fractional-order predator-prey biological economic system with Holling type II functional response[J]. Nonlinear Dynamics，2019，96（1）：407-416.

[4] Liu J X，Wang Z X，Shu M L. Secure communication of fractional complex chaotic systems based on fractional difference function synchronization[J]. Complexity，2019，2019：7242791.

[5] Shaikh A S，Shaikh I N，Nisar K S. A mathematical model of COVID-19 using fractional derivative：Outbreak in India with dynamics of transmission and control[J]. Advances in Difference Equations，2020，2020（1）：373.

[6] Jahanshahi H，Yousefpour A，Munoz-Pacheco J M，et al. A new fractional-order hyperchaotic memristor oscillator：Dynamic analysis，robust adaptive synchronization，and its application to voice encryption[J]. Applied Mathematics and Computation，2020，383：125310.

[7] Khan M A，Atangana A. Modeling the dynamics of novel coronavirus（2019-nCov）with fractional derivative[J]. Alexandria Engineering Journal，2020，59（4）：2379-2389.

[8] Acay B，Inc M. Fractional modeling of temperature dynamics of a building with singular kernels[J]. Chaos Solitons & Fractals，2021，142：110482.

[9] Matignon D. Stability results for fractional differential equations with applications to control processing[C]. Proceedings of IMACS Multiconference：Computational Engineering in Systems Applications，Lille，1996：963-968.

[10] Matignon D. Stability properties for generalized fractional differential systems[C]. Proceedings of Fractional Differential Systems：Models，Models and Applications，Paris，1998：145-158.

[11] Sabatier J，Moze M，Farges C. LMI stability conditions for fractional order systems[J]. Computers & Mathematics with Applications，2010，59（5）：1594-1609.

[12] Ahn H S，Chen Y Q. Necessary and sufficient stability condition of fractional-order interval linear systems[J]. Automatica，2008，44（11）：2985-2988.

[13] Lu J，Chen Y Q. Robust stability and stabilization of fractional-order interval systems with the fractional order：The $0<\alpha<1$ case[J]. IEEE Transactions on Automatic Control，2010，55（1）：152-158.

[14] Gao Z. A computing method on stability intervals of time-delay for fractional-order retarded systems with commensurate time-delays[J]. Automatica，2014，50（6）：1611-1616.

[15] Shen J，Lam J. Stability and performance analysis for positive fractional-order systems with time-varying delays[J]. IEEE Transactions on Automatic Control，2016，61（9）：2676-2681.

[16] Li Y，Chen Y Q，Podlubny I. Mittag-Leffler stability of fractional-order nonlinear dynamic systems[J]. Automatica，2009，45（8）：1965-1969.

[17] Li Y，Chen Y Q，Podlubny I. Stability of fractional-order nonlinear dynamic systems：Lyapunov direct method and generalized Mittag-Leffler stability[J]. Computers & Mathematics with Applications，2010，59（5）：1810-1821.

[18] Wei Y，Peter W T，Yao Z，et al. The output feedback control synthesis for a class of singular fractional order systems [J]. ISA Transactions，2017，69：1-9.

[19] Marir S，Chadli M，Bouagada D. New admissibility conditions for singular linear continuous-time fractional-order systems [J]. Journal of the Franklin Institute，2017，354（2）：752-766.

[20] Lin C，Chen B，Shi P，et al. Necessary and sufficient conditions of observer-based stabilization for a class of fractional-order descriptor systems [J]. System & Control Letters，2018，112：31-35.

[21] Wei Y，Wang J，Liu T，et al. Sufficient and necessary conditions for stabilizing singular fractional order systems with partially measurable state [J]. Journal of the Franklin Institute，2019，356（4）：1975-1990.

[22] Li R，Zhang X. Adaptive sliding mode observer design for a class of T-S fuzzy descriptor fractional order systems[J]. IEEE Transactions on Fuzzy Systems，2020，28（9）：1951-1960.

[23] Zhang X，Zhao Z. Normalization and stabilization for rectangular singular fractional order T-S fuzzy systems [J]. Fuzzy Sets and Systems，2020，381：140-153.

[24] Chen L，Chai Y，Wu R，et al. Stability and stabilization of a class of nonlinear fractional-order systems with Caputo derivative [J]. IEEE Transactions on Circuits and Systems II：Express Briefs，2012，59（9）：602-606.

[25] Chen L，He Y，Chai Y，et al. New results on stability and stabilization of a class of nonlinear fractional-order systems [J]. Nonlinear Dynamics，2014，75（4）：633-641.

[26] Aguila-Camacho N，Duarte-Mermoud M，Gallegos J. Lyapunov functions for fractional order systems [J]. Communications in Nonlinear Science and Numerical Simulation，2014，19（9）：2951-2957.

[27] Tuan H T，Trinh H. Stability of fractional-order nonlinear systems by Lyapunov direct method [J]. IET Control Theory&Applications，2018，12（17）：2417-2422.

[28] Mahmound G M，Aboelenen T，Abed-Elhameed T M，et al. Generalized Wright stability for distributed fractional-order nonlinear dynamical systems and their synchronization [J]. Nonlinear Dynamics，2019，97（1）：413-429.

[29] Chen D，Liu Y，Ma X，et al. Control of a class of fractional-order chaotic systems via sliding mode [J]. Nonlinear Dynamics，2012，67（1）：893-901.

[30] Yin C，Dadras S，Zhong S，et al. Control of a novel class of fractional-order chaotic systems via adaptive sliding mode control approach[J]. Applied Mathematical Modelling，2013，37（4）：2469-2483.

[31] Wang Z，Huang X，Shen H. Control of an uncertain fractional order economic system via adaptive sliding mode [J]. Neurocomputing，2012，83：83-88.

[32] Huang X，Wang Z，Li Y，et al. Design of fuzzy state feedback controller for robust stabilization of uncertain fractional-order chaotic systems[J]. Journal of the Franklin Institute，2014，351（12）：5480-5493.

[33] Shao S，Chen M，Yan X. Adaptive sliding mode synchronization for a class of fractional-order chaotic systems with disturbance [J]. Nonlinear Dynamics，2016，83（4）：1855-1866.

[34] Montseny G. Diffusive represention of pseudo-differential time-operators [C]. Proceedings of Fractional Differential Systems：Models，Models and Applications，Paris，1998，159-175.

[35] Trigeassou J C，Maamri N，Sabatier J，et al. A Lyapunov approach to the stability of fractional differential equations [J]. Signal Processing，2011，91（3）：437-445.

[36] Boroujeni E A，Momeni H R. Non-fragile nonlinear fractional order observer design for a class of nonlinear fractional order systems [J]. Signal Processing，2012，92（10）：2365-2370.

[37] Chen Y，Wei Y，Liang S，et al. Indirect model reference adaptive control for a class of fractional order systems [J]. Communications in Nonlinear Science and Numerical Simulation，2016，39：458-471.

[38] Wang B，Liu Z，Li S E，et al. State-of-charge estimation for Lithium-Ion batteries based on a nonlinear fractional model [J]. IEEE Transactions on Control Systems Technology，2017，25（1）：3-11.

[39] Belkhatir Z，Laleg-Kirati T M. High-order sliding mode observer for fractional commensurate linear systems with unknown input [J]. Automatica，2017，82：209-217.

[40] Doye I N，Salama K N，Laleg-Kirati T M. Robust fractional-order proportional-integral observer for synchronization of chaotic fractional-order systems [J]. IEEE/CAA Journal of Automatica Sinica，2019，6（1）：268-277.

[41] 邵仕泉，高心，刘兴文. 两个耦合的分数阶 Chen 系统的混沌投影同步控制[J]. 物理学报，2007，56（12）：6815-6819.

[42] Zhong Q S，Fu B J，Yu Y B，et al. Impulsive control for fractional-order chaotic systems[J]. Chinese Physics Letters，2008，25（8）：2812-2815.

[43] Shao S Q. Controlling general projective synhcronization of fractional-order Rossler systems[J]. Chaos，Solitons & Fractals，2009，39（4）：1572-1577.

[44] Deng W H，Li C P. Chaos synchronization of the fractional Lu system[J]. Physica A，2005，353：61-72.

[45] Wu X J，Wang H. A new chaotic system with fractional order and its projective synchronization[J]. Nonlinear Dynamics，2010，61（3）：407-417.

[46] 黄丽莲，辛方，王霖郁. 新分数阶超混沌系统的研究与控制及其电路实现[J]. 物理学报，2011，60(1)，010505：1-9.

[47] Hegazi A S，Matouk A E. Dynamical behaviors and synchronization in the fractional order hyper-chaotic Chen system[J]. Applied Mathematics Letters，2011，24（11）：1938-1944.

[48] Chen L P，Chai Y，Wu R C. Lag projective synchronization in fractional-order chaotic（hyperchaotic）systems[J]. Physics Letters A，2011，375：2099-2110.

[49] Peng G J，Jiang Y L，Chen F. Generalized projective synchronization of fractional order chaotic systems [J]. Physica A，2008，387：3738-3746.

[50] Xin B G，Chen T，Liu Y Q. Synchronization of chaotic fractional-order WINDMI systems via linear state error feedback control[J]. Mathematical Problems in Engineering，2010，859685：1-10.

[51] Bhalekar S，Daftardar-Gejji V. Synchronization of different fractional order chaotic systems using active control[J]. Communications in Nonlinear Science and Numerical Simulations，2010，15：3536-3546.

[52] Xin B G，Chen T，Liu Y Q. Projective synchronization of chaotic fractional-order energy resources demand-supply systems via linear control[J]. Communications in Nonlinear Science and Numerical Simulation，2011，16（11）：4479-4486.

[53] Odibat Z M，Corson N，Aziz-Alaoui M A，et al. Synchronization of chaotic fractional-order systems via linear control[J]. International Journal of Bifurcation and Chaos，2010，20（1）：81-97.

[54] 杨世平，张若洵，刘永利. 基于线性控制的分数阶统一混沌系统的同步[J]. 物理学报，2010，59(3)：1549-1553.

[55] 陈向荣，刘崇新，李永勋. 基于非线性观测器的一类分数阶混沌系统完全状态投影同步[J]. 物理学报，2008，57（3）：1453-1457.

[56] Donato C，Giuseppe G. Observer-based projective synchronization of fractional systems via a scalar signal：Application to hyperchaotic Rossler systems[J]. Nonlinear Dynamics，2012，68（1/2）：117-128.

[57] 刘福才，李俊义，臧秀凤. 基于自适应主动及滑模控制的分数阶超混沌系统异结构反同步[J]. 物理学报，

2011，60（3）：1-10.

[58] Aghababa M P. Robust stabilization and synchronization of a class of fractional-order chaotic systems via a novel fractional sliding mode controller[J]. Communications in Nonlinear Science and Numerical Simulation，2012，17（6）：2670-2681.

[59] 曹鹤飞，张若洵. 基于滑模控制的分数阶混沌系统的自适应同步[J]. 物理学报，2011，60（5）：1-5.

[60] Hosseinnia S H，Ghaderi R，Ranjbar A N，et al. Sliding mode synchronization of an uncertain fractional order chaotic system[J]. Computers Mathematics with Applications，2010，59（5）：1637-1643.

[61] Yang Y S，Chang J F，Liao T L，et al. Robust synchronization of fractional chaotic systems via adaptive sliding mode control[J]. International Journal of Nonlinear Sciences and Numerical Simulation，2009，10（9）：1237-1244.

[62] Saleh T M，Mohammad H. Synchronization of chaotic fractional-order systems via active sliding mode controller[J]. Physica A，2008，387（1）：57-70.

[63] Wang X Y，Zhang Y L，Zhang L，et al. Impulsive synchronisation of a class of fractional-order hyperchaotic systems[J]. Chinese Physics B，2011，20（3）：1-7.

[64] Fu J，Yu M，Ma T D. Modified impulsive synchronization of fractional order hyperchaotic systems[J]. Chinese Physics B，2011，20（12）：1-7.

[65] Lin T C，Lee T Y. Chaos synchronization of uncertain fractional-order chaotic systems with time delay based on adaptive fuzzy sliding mode control[J]. IEEE Transactions on Fuzzy Systems，2011，19（4）：623-635.

[66] Lin T C，Lee T Y，Balas V E. Adaptive fuzzy sliding mode control for synchronization of uncertain fractional order chaotic systems[J]. Chaos，Solitons &Fractals，2011，44（10）：791-801.

[67] Chen J，Zeng Z，Jiang P. Global Mittag-Leffler stability and synchronization of memristor-based fractional-order neural networks [J]. Neural Networks，2014，51：1-8.

[68] Chen L，Wu R，Cao J，et al. Stability and synchronization of memristor-based fractional-order delayed neural networks [J]. Neural Networks，2015，71：37-44.

[69] Chen L，Wu R，Cao J，et al. Global asymptotic synchronization of impulsive fractional-order complex-valued memristor-based neural networks with time varying delays [J]. Communications in Nonlinear Science and Numerical Simulation，2019，78：104869.

[70] Yang X，Li C，Huang T，et al. Synchronization of fractional-order memristor-based complex-valued neural networks with uncertain parameters and time delays [J]. Chaos，Solitons & Fractals，2018，110：105-123.

[71] Chen L，Cao J，Wu R，et al. Stability and synchronization of fractional-order memristive neural networks with multiple delays [J]. Neural Networks，2017，94：76-85.

[72] Xiao J，Zhong S. Synchronization and stability of delayed fractional-order memristive quaternion-valued neural networks with parameter uncertainties [J]. Neurocomputing，2019，363：321-338.

[73] Gu Y，Yu Y，Wang H. Synchronization for fractional-order time-delayed memristor-based neural networks with parameter uncertainty [J]. Journal of the Franklin Institute，2016，353：3657-3684.

[74] Jia J，Wang F，Zeng Z. Global stabilization of fractional-order memristor-based neural networks with incommensurate orders and multiple time-varying delays：A positive-system-based approach [J]. Nonlinear Dynamics，2021，104：2303-2329.

[75] Yang X，Li C，Huang T，et al. Quasi-uniform synchronization of fractional-order memristor-based neural networks with delay [J]. Neurocomputing，2017，234：205-215.

[76] Fan Y，Huang X，Wang Z，et al. Improved quasi-synchronization criteria for delayed fractional-order memristor-based neural networks via linear feedback control [J]. Neurocomputing，2018，306：68-79.

[77] Fan Y，Huang X，Wang Z，et al. Global dissipativity and quasi-synchronization of asynchronous updating fractional-order memristor-based neural networks via interval matrix method [J]. Journal of the Franklin Institute，2018，355：5998-6025.

[78] Huang X，Fan Y，Jia J，et al. Quasi-synchronisation of fractional-order memristor-based neural networks with parameter mismatches [J]. The Institution of Engineering and Technology，2017，11：2317-2327.

[79] 张建梅，包海波，曹进德. 参数不匹配下含有泄露时滞与多个传输时滞的分数阶忆阻器神经网络的拟同步[J]. 南京信息工程大学学报（自然科学版），2019，11（4）：428-434.

[80] Zhang S，Yang Y，Li L，et al. Quasi-synchronization of fractional-order complex-valued memristive recurrent neural networks with switching jumps mismatch [J]. Neural Processing Letters，2021，53：865-891.

[81] Bao H，Ju H，Cao J. Adaptive synchronization of fractional-order memristor-based neural networks with time delay[J]. Nonlinear Dynamics，2015，82：1343-1354.

[82] Xiang Y，Li B W. Synchronization of memristor-based fractional-order neural networks with time-varying delays via pinning and adaptive control [C]. 2017 International Workshop on Complex Systems and Networks（IWCSN），Doha，2017.

[83] Jia J，Huang X，Li Y，et al. Adaptive synchronization of fractional-order memristor-based neural networks with multiple time-varying delays [C]. 2017 Chinese Automation Congres，Jinan，2017.

[84] Liu S，Yu Y，Zhang S，et al. Robust stability of fractional-order memristor-based Hopfield neural networks with parameter disturbances [J]. Physica A：Statistical Mechanics and Its Applications，2018，509：845-854.

[85] Liu S，Yu Y，Zhang S. Robust synchronization of memristor-based fractional-order Hopfield neural networks with parameter uncertainties [J]. Neural Computing and Applications，2019，31：3533-3542.

[86] Zhang L，Yang Y，Xu X. Synchronization analysis for fractional order memristive Cohen-Grossberg neural networks with state feedback and impulsive control [J]. Physica A：Statistical Mechanics and Its Applications，2018，506：644-660.

[87] Yao X，Liu X，Zhong S. Exponential stability and synchronization of Memristor-based fractional-order fuzzy cellular neural networks with multiple delays [J]. Neurocomputing，2021，419：239-250.

[88] Bao H，Cao J. Projective synchronization of fractional-order memristor-based neural networks [J]. Neural Networks，2015，63：1-9.

[89] Zhang L，Yang Y，Wang F. Projective synchronization of fractional-order memristive neural networks with switching jumps mismatch [J]. Physica A：Statistical Mechanics and Its Applications，2017，471：402-415.

[90] Gu Y，Yu Y，Wang H. Projective synchronization for fractional-order memristor-based neural networks with time delays [J]. Neural Computing and Applications，2019，31：6039-6054.

[91] Ding Z，Chen C，Wen S，et al. Lag projective synchronization of nonidentical fractional delayed memristive neural networks [J]. Neurocomputing，2022，469：138-150.

[92] Dorato P. Short-time stability [J]. IRE Transactions on Automatic Control，1961，6（1）：86.

[93] Velmurugan G，Rakkiyappan R，Cao J. Finite-time synchronization of fractional-order memristor-based neural networks with time delays [J]. Neural Networks，2016，73：36-46.

[94] Zheng M，Li L，Peng H. Finite-time stability and synchronization of memristor-based fractional-order fuzzy cellular neural networks [J]. Communications in Nonlinear Science and Numerical Simulation，2018，59：272-291.

[95] Xiao J，Zhong S，Li Y，et al. Finite-time Mittag-Leffler synchronization of fractional-order memristive BAM neural networks with time delays [J]. Neurocomputing，2017，219：431-439.

[96] Zheng M，Li L，Peng H. Finite-time stability and synchronization for memristor-based fractional-order

Cohen-Grossberg neural network [J]. The European Physical Journal B，2016，89（204）：1-11.

[97] Zheng M，Li L，Peng H. Finite-time projective synchronization of memristor-based delay fractional-order neural networks [J]. Nonlinear Dynamics，2017，89：2641-2655.

[98] Velmurugan G，Rakkiyappan R，Cao J. Finite-time stability analysis of fractional-order complex-valued memristor-based neural networks with time delays [J]. Nonlinear Dynamics，2014，78：2823-2836.

[99] Wang L，Song Q，Liu Y. Finite-time stability analysis of fractional-order complex-valued memristor-based neural networks with both leakage and time-varying delays [J]. Neurocomputing，2017，245：86-101.

[100] Sun K，Zhu S，Wei Y，et al. Finite-time synchronization of memristor-based complex-valued networks with time delays [J]. Physics Letters A，2019，383：2255-2263.

[101] Zhang L，Yang Y. Finite time impulsive synchronization of fractional order memristive BAM neural networks [J]. Neurocomputing，2020，384：213-224.

[102] Du F，Lu J. New criterion for finite-time synchronization of fractional order memristor-based neural networks with time delay [J]. Applied Mathematics and Computation，2021，389：125616.

[103] Polyakov A. Nonlinear feedback design for fixed-time stabilization of linear control systems [J]. IEEE Transactions on Automatic Control，2012，57：2106-2110.

[104] Cao J，Li R. Fixed-time synchronization of delayed memristor-based recurrent neural networks [J]. Science China Information Sciences，2017，60（032201）：1-15.

[105] Wei R，Cao J，Alsaedi A. Finite-time and fixed-time synchronization analysis of inertial memristive neural networks with time-varying delays [J]. Cognitive Neurodynamics，2018，12（1）：121-134.

[106] Zheng M，Li L，Peng H，et al. Fixed-time synchronization of memristive fuzzy BAM cellular neural networks with time-varying delays based on feedback controllers [J]. IEEE Access，2018，6：12085-12102.

[107] Wei R，Cao J，Alsaedi A. Fixed-time synchronization of memristive Cohen-Grossberg neural networks with impulsive effects [J]. International Journal of Control，Automation and Systems，2018，16（5）：2214-2224.

[108] Ren H，Peng Z，Gu Y. Fixed-time synchronization of stochastic memristor-based neural networks with adaptive control [J]. Neural Networks，2020，130：165-175.

[109] Zhao Y，Ren S，Kurths J. Finite-time and fixed-time synchronization for a class of memristor-based competitive neural networks with different time scales [J]. Chaos Solitons & Fractals，2021，148：111033.

第2章　一类具有输入非线性和死区的未知分数阶神经网络的自适应模糊控制

2.1　概　　述

到目前为止，神经网络在许多领域受到广泛的关注[1]。本章所考虑的神经网络，也被称为分数阶神经网络（Fractional Order Neural Network，FONN），它是普通神经网络的扩展。由于分数阶导数为描述系统的遗传性和记忆性提供了一种强大的技术，因此也受到了广泛的研究[2]。它有两个优点：一个是分数阶微积分具有无限的内存；另一个是它具有更多的自由度[3]。关于 FONN 的控制和同步的最新成果，请参见文献[4]和其他的一些参考文献。

具有语言信息的模糊逻辑系统（Fuzzy Logic System，FLS）已被有效地应用于未知非线性系统的控制[5]。但是，很少有学者研究 FONN 的自适应模糊控制（Adaptive Fuzzy Control，AFC），因为采用分数阶稳定性准则来检验稳定性是一项具有挑战性的工作。另外，我们注意到在大多数物理系统中，输入（特别是输入非线性）、输出和状态约束是非常普遍的，这些约束通过物理停止、死区、间隙、饱和和安全规范来反映，而输入非线性通常会导致被控系统的不稳定[6, 7]。因此，具有非线性控制输入的非线性系统的控制已受到广泛的关注[8]。但是，FONN 的稳定性不能用多项式准则[9]来建立，因为不能简单地通过寻找其主导根来检验 FONN 的稳定性。文献[10]针对输入非线性的分数阶系统（Fractional Order System，FOS）提出了一种自适应切换控制方法，但用于稳定性分析的方法是整数阶 Lyapunov 方法。因此，希望能有一种针对具有输入非线性的 FONN 的稳定性的分数阶分析方法。

本章将针对输入非线性和死区的 FONN 设计一个 AFC。有三个主要原因促使我们研究这个控制问题。首先，由于大多数关于 FONN 的控制和同步的工作中，系统模型是部分已知的，因此最好为具有完全未知系统结构的 FONN 开发控制方法。其次，对于具有输入非线性的 FOS 控制的讨论结果很少。最后，二次 Lyapunov 函数 $V(t)=\dfrac{1}{2}e^{\mathrm{T}}(t)Pe(t)$（通常用来讨论系统的稳定性）的分数阶导数由如下复数形式给出：

$$
{}_0^C D_t^{\alpha} V(t)=\sum_{k=0}^{\infty}\frac{\Gamma(1+\alpha)}{\Gamma(1+k)\Gamma(1-k+\alpha)}\,{}_0^C D_t^{k} e(t)\,{}_0^C D_t^{\alpha-k} e(t)
$$

显然，用 Lyapunov 函数[11]很难验证 FOS 的稳定性。因此，需要新的思路或方法。

与现有的结果相比，我们的研究主要有以下贡献。

（1）针对具有完全未知系统结构的不确定 FONN，提出了一种 AFC 新方法，可以通过使用分数阶 Lyapunov 方法检验 FONN 的稳定性。

（2）考虑了具有未知增益抑制容限的输入非线性，利用 FLS 估计了增益抑制容限和未知非线性函数的上界。

（3）设计 FOAL 在线估计 FLS 可调参数。通过分数阶 Lyapunov 稳定性判据严格证明了闭环系统的稳定性，其中系统变量的渐近收敛性可以得到保证。此外，一些对神经网络有效的控制器可以根据我们的结果扩展到控制 FONN。

2.2 预备知识与问题描述

2.2.1 分数阶微积分

α 次分数积分和 α 次分数导数分别由式（2.1）和式（2.2）来定义：

$$ {}_0D_t^{-\alpha}f(t)=\frac{1}{\Gamma(\alpha)}\int_0^t(t-\xi)^{\alpha-1}f(\xi)\mathrm{d}\xi \tag{2.1}$$

$$ {}_0^CD_t^{\alpha}f(t)=\frac{1}{\Gamma(1-\alpha)}\int_0^t(t-\xi)^{-\alpha}f'(\xi)\mathrm{d}\xi \tag{2.2}$$

其中，Γ 为普通 Gamma 函数。由式（2.2）可知

$$\mathcal{L}({}_0^CD_t^{\alpha}f(t))=s^{\alpha}F(s)-\sum_{k=0}^{n-1}s^{\alpha-k-1}f^{(k)}(0) \tag{2.3}$$

其中，$F(s)=\mathcal{L}(f(t))$。

定义 2.1[12] 映射 $E_{\alpha,\gamma}:\mathcal{C}\to\mathcal{C}$ 定义为

$$E_{\alpha,\gamma}(\zeta)=\sum_{k=0}^{\infty}\frac{\zeta^k}{\Gamma(\alpha k+\gamma)} \tag{2.4}$$

被称为 Mittag-Leffler 函数。另外，C 是所有复数的集合，而 $\alpha,\gamma>0$。

对式（2.4）进行拉普拉斯变换，得到

$$\mathcal{L}(t^{\gamma-1}E_{\alpha,\gamma}(-at^{\alpha}))=\frac{s^{\alpha-\gamma}}{s^{\alpha}+a} \tag{2.5}$$

定义 2.2[13] 一个满足 $h(0)=0$ 的严格递增函数 $h:[0,t)\to[0,\infty)$ 称为 K 类函数。

定义 2.3[13] 如果一个连续函数 $z(t)\in R^n$ $(\text{i.e.}z:[0,\infty)\to\mathcal{R}^n)$ 的欧氏范数满足以下条件，则称其为 Mittag-Leffler 稳定性。

$$\| z(t) \| \leqslant \left(g(z(0)) E_{\alpha}(-\kappa t^{\alpha}) \right)^{b} \tag{2.6}$$

其中，$\kappa > 0, b > 0, g: \mathcal{R}^n \to [0,\infty)$ 是 $\{z(t)\}$（即关于 $\{z(t) \mid t \in [0,\infty)\}$）上的局部 Lipschitz，同时满足 $g(0)=0$，且 $0=[0,\cdots,0]^{\mathrm{T}} \in R^n$。

引理 2.1[13]　假设

$$ {}_0^C D_t^{\alpha} h(t) = f(t, h(t)) \tag{2.7}$$

以 0 为平衡点。如果存在一些 K 类函数 g_1, g_2, g_3 和 Lyapunov 函数 $V(t, h(t))$，使得

$$g_1(\| h(t) \|) \leqslant V(t, h(t)) \leqslant g_2(\| h(t) \|) \tag{2.8}$$

$$ {}_0^C D_t^{\alpha} V(t, h(t)) \leqslant -g_3(\| h(t) \|) \tag{2.9}$$

那么 $\lim\limits_{t\to\infty} h(t) = 0$。

引理 2.2[14]　如果 $z(t) \in R^n$ 是一个光滑函数，那么

$$\frac{1}{2} {}_0^C D_t^{\alpha} z^{\mathrm{T}}(t) B z(t) \leqslant z^{\mathrm{T}}(t) B {}_0^C D_t^{\alpha} z(t) \tag{2.10}$$

其中，$B \in R^{n\times n}$ 是正定的。

引理 2.3　如果 ${}_0^C D_t^{\alpha} z^{\mathrm{T}} \leqslant 0$，那么 $z(t) \leqslant z(0) \quad (t \in [0, +\infty))$。

证明　令 $h(t) = -{}_0^C D_t^{\alpha} z(t) \quad (t \in [0, +\infty))$，那么，对于每个 $t \in [0, +\infty), h(t) \geqslant 0$ 且

$$ {}_0^C D_t^{\alpha} z(t) + h(t) = 0 \tag{2.11}$$

由式（2.11）可知

$$Z(s) = \frac{z(0)}{s} - \frac{H(s)}{s^{\alpha}} \tag{2.12}$$

由式（2.12）可知

$$z(t) = z(0) - {}_0^C D_t^{-\alpha} h(t) \tag{2.13}$$

这意味着 $z(t) \leqslant x(0) \quad (t \in [0, +\infty))$。

引理 2.4　令 $V_1(t) = \frac{1}{2} x^2(t) + \frac{1}{2} y^2(t)$。如果

$$ {}_0^C D_t^{\alpha} V_1(t) \leqslant -k x^2(t) \tag{2.14}$$

其中，$k > 0$，那么

$$x^2(t) \leqslant 2V_1(0) E_{\alpha}(-2k t^{\alpha}) \tag{2.15}$$

证明　在式（2.14）的两边使用算子 ${}_0^C D_t^{-\alpha}$，可以得到

$$V_1(t) - V_1(0) \leqslant -k {}_0^C D_t^{-\alpha} x^2(t) \tag{2.16}$$

通过式（2.16），则有

$$x^2(t) \leqslant 2V_1(0) - 2k {}_0^C D_t^{-\alpha} x^2(t) \tag{2.17}$$

因此

$$x^2(t) + m(t) = 2V_1(0) - 2k {}_0^C D_t^{-\alpha} x^2(t) \tag{2.18}$$

其中，$m(t) \geqslant 0$。由式（2.18）可知

$$X_2(s) = 2V_1(0)\frac{s^{\alpha-1}}{s^\alpha + 2k} - 2\frac{s^\alpha}{s^\alpha + 2k}M(s) \tag{2.19}$$

其中，$X_2(s) = \mathcal{L}\{x^2(t)\}$。根据式（2.5），式（2.19）可被解为

$$x^2(t) = 2V_1(0)E_\alpha(-2kt^\alpha) - 2m(t) * \left(t^{-1}E_{\alpha,0}(-2kt^\alpha)\right) \tag{2.20}$$

其中，*是卷积算子。因此，$E_{\alpha,0}(-2kt^\alpha) \geqslant 0$。由式（2.20）可知，式（2.15）成立。

引理 2.5 令 $V_2(t) = \frac{1}{2}x^{\mathrm{T}}(t)Q_1x(t) + \frac{1}{2}z^{\mathrm{T}}(t)Q_2z(t)$，其中 $x(t)$ 和 $z(t) \in R^n$ 是光滑函数，$Q_1, Q_2 \in R^{n\times n}$ 是两个正定矩阵。如果

$${}_0^C D_t^\alpha V_2(t) \leqslant -h_0x^{\mathrm{T}}(t)Q_3x(t) \tag{2.21}$$

其中，$Q_3 > 0$，$h_0 > 0$，那么 $\lim_{t\to\infty}\|x(t)\| = 0$。

2.2.2 模糊逻辑系统描述

通常，一个模糊逻辑系统（FLS）的模型为

$$\hat{f}(x(t)) = \frac{\sum_{j\in J}\theta_j(t)\mu_j(x(t))}{\sum_{j\in J}\mu_j(x(t))} \tag{2.22}$$

其中，$\hat{f}$（一个从紧子集 $\Omega \subseteq \mathcal{R}^n$ 到实线 $\mathcal{R}$ 的 Lipschitz 连续映射）被称为输出；x 被称为输入；$J = \prod_{i=1}^{n}\mathcal{F}_i, \mathcal{F}_i$ 由 N_i 个模糊数组成（$1 \leqslant i \leqslant n$）；$\mu_j$（$\mathcal{R}^n$ 到闭单位区间[0, 1]的映射，$[0,1] \subseteq \mathcal{R}$ 由上述模糊数来定义）被称为规则 $j(j\in J)$ 的隶属函数；θ_j 被称为第 $j(j\in J)$ 个结果集的质心。为方便起见，将 J 标识为 $\{1,2,\cdots,N\}$。令 $\theta_j = [\theta_1(t),\cdots,\theta_N(t)]^{\mathrm{T}}$ 和 $\psi(x(t)) = [q_1(x(t)), q_2(x(t)),\cdots,q_N(x(t))]^{\mathrm{T}}$，其中 q_j（称为第 j 个模糊基函数，$j\in J$）是一个连续映射（因此，$\psi:\Omega \to \mathcal{R}^N$ 是连续的），其定义为

$$q_j(x(t)) = \frac{\theta_j(t)}{\sum_{s\in J}\mu_s(x(t))}$$

因此，系统（2.22）可以改写为

$$\hat{f}(x(t)) = \theta^{\mathrm{T}}(t)\psi(x(t)) \tag{2.23}$$

2.2.3　分数阶神经网络系统描述

考虑以下 FONN：

$$ {}_0^C D_t^{\alpha} x_i(t) = -c_i x_i(t) + \sum_{j=1}^{n} a_{ij} f_j(x_j(t)) + I_i + \sum_{j=1}^{n} g_{ij}\varphi_j(u_j(t)), \quad i=1,2,\cdots,n \tag{2.24} $$

其中，n 为单元数；$x_i(t)$ 代表第 i 个单元的状态；a_{ij} 对应常数连接权重；c_i 为速率；g_{ij} 为未知常数控制增益；$\varphi_j(u_j(t))$ 代表输入非线性函数；I_i 对应外部输入。假设 f_i 是 Lipschitz-连续的。因此，系统（2.24）存在唯一的解。

令 $x(t)=[x_1(t),\cdots,x_n(t)]^{\mathrm{T}}$，$\varphi(u(t))=[\varphi_1(u_1(t)),\cdots,\varphi_n(u_n(t))]^{\mathrm{T}}$，$C=\mathrm{diag}(c_1,\cdots,c_n)$，

$$ G=\begin{bmatrix} g_{11} & \cdots & g_{1n} \\ \vdots & & \vdots \\ g_{n1} & \cdots & g_{nn} \end{bmatrix}, \quad A=\begin{bmatrix} a_{11} & \cdots & a_{1n} \\ \vdots & & \vdots \\ a_{n1} & \cdots & a_{nn} \end{bmatrix}, \quad I=[I_1,\cdots,I_n]^{\mathrm{T}} $$

那么 FONN（2.24）可以改写为

$$ {}_0^C D_t^{\alpha} x(t) = -Cx(t) + G\varphi(u(t)) + Af(x(t)) + I \tag{2.25} $$

假设 2.1　系统（2.25）中的未知控制增益矩阵 G 是正定的。

2.2.4　输入非线性的描述

由于执行器的限制，输入非线性通常存在。$\varphi_i(u_i(t))$ 模型定义为

$$ \varphi_i(u_i(t)) = \begin{cases} h_{i+}(u_i(t))(u_i(t)-\mu_+^*), & u_i(t) > \mu_+^* \\ 0, & -\mu_-^* \leqslant u_i(t) \leqslant \mu_+^* \\ h_{i-}(u_i(t))(u_i(t)+\mu_-^*), & u_i(t) < -\mu_-^* \end{cases} \tag{2.26} $$

其中，$h_{i+}(u_i(t)) > 0$ 和 $h_{i-}(u_i(t)) > 0$ 是非线性函数；μ_+^* 和 μ_-^* 是已知常数。我们不难得出 $\varphi_i(u_i(t))$ 满足以下条件：

$$ \begin{cases} (u_i(t)-\mu_+^*)\varphi_i(u_i(t)) \geqslant d_{i+}^*(u_i(t)-\mu_+^*)^2 \\ (u_i(t)+\mu_-^*)\varphi_i(u_i(t)) \geqslant d_{i-}^*(u_i(t)+\mu_-^*)^2 \end{cases} \tag{2.27} $$

其中，d_{i+}^* 和 d_{i-}^* 是增益降低容限，表示 $d_i=\min\{d_{i+}^*, d_{i-}^*\}$。一个死区的输入非线性如图 2.1 所示。

假设 2.2　输入非线性 $\varphi_i(u_i(t))$ 是未知的，增益降低容限 d_{i+}^* 和 d_{i-}^* 也是未知的（此外，d_i 也是未知的）。

注 1　事实上，文献[11]中也使用了模型（2.26）。然而，在文献[11]中，应该事先知道增益降低容限的确切数值。

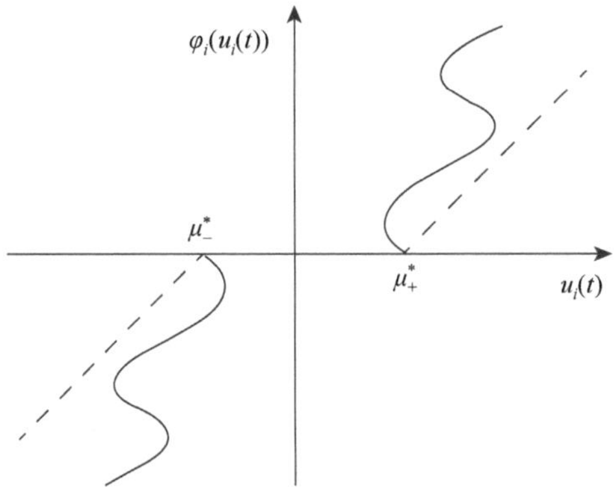

图 2.1　输入非线性

2.3　AFC 的设计和稳定性分析

记 G^{-1}=Λ。由于 G>0，Λ>0，将式（2.25）的两边都乘以 Λ，得到

$$\Lambda_0^C D_t^\alpha x(t) = -\Lambda Cx(t) + \varphi(u(t)) + \Lambda Af(x(t)) + \Lambda I \tag{2.28}$$

注意 $f(x(t))$是未知的，可将式（2.28）改写成如下形式：

$$\Lambda_0^C D_t^\alpha x(t) = -\Lambda Cx(t) + \bar{\varpi}(t) + \varphi(u(t)) \tag{2.29}$$

其中，$\bar{\varpi}(t) = \Lambda Af(x(t)) + \Lambda I$ 是一个未知的非线性函数。

不难看出，$\bar{\varpi}(t) = \Lambda Af(x(t)) + \Lambda I$ 是一个 Lipschitz 连续函数，因此我们可以给出以下假设。

假设 2.3　存在一个连续函数 $\bar{\varpi}_i(x(t))$，使得

$$\bar{\varpi}_i(x(t))| \leqslant \underline{d}\bar{\varpi}_i(x(t)) \tag{2.30}$$

其中，$\underline{d} = \min\limits_{1\leqslant i\leqslant n}\{d_i\}$。

注 2　假设 2.3 不是限制性的，因为上界函数 $\bar{\varpi}_i(x(t))$ 被假设是未知的。同时，$\bar{\varpi}_i(x(t))$ 总是存在的，因为 $\bar{\varpi}(x(t))$ 是连续的。

我们可以采用 FLS 式（2.23）来近似 $\bar{\varpi}_i(x(t))$，即

$$\hat{\bar{\varpi}}_i(t) = \theta_i^{\mathrm{T}}(t)\psi_i(t) \tag{2.31}$$

其中，$\psi_i(t)$ 是模糊基函数；$\theta_i(t)$ 是 FLS 的可调参数，它使 $\sup(|\bar{\varpi}_i(t) - \hat{\bar{\varpi}}_i(t)|)$ 尽可能小。设参数估计误差为

$$\tilde{\theta}_i(t) = \theta_i(t) - \theta_i^* \tag{2.32}$$

并设模糊逼近误差为

$$\varepsilon_i(t) = \bar{\bar{\varpi}}_i(t) - \hat{\bar{\varpi}}_i(t) \tag{2.33}$$

对于某些 $\varepsilon^* > 0$，假设 $\sup(|\varepsilon_i(x(t))|) \leqslant \varepsilon^*$ 是合理的。因此我们有

$$\hat{\bar{\omega}}_i(t)-\bar{\bar{\omega}}_i(t)=\hat{\bar{\omega}}_i(\theta_i(t),x(t))-\hat{\bar{\omega}}_i(t)-\varepsilon_i(t)=\tilde{\theta}_i^{\mathrm{T}}(t)\psi_i(t)-\varepsilon_i(t) \tag{2.34}$$

因此，控制器可以构造为如下形式：

$$u_i(t)=\begin{cases}-u_{ri}(t)\operatorname{sign}(x_i(t))-\mu_-^*, & x_i(t)>0\\ 0, & x_i(t)=0\\ -u_{ri}(t)\operatorname{sign}(x_i(t))+\mu_+^*, & x_i(t)<0\end{cases} \tag{2.35}$$

与

$$u_{ri}=b+\theta_i^{\mathrm{T}}(t)\psi_i(x(t)) \tag{2.36}$$

其中，$b>\epsilon^*$。

注 3　由于 FONN 的特殊形式（$-Cx(t)$），本章提出的控制器（2.35）与传统的整数阶非线性系统 AFC 方法不同。此外，不需要知道系统状态的符号。

注 4　虽然在控制器设计中需要条件 $b\in(\varepsilon^*,+\infty)$，但实际上很难知道 ε^* 的准确值。另外，我们可以在 2.4 节中看到，即使 b 很小（b=1），也可以获得良好的控制性能，这意味着所提出的控制方法具有良好的鲁棒性。

FOAL 的计算方法为

$${}_0^C D_t^\alpha\theta_i(t)=\gamma_i\,|\,x_i(t)\,|\,\psi_i(x(t)),\quad \theta_i(0)\geqslant 0 \tag{2.37}$$

其中，$\gamma_i>0$ 是设计参数。

注 5　式（2.37）也可以表示为

$$\theta_i(t)=\theta_i(0)+\frac{1}{\Gamma(\alpha)}\int_0^t\bar{\omega}_i(t-\xi)^{\alpha-1}\,|\,x_i(\xi)\,|\,\psi_i(x(\xi))\mathrm{d}\xi \tag{2.38}$$

注 6　由于式（2.37）中的项 $\gamma_i\,|\,x_i(t)\,|\,\psi_i(x(t))$ 不是负数，根据引理 2.3，$\theta(t)\geqslant 0$。因此，我们有 $u_{ri}\geqslant 0$。

定理 2.1　考虑假设 2.1～假设 2.3 下的 FONN（2.25）。AFC（2.35）与 FOAL（2.37）共同保证 $\lim\limits_{t\to\infty}x_i(t)=0$。

证明　将 $x^{\mathrm{T}}(t)$ 乘以式（2.29）的两边，我们有

$$\begin{aligned}x^{\mathrm{T}}(t)\Lambda_0^C D_t^\alpha x(t)&=x^{\mathrm{T}}(t)\bar{\omega}(t)-x^{\mathrm{T}}(t)\Lambda Cx(t)+x^{\mathrm{T}}(t)\varphi(u(t))\\&=-x^{\mathrm{T}}(t)\Lambda Cx(t)+\sum_{k=1}^n x_k(t)\bar{\omega}_k(t)+x^{\mathrm{T}}(t)\varphi(u(t))\\&\leqslant -x^{\mathrm{T}}(t)\Lambda Cx(t)+\sum_{k=1}^n|\,x_k(t)\,|\,\underline{d}\bar{\bar{\omega}}_k(t)+x^{\mathrm{T}}(t)\varphi(u(t))\end{aligned} \tag{2.39}$$

根据式（2.34），我们得到

$$
\begin{aligned}
x^{\mathrm{T}}(t)\Lambda{}_0^CD_t^\alpha x(t) &\leqslant \sum_{k=1}^n |x_k(t)|\underline{d}\overline{\overline{T}}_k(x(t)) + x^{\mathrm{T}}(t)\varphi(u(t)) - x^{\mathrm{T}}(t)\Lambda Cx(t) \\
&= x^{\mathrm{T}}(t)\varphi(u(t)) - x^{\mathrm{T}}(t)\Lambda Cx(t) + \underline{d}\sum_{k=1}^n |x_k(t)|\theta_k^{\mathrm{T}}(t)\psi_k(x(t)) \\
&\quad - \underline{d}\sum_{k=1}^n |x_k(t)|\tilde{\theta}_k^{\mathrm{T}}(t)\psi_k(t) + \underline{d}\sum_{k=1}^n |x_k(t)|\varepsilon_k(t) \\
&\leqslant -x^{\mathrm{T}}(t)\Lambda Cx(t) + x^{\mathrm{T}}(t)\varphi(u(t)) + \underline{d}\sum_{k=1}^n |x_k(t)|\theta_k^{\mathrm{T}}(t)\psi_k(t) \\
&\quad + \underline{d}\varepsilon^*\sum_{k=1}^n |x_k(t)| - \underline{d}\sum_{k=1}^n |x_k(t)|\tilde{\theta}_k^{\mathrm{T}}(t)\psi_k(t)
\end{aligned} \tag{2.40}
$$

由式（2.35）可知，对于 $x_i(t) > 0$，有 $u_i \leqslant -\mu_-^*$；对于 $x_i(t) \leqslant 0$，有 $u_i \geqslant \mu_+^*$。由式（2.27），我们有

$$
(u_i(t)+\mu_-^*)\varphi_i(u_i(t)) \geqslant d_{i-}^* u_{ri}^2(t) \geqslant \underline{d}u_{ri}^2(t) \tag{2.41}
$$

对于 $x_i(t) > 0$，有

$$
(u_i(t)-\mu_+^*)\varphi_i(u_i(t)) \geqslant d_{i+}^* u_{ri}^2(t) \geqslant \underline{d}u_{ri}^2(t) \tag{2.42}
$$

对于 $x_i(t) \leqslant 0$，有

$$
-u_{ri}(t)x_i^2(t)\operatorname{sign}(x_i(t))\varphi_i(u_i(t)) \geqslant \underline{d}u_{ri}^2(t)x_i^2(t) = \underline{d}u_{ri}^2(t)|x_i(t)|^2 \tag{2.43}
$$

这意味着，对于所有的 $x_i(t)$，有

$$
x_i(t)\varphi_i(u_i(t)) \leqslant -\underline{d}u_{ri}(t)|x_i(t)| \tag{2.44}
$$

将式（2.36）和式（2.44）代入式（2.40）得到

$$
\begin{aligned}
x^{\mathrm{T}}(t)\Lambda{}_0^CD_t^\alpha x(t) &\leqslant -\underline{d}u_{ri}(t)|x_i(t)| - x^{\mathrm{T}}(t)\Lambda Cx(t) - \underline{d}\sum_{k=1}^n |x_k(t)|\tilde{\theta}_k^{\mathrm{T}}(t)\psi_k(t) \\
&\quad + \underline{d}\varepsilon^*\sum_{k=1}^n |x_k(t)| + \underline{d}\sum_{k=1}^n |x_k(t)|\theta_k^{\mathrm{T}}(t)\psi_i(t) \\
&= -x^{\mathrm{T}}(t)\Lambda Cx(t) - \underline{d}\sum_{k=1}^n |x_k(t)|\tilde{\theta}_k^{\mathrm{T}}(t)\psi_i(t) + \underline{d}(\varepsilon^* - b)\sum_{k=1}^n |x_k(t)|
\end{aligned} \tag{2.45}
$$

如果我们设定设计参数 $b > \varepsilon^*$，那么

$$
x^{\mathrm{T}}(t)\Lambda{}_0^CD_t^\alpha x(t) \leqslant -x^{\mathrm{T}}(t)\Lambda Cx(t) - \underline{d}\sum_{k=1}^n |x_k(t)|\tilde{\theta}_k^{\mathrm{T}}(t)\psi_k(t) \tag{2.46}
$$

定义

$$
v(t) = \frac{1}{2\underline{d}}x^{\mathrm{T}}(t)\Lambda x(t) + \frac{1}{2}\sum_{k=1}^n \frac{1}{\gamma_k}\tilde{\theta}_k^{\mathrm{T}}(t)\tilde{\theta}_k(t) \tag{2.47}
$$

根据引理 2.2，可知

$$
{}_0^CD_t^\alpha v(t) \leqslant \frac{1}{\underline{d}}x^{\mathrm{T}}(t)\Lambda{}_0^CD_t^\alpha x(t) + \sum_{i=1}^n \frac{1}{\gamma_i}\tilde{\theta}_i^{\mathrm{T}}(t){}_0^CD_t^\alpha\tilde{\theta}_i(t) \tag{2.48}
$$

由式（2.32）可知

$$ {}_0^C D_t^\alpha \tilde{\theta}_i(t) = {}_0^C D_t^\alpha \theta_i(t) \tag{2.49}$$

将式（2.37）、式（2.46）和式（2.49）代入式（2.48）中，经过一些简单的变换，我们可以得到

$$ {}_0 D_t^\alpha V(t) \leqslant -\frac{1}{\underline{d}} \chi^{\mathrm{T}}(t) \Lambda C x(t) \tag{2.50}$$

由式（2.50）和引理 2.5 可知，$x_i(t)$ 和 $\tilde{\theta}_i(t)$ 都是有界的。因此，$\tilde{\theta}_i(t)$ 是有界的。因为 u_{ri} 被式（2.36）约束，$u_i(t)$ 是有界的。注意 $\Lambda C > 0$，$x_i(t)$ 渐近地收敛到 0（即 $\lim\limits_{t\to\infty} x_i(t) = 0$）。

注 7　实际上，我们不需要处理上述复杂的非线性数列。如定理 2.1 所示，我们根据引理 2.1 和引理 2.2 以及本章提出的引理 2.3～引理 2.5，给出了 FONN 稳定性的严格证明。

注 8　在文献[10]中，对具有输入非线性的 FOS 提出了自适应控制器。本章与文献[10]的结果比较详见表 2.1。

表 2.1　本章结果与文献[10]中的结果比较

比较	文献[10]的结果	本章结果
系统模型	MIMO FOS，应知道先验知识	MIMO FONN，结构可以完全未知
控制方法	切换式自适应控制器	AFC
增益降低容限	它们的准确值应事先知道	不需要它们的准确值
设计参数	有 $3n$ 个控制参数需要选择	有 n+1 个控制参数需要选择
待更新的参数	有 $3n$ 个参数需要在线更新	有 n 个参数应该被更新
结论	文献[10]的控制方法的优势在于： （1）需要更新的参数较少，计算负担较轻； （2）控制器更容易设计，在实际使用中可能更方便	本章方法的优点： （1）更好的鲁棒性； （2）增益降低容限的准确值可能是未知的

2.4　仿真结果

本节将给出三个算例来证明所提出方法的有效性。

例 2.1　在系统（2.24）中，令 $n=3, \alpha=0.97, f_i(x_i(t))=\tanh(x_i(t)), c_i=1$，$c_i=1$ 和 $I_i=0(i=1,2,3)$。

$$A=\begin{bmatrix} 2.00 & -1.20 & 0 \\ 2.00 & 1.71 & 1.15 \\ -4.75 & 0 & 1.10 \end{bmatrix},\quad G=\begin{bmatrix} 0.5 & 0 & 0 \\ 0 & 0.5 & 0 \\ 0 & 0 & 0.7 \end{bmatrix}$$

输入非线性项 $\varphi_i(u_i(t))(i=1,3)$ 给出如下：

$$\varphi_i(u_i(t))=\begin{cases}(u_i(t)-2)(1-0.3\sin(u_i(t))), & u_i(t)>2.0\\ 0, & -2.0\leqslant u_i(t)\leqslant 2.0\\ (u_i(t)+2)(0.8-0.3\cos(u_i(t))), & u_i(t)<-2.0\end{cases} \quad (2.51)$$

输入的非线性 $\varphi_2(u_2(t))$ 被选为

$$\varphi_2(u_2(t))=\begin{cases}(1-0.3\sin(u_2(t)))(u_i(t)-5), & u_i(t)>5\\ 0, & -5\leqslant u_i(t)\leqslant 5\\ (0.8-0.3\cos(u_i(t)))(u_i(t)+5), & u_i(t)<-5\end{cases} \quad (2.52)$$

在这些参数下，如果没有控制输入（即 $u_i(t)\equiv 0$ ），系统（2.24）的动态行为如图 2.2 所示。

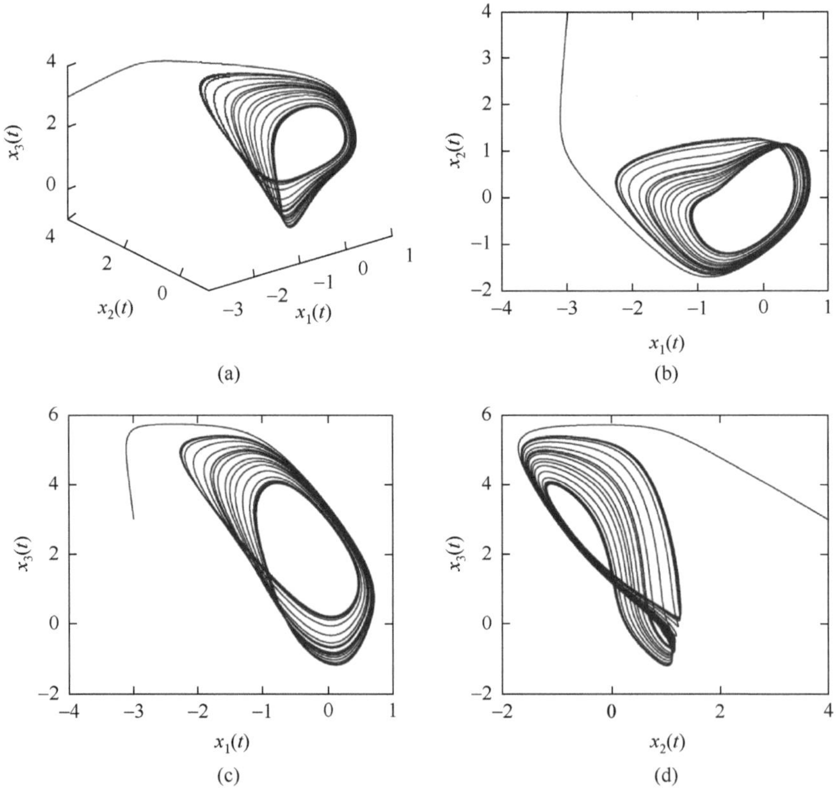

图 2.2　系统（2.24）在 $x_1(t)$-$x_3(t)$ 平面、$x_1(t)$-$x_2(t)$ 平面、$x_1(t)$-$x_3(t)$ 平面和 $x_2(t)$-$x_3(t)$ 平面的动态行为（依次对应（a）～（d））

值得一提的是，在所有的模拟研究中，本章所提出的控制方法不需要知道 FONN 模型的相关知识。事实上，FONN 的模型只是为了模拟而给出的。FLS 使用 $x_1(t)$、$x_2(t)$ 和 $x_3(t)$ 作为其输入。由图 2.2 可以知道，系统变量分布在区间[−3, 3]上。因此，对于每个输入变量，我们定义了 3 个高斯隶属函数，其均匀地分布在区间[−3, 3]上。因此，有 3×3×3=27 条模糊规则被用于模拟。高斯隶属函数详见图 2.3。设计参数选取如下：$b=1,\gamma_1=\gamma_2=\gamma_3=10,x(0)=[2.0,-2.0,3.0]^{\mathrm{T}},\theta_i(0)=0\in R^{27}$。

在仿真中，sign(·)被 arctan(10)替代。仿真结果详见图 2.4～图 2.6。仿真模拟结果表明已取得了良好的控制性能。图 2.4 给出了状态变量。图 2.5 给出了控制输入。

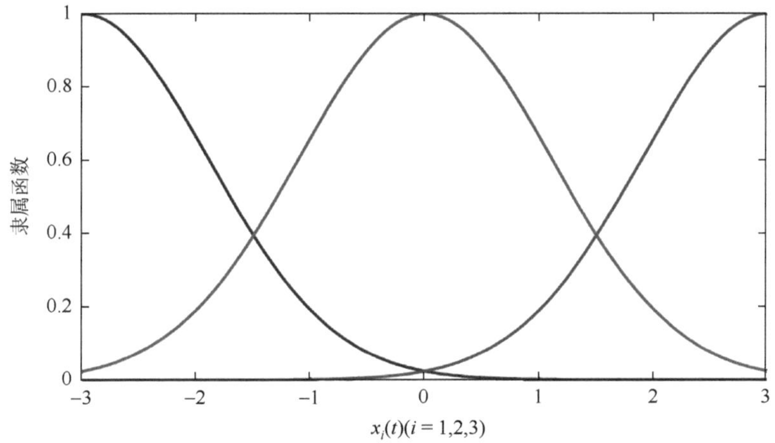

图 2.3　高斯隶属函数

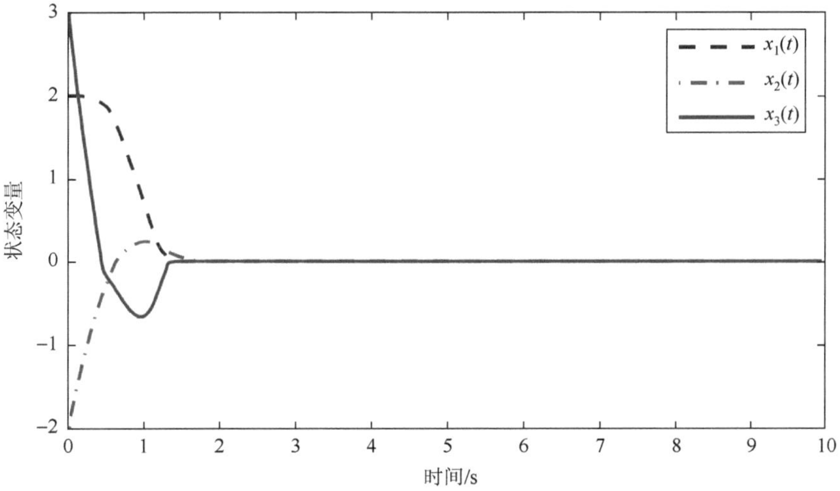

图 2.4　状态变量

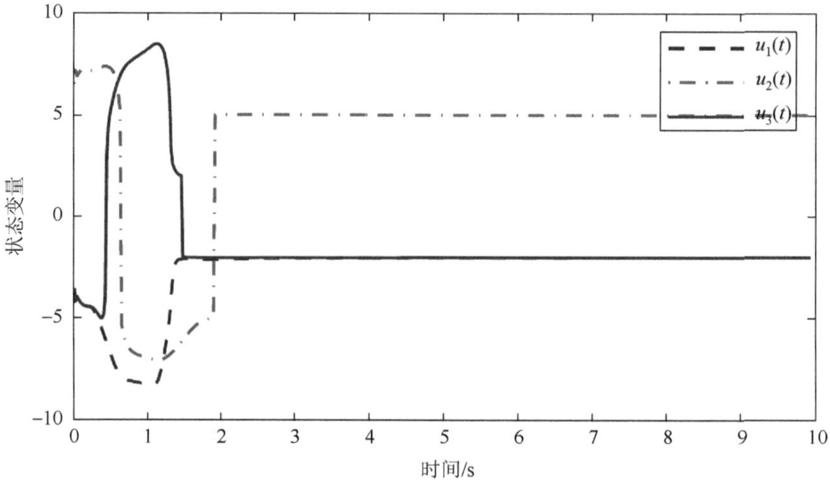

图 2.5　控制输入

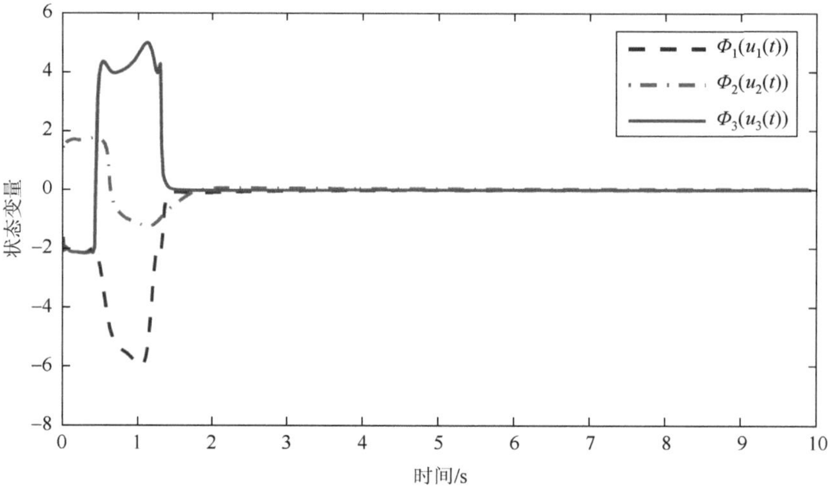

图 2.6　输入非线性

注意，输入非线性是由式（2.51）和式（2.52）给出的，控制输入 $u_2(t)$ 趋于 5，$u_i(t)(i=1,3)$ 趋于−2。图 2.6 描述了输入非线性情况。需要提及的是，尽管 b 被设置得非常小，但状态很快收敛到 0。也就是说所采用的 FLS 具有良好的逼近能力。

接下来，将展示隶属函数和模糊规则的不同选择是如何影响控制性能的。本章通过使用不同的隶属函数和模糊规则给出了表 2.2 中的四个例子（步长为 0.02）。仿真结果详见图 2.7。在本节中，模糊隶属函数根据专家经验和控制性能来进行选择。需要提及的是，文献[7]中也使用了类似的函数。根据图 2.7 的仿真结果，尽管使用不同的隶属函数，所提出的 AFC 也能很好地工作。可以得出结论，在所有这些情况下，仿真结果是相似的。然而，当选择更多的模糊隶属函数时，需要更多的模糊规则和仿真时间。此外，三角隶属函数的计算将比高斯函数更加耗时。因此，在本节的开头，我们在仿真中使用三个高斯函数。此外，需要进一步研究确定最优隶属函数个数及其参数，以达到更好的控制性能。

表 2.2　不同的隶属函数

隶属函数	参数	模糊规则	耗时/s
3 个高斯函数	[1.2, i], i=1, 2, 3	27	1.52
5 个高斯函数	[0.4, i], i=1, ⋯, 5	125	7.88
5 个三角函数	[i–2, i, i+2], i=1, ⋯, 5	125	10.63
7 个高斯函数	[0.2, i], i=1, ⋯, 7	343	51.63

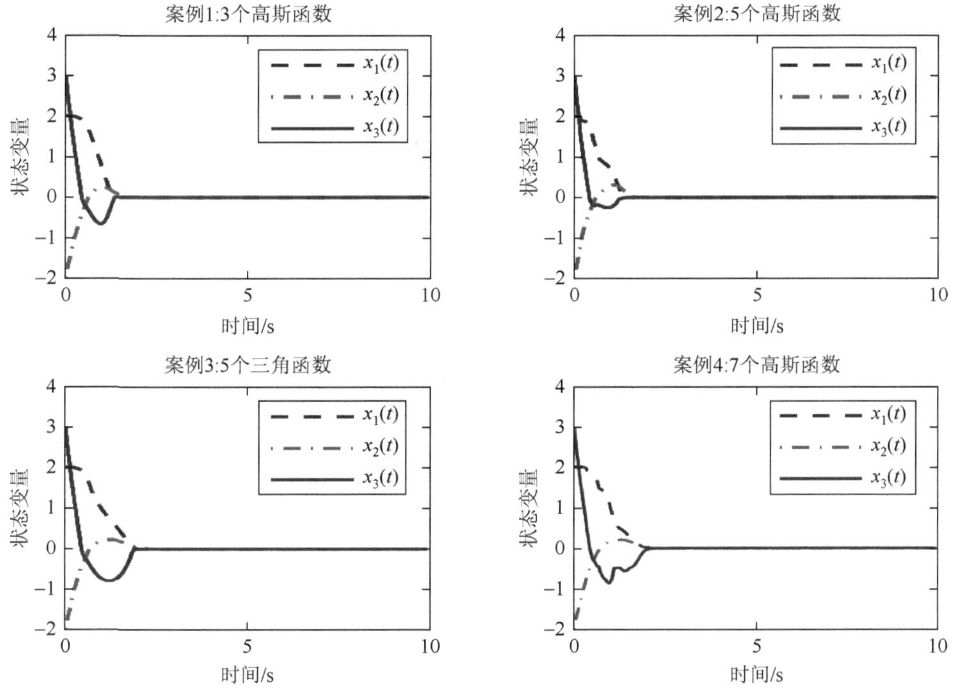

图 2.7　不同隶属函数选择的仿真结果

例 2.2　假设 FONN 具有时变增益 $a_{ij}(t)$（即矩阵 A 由 $A(t)$ 代替）和外部干扰，这比上述模型更为复杂：$\alpha=0.98, f_i(x_i(t))=\tanh(|x_i(t)|-1), c_i=1, I_i=0$。

$$A=\begin{bmatrix} a_{11}(x_1(t)) & 1 & -9 \\ -9 & a_{22}(x_2(t)) & 1 \\ 1 & -9 & a_{33}(x_3(t)) \end{bmatrix},\quad a_{ii}(x_i(t))=\begin{cases} 1.99, & |x_i(t)|\leqslant 1 \\ -1.99, & |x_i(t)|>1 \end{cases}$$

为了显示控制系统的鲁棒性，让我们在系统（2.24）中加入三个外部扰动：

$d_1(t)=0.48\sin t$，$d_2(t)=-0.48\cos t$，$d_3(t)=0.49\sin t-0.5\cos t$。控制增益矩阵选择为

$$G=\begin{bmatrix}1.2 & -0.2 & 0.1\\ -0.2 & 1.2 & 0.1\\ 0.1 & 0.1 & 1.7\end{bmatrix}$$

这是一个正的非线性矩阵。FLS 的控制参数和输入非线性的选择同上。令 $x(0)=[-3,2,-3]$ 和 $\theta_i(0)=0\in R^{27}$，$i=1,2,3$。结果详见图 2.8 和图 2.9。由图 2.8 可知，状态变量迅速地收敛到原点，且有较小波动。图 2.9 描述了输入非线性的时间响应。这些结果的定性分析与例 2.1 的分析相同。

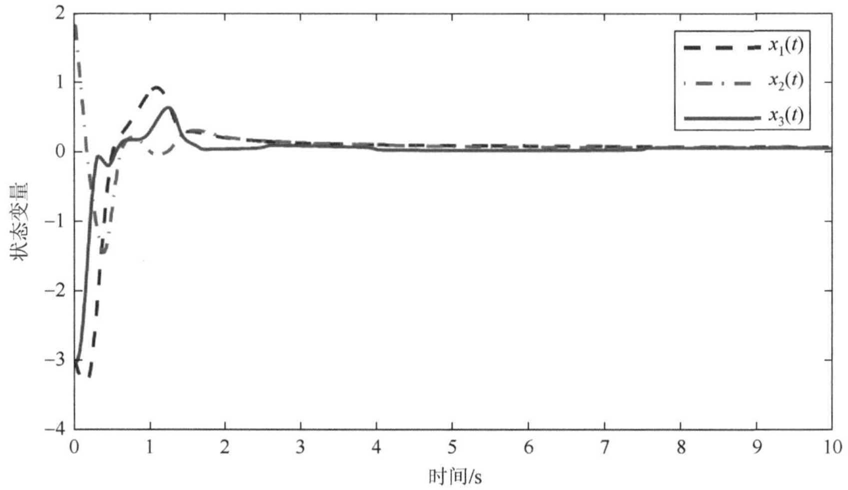

图 2.8　状态变量

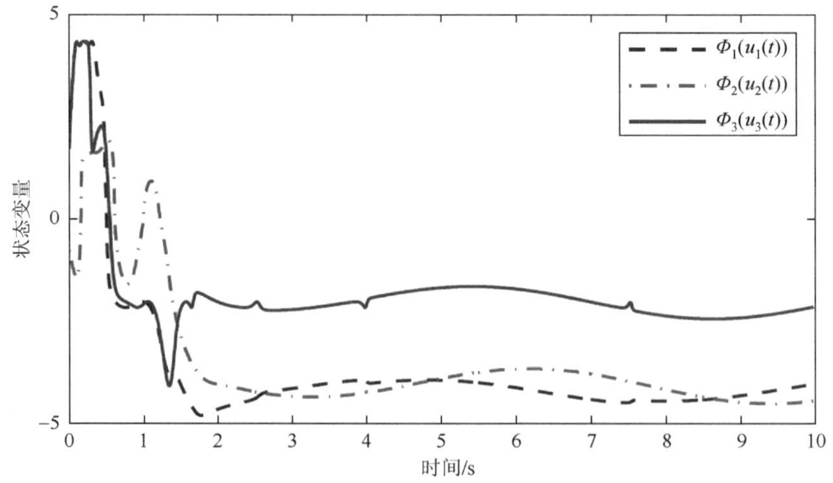

图 2.9　输入非线性

例 2.3　本节提出的控制器对许多类 FOS 都是有效的。我们将本章与文献[10]的控制方法进行比较。在文献[10]中使用的是不确定 FOS 数学模型，其表达式如下：

$$\begin{cases} {}_0^C D_t^\alpha x_1(t) = 10(x_2(t) - x_1(t)) + x_4(t) + 0.2\cos(3x_1(t))x_1(t) + \varphi_j(u_1(t)) \\ {}_0^C D_t^\alpha x_2(t) = 28x_1(t) - x_2(t) + x_1(t)x_3(t) + 0.12\sin(4x_2(t))x_2(t) + \varphi_2(u_2(t)) \\ {}_0^C D_t^\alpha x_3(t) = x_1(t)x_2(t) - \dfrac{8}{3}x_3(t) + 0.12\sin(4x_2(t))x_2(t) + \varphi_3(u_3(t)) \\ {}_0^C D_t^\alpha x_4(t) = -x_2(t)x_3(t) - x_4(t) + 0.1\cos(2x_4(t))x_4(t) + \varphi_4(u_4(t)) \end{cases} \quad (2.53)$$

$$\alpha = 0.93$$

设初始条件为 $x(0) = [2,4,1,3]^{\mathrm{T}}$。输入非线性 $\varphi_i(u_i(t))(i=1,3)$ 如式（2.51）所示。文献[12]中的控制参数选择为 $c_i = 0.25, \eta_i = 8.24, \kappa_i\lambda_i = 6$。本章控制参数选择与例 2.2 中的相同。仿真结果详见图 2.10 和图 2.11。仿真结果表明在所选参数下，与文献[10]中的控制方法相比，本章的方法具有较小的控制输入和较快的状态向量收敛速度。

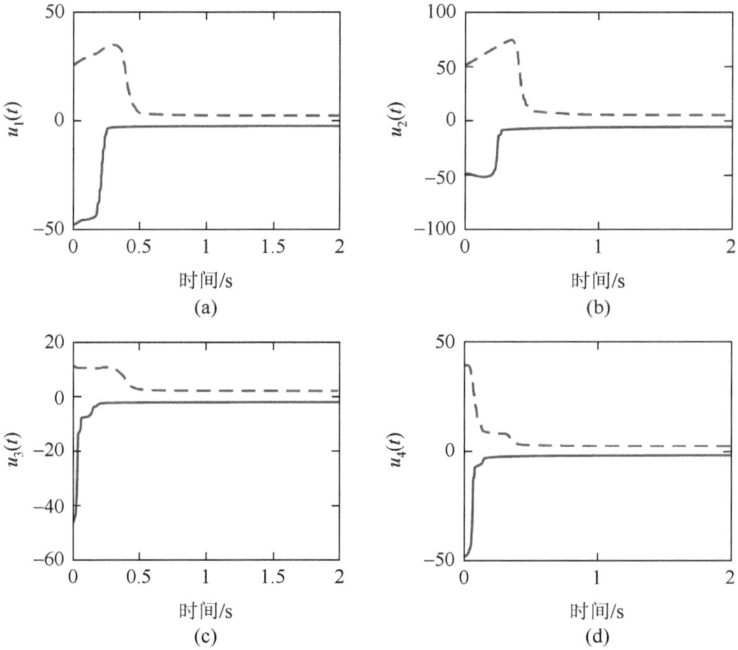

图 2.10　在 $u_1(t)$、$u_2(t)$、$u_3(t)$、$u_4(t)$ 中（分别依次对应（a）～（d）），本章的控制方法（实线）和文献[10]的方法（虚线）下控制输入的时间响应

另外，定义 $d(t) = [0.2x_1\cos 3x_1, 0.12x_2\sin 4x_2, 0.12x_2\sin 4x_2, 0.1x_4\cos 2x_4]^{\mathrm{T}}$。为了显示所提控制方法的鲁棒性，我们使用较大的扰动：$cd(t)$，其中 c 为正的常数。仿真结果如图 2.11 所示。

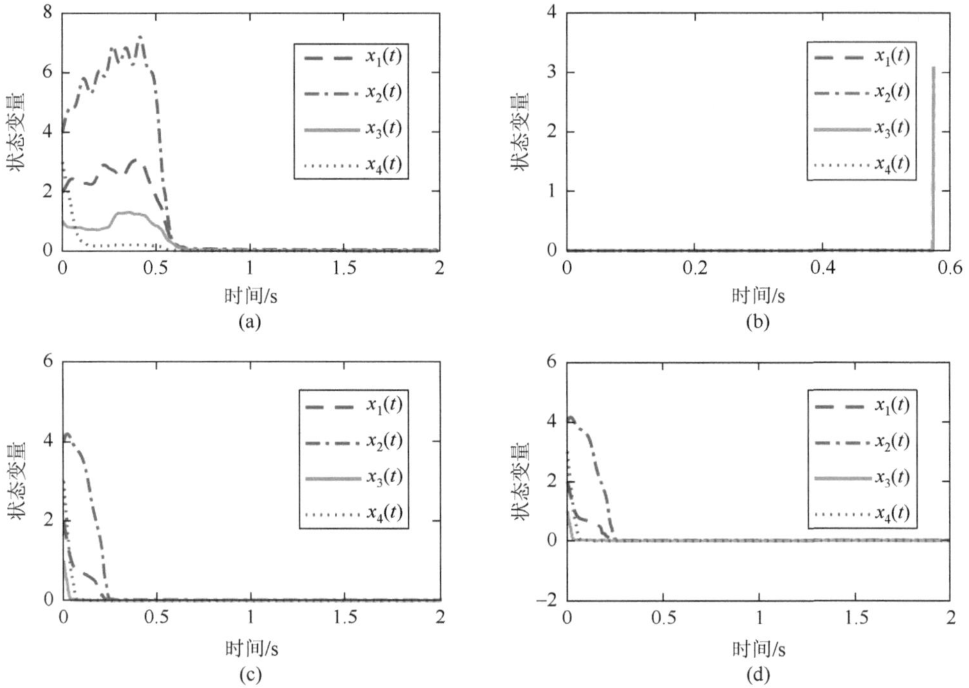

图 2.11　本章的结果和文献[10]中较大扰动的结果

（a）c=3 时，文献[10]的结果；（b）c=6 时，文献[10]的结果；（c）c=3 时本章的结果；（d）c=6 时本章的结果

可以得出，通过使用文献[10]的控制方法，当扰动选择为$3d(t)$时，系统变量需要更多的时间才能收敛到原点。当扰动选择为$6d(t)$时，文献[10]提出的控制器将不再有效（为了解决该问题，可以选择更大的控制参数）。然而，当扰动发生较大变化时，本章的控制方法效果良好。也就是说，本章提出的 AFC 方法具有令人满意的鲁棒性。

2.5　本 章 小 结

本章针对具有输入非线性和未建模动态的不确定分数阶神经网络提出了一种自适应模糊控制。系统的不确定性和输入非线性的未知部分由模糊逻辑系统（FLS）来近似。通过分数阶系统稳定性分析准则，设计了一个自适应模糊控制来保证被控系统的渐近稳定性，构造分数阶自适应律（FOAL）来更新 FLS 的可调参数。本章方法可用于控制具有或不具有扇形非线性控制输入的分数阶神经网络，它将现有的许多对整数阶神经网络有效的控制方法推广到 FONN。最后，仿真结果验证了所提方法的有效性。

参 考 文 献

[1] Ai W，Chen W，Xie J. A zero-gradient-sum algorithm for distributed cooperative learning using a feedforward neural network with random weights[J]. Information Sciences，2016，373：404-418.

[2] Liu H，Li S，Wang H，et al. Adaptive synchronization for a class of uncertain fractional-order neural networks[J]. Entropy，2015，17：7185-7200.

[3] Anastassiou G A. Approximations by multivariate perturbed neural network operators[J]. Analysis and Applications，2017，15：413-432.

[4] Chen L，Liu C，Wu R，et al. Finite-time stability criteria for a class of fractional-order neural networks with delay[J]. Neural Computing and Applications，2016，27：549-556.

[5] Askari M R，Shahrokhi M，Talkhoncheh M K. Observer-based adaptive fuzzy controller for nonlinear systems with unknown control directions and input saturation[J]. Fuzzy Sets Systems，2017，314：24-45.

[6] Boulkroune A. A fuzzy adaptive control approach for nonlinear systems with unknown control gain sign[J]. Neurocomputing，2016，179：318-325.

[7] Pedrycz W. Fuzzy Control and Fuzzy Systems[M]. Hoboken：Wiley，1989 .

[8] Li Y，Tong S，Li T. Hybrid fuzzy adaptive output feedback control design for uncertain mimo nonlinear systems with time-varying delays and input saturation[J]. IEEE Transactions on Fuzzy Systems，2016，4：841-853.

[9] Lazarevi'c M P，Tzekis P. Robust second-order PD αtype iterative learning control for a class of uncertain fractional order singular systems[J]. Journal of Vibration and Control，2016，22：2004-2018.

[10] Roohi M，Aghababa M P，Haghighi A R. Switching adaptive controllers to control fractional-order complex systems with unknown structure and input nonlinearities[J]. Complexity，2015，21：211-223.

[11] Shen J，Lam J. Non-existence of finite-time stable equilibria in fractional-order nonlinear systems[J]. Automatica，2014，50：547-551.

[12] Podlubny I. Fractional Differential Equations[M]. New York：Academic Press，1999.

[13] Li Y，Chen Y Q，Podlubny I. Mittag-Leffler stability of fractional order nonlinear dynamic systems[J]. Automatica，2009，45：1965-1969.

[14] Liu H，Li S，Li G，et al. Adaptive controller design for a class of uncertain fractional-order nonlinear systems：An adaptive fuzzy approach[J]. International Journal of Fuzzy Systems，2018，20：366-379.

第 3 章　带有未知非对称控制增益的不确定分数阶混沌系统自适应模糊同步控制

3.1　概　　述

分数阶微积分几乎与整数阶微积分有一样长的历史。然而，由于缺乏实际的应用背景，且理论复杂，其理论研究发展缓慢。近年来，这种情况开始发生变化：分数阶理论不仅为很多实际系统提供了新的数学工具，而且特别适合描述一些物理系统的动力学行为[1]；在漫射、光谱分析、电介质等系统中，一些数学家、物理学家和工程师已经开始应用分数阶微积分来解决问题。在复杂动态系统中，应用分数阶微积分建立的模型往往要比整数阶系统模型更加精确。

由于混沌信号具有连续宽带谱、类随机性和对系统初始值极端敏感性等特点，其在保密通信中有着巨大的市场潜在价值[2]。在研究整数阶混沌系统的基础上将分数阶微分算子引入系统中，发现当阶数为非整数时系统仍能表现出复杂的混沌行为。对于分数阶混沌系统的同步问题已经有很多方法，如驱动-响应、Lyapunov 函数、滑模控制、广义同步、主动控制及非线性反馈控制等[3]。对于不确定分数阶混沌系统的同步问题也有了一些结果，例如，文献[4]在系统未知项满足范数有界的情况下利用滑模控制实现了不确定分数阶 Duffing-Holmes 系统的同步问题；文献[5]研究了不确定分数阶混沌系统的自适应滑模同步问题等。目前在处理不确定分数阶混沌系统同步问题文献中，需系统不确定项满足一定的条件（如范数有界、可线性化及全局 Lipschitz 条件）等。如何在混沌系统非线性不确定项完全未知的情况下实现系统的同步，有待进一步研究。

在整数阶不确定非线性系统的控制问题中，模糊逻辑系统常被用来构建系统模型，且在稳定性分析中主要利用平方 Lyapunov 函数。随着文献[6]提出了分数阶系统的 Lyapunov 第二方法，对于分数阶非线性系统的控制及稳定性分析逐渐成为研究热点。然而正如文献[7]指出的，由于平方函数的分数阶导数具有非常复杂的形式，在分数阶系统的稳定性分析中使用平方 Lyapunov 函数是非常困难的，所以目前为止几乎没有文献成功地运用自适应模糊控制实现分数阶混沌系统的控制或同步。需要强调的是，Shen 等[8]和 Lin 等[9]分别用自适应模糊控制和自适应滑模模糊控制研究了分数阶混沌系统的同步问题，但是在应用分数阶运算的过程中存在一些问题（本章将在注 4 中讨论这些问题）。

在上述文献研究的基础上，本章主要研究基于自适应模糊控制的带有非对称控制增益的不确定分数阶混沌系统同步问题。模糊逻辑系统用来估计未知的非线性函数。为了解决分数阶系统中模糊系统参数的自适应问题，设计了分数阶自适应律。非对称、顺序主子式非 0 的控制增益矩阵被分解为一个未知的正定矩阵，一个已知的对角线元素为+1 或–1 的已知矩阵和一个未知的上三角矩阵，其中未知的正定矩阵用来构造 Lyapunov 函数，已知的对角矩阵用来构造同步控制器。设计的模糊自适应同步控制器可以保证闭环系统所有变量有界并且同步误差渐近趋于 0。本章的主要贡献如下所述。

（1）成功使用模糊自适应控制实现了分数阶混沌系统的同步，并设计了分数阶模糊系统参数的自适应律。本章中分数阶系统的模型可以是完全未知的。

（2）首次在分数阶系统中考虑了非对称控制增益问题，本章只需要控制增益矩阵的各阶顺序主子式非 0（所以控制增益矩阵正定可以看成本章的特殊情况）。

（3）在稳定性分析中使用了平方 Lyapunov 函数，并严格证明了系统的稳定性。应用本章的方法，很多针对整数阶系统的控制方法可以推广到分数阶系统中。

3.2　预备知识

3.2.1　分数阶微积分概述

最常用的分数阶微积分的定义有三种，分别由 Grunwald-Letnikov、Riemann-Liouville（R-L）、Caputo 给出。本章主要用 Caputo 定义，因为 Caputo 定义中的系统的初值和整数阶系统的一样，具有较好的物理意义。Caputo 分数阶积分定义为

$$ {}_0D_t^{-\alpha} f(t) = \frac{1}{\Gamma(\cdot)} \int_0^t (t-\tau)^{\alpha-1} f(\tau) \mathrm{d}\tau \tag{3.1} $$

其中，$\Gamma(\cdot)$ 为欧拉 Gamma 函数。Caputo 分数阶微分定义为

$$ D_t^{\alpha} f(t) = \frac{1}{\Gamma(n-\alpha)} \int_0^t (t-\tau)^{n-\alpha-1} \times f^{(n)}(\tau) \mathrm{d}\tau \tag{3.2} $$

其中，$n-1 \leqslant \alpha < n$。分数阶微分（3.2）的拉普拉斯变换定义为

$$ \begin{aligned} \mathcal{L}({}_0^C D_t^{\alpha} f(t)) &= \int_0^{\infty} \mathrm{e}_0^{-stC} D_t^{\alpha} f(t) \mathrm{d}t \\ &= s^{\alpha} F(s) - \sum_{k=0}^{n-1} s^{\alpha-k-1} f^{(k)}(0) \end{aligned} \tag{3.3} $$

为了便于讨论，后面内容中始终假设 $0 < \alpha < 1$。下面是一些将要用到的概念与结果。

定义 3.1 双参数 Mittag-Leffler 函数定义为

$$E_{\alpha,\beta}(z)=\sum_{k=0}^{\infty}\frac{z^k}{\Gamma(\alpha k+\beta)} \tag{3.4}$$

其中，$\alpha,\beta>0$；z 为复数。其拉普拉斯变换定义为

$$\mathcal{L}(t^{\beta-1}E_{\alpha,\beta}(-at^{\alpha}))=\frac{s^{\alpha-\beta}}{s^{\alpha}+a} \tag{3.5}$$

引理 3.1（分数阶 Lyapunov 第二方法[10]） 设原点是如下分数阶非线性系统的平衡点：

$${}_0^C D_t^{\alpha}x(t)=f(t,x(t)) \tag{3.6}$$

其中，$x(t)\in R^n$ 为系统变量；$f(t,x(t))\in R^n$ 为满足局部 Lipschitz 条件的非线性函数。若存在 Lyapunov 函数 $V(t,x(t))$ 和正参数 h_1,h_2,h_3 使得

$$h_1\|x(t)\|\leqslant V(t,x(t))\leqslant h_2\|x(t)\| \tag{3.7}$$

$${}_0^C D_t^{\alpha}V(t,x(t))\leqslant -h_3\|x(t)\| \tag{3.8}$$

则系统（3.6）是渐近稳定的。

引理 3.2[11] 设 $x(t)\in R^n$ 为连续可微函数，则

$$\frac{1}{2}{}_0^C D_t^{\alpha}x^{\mathrm{T}}(t)x(t)\leqslant x^{\mathrm{T}}(t){}_0^C D_t^{\alpha}x(t) \tag{3.9}$$

引理 3.3[12] 设矩阵 $U\in R^{n\times n}$ 具有非零的顺序主子式，则 U 可以分解为 $U=U_1D_uT_u$；其中，$U_1\in R^{n\times n}$ 为正定矩阵；$U\in R^{n\times n}$ 为对角线为+1 或者−1 的对角矩阵（各元素的符号由 U 对应的顺序主子式的符号决定）；$T_u\in R^{n\times n}$ 为上三角矩阵。

3.2.2 模糊系统描述

模糊逻辑系统主要由知识库、模糊化、基于模糊规则的模糊推理和去模糊化四个部分构成，其中第 i 条模糊规则（$i=1,2,\cdots,N$）的形式为如果 $x_1(t)$ 为 F_1^i 且 $x_2(t)$ 为 $F_2^i,\cdots,$ 并且 $x_n(t)$ 为 F_n^i，那么 $\hat{f}(t)\in R$ 为 B^i，这里 $x(t)=[x_1(t),x_2(t),\cdots,x_n(t)]^{\mathrm{T}}\in R^n$ 和 $\hat{f}(t)\in R$ 分别为模糊逻辑系统的输入和输出，F_j^i 和 B^i 为 R 上的模糊集合。模糊系统根据模糊规则把 R^n 上的模糊集合映射成 R 上的模糊集合。模糊系统的输出可写成

$$\hat{f}(x(t))=\frac{\sum_{j=1}^{N}\theta_j(t)\prod_{i=1}^{n}\mu_{F_i^j}(x_i(t))}{\sum_{j=1}^{N}\left(\prod_{i=1}^{n}\mu_{F_i^j}(x_i(t))\right)}$$

式中，$\theta_j(t)$ 为模糊隶属函数 μB^j 取最大值的点，通常可设为 $\mu B^j(\theta_j(t))=1$。设模糊基函数为

$$p_j(x(t)) = \frac{\prod_{i=1}^{n} \mu_{F_i^j}(x_i(t))}{\sum_{j=1}^{N}\left(\prod_{i=1}^{n} \mu_{F_i^j}(x_i(t))\right)}$$

令

$$\psi(x(t)) = [p_1(x(t)), p_2(x(t)), \cdots, p_N(x(t))]^{\mathrm{T}}$$
$$\theta(t) = [\theta_1(t), \theta_2(t), \cdots, \theta_N(t)]^{\mathrm{T}}$$

则模糊系统的输出可写成

$$\hat{f}(x(t)) = \theta^{\mathrm{T}}(t)\psi(x(t)) \tag{3.10}$$

3.3　同步控制器的设计及稳定性分析

3.3.1　问题描述

设分数阶驱动混沌系统和响应混沌系统分别为

$${}_0^C D_t^{\alpha} x(t) = f(x(t)) \tag{3.11}$$

$${}_0^C D_t^{\alpha} y(t) = g(y(t)) + Gu(t) \tag{3.12}$$

其中，$x(t) = [x_1(t), \cdots, x_n(t)]^{\mathrm{T}} \in R^n$ 和 $y(t) = [y_1(t), \cdots, y_n(t)]^{\mathrm{T}} \in R^n$ 分别为驱动系统和响应系统可测的状态向量；$f, g: R^n \to \mathcal{R}^n$ 为未知的非线性函数；$G \in R^{n\times n}$ 为未知的常数矩阵。

假设 3.1　控制增益矩阵 G 具有非零的顺序主子式且各主子式的符号已知。

注 1　假设 3.1 是有意义的。事实上，一些实际的系统（如视觉伺服、汽车热管理系统）中的控制增益矩阵是非对称的。根据引理 3.3，我们可以把 G 分解为 $G = G_1 A T$，其中 G_1 为未知的正定矩阵，A 为对角线元素为+1 或者−1 的已知矩阵且 $AA = I_{n\times n}$（$I_{n\times n}$ 为 n 阶单位矩阵），T 为未知的上三角矩阵。

定义同步误差为 $e(t) = x(t) - y(t)$，本章的主要目标是设计适当的自适应模糊控制器，使同步误差渐近趋于 0（即 $\lim_{t\to\infty} \| e(t) \| = 0$）。

3.3.2　控制器的设计及稳定性分析

同步误差的动态方程可表示为

$${}_0^C D_t^{\alpha} e(t) = f(x(t)) - g(y(t)) - G_1 DTu(t) \tag{3.13}$$

注意到 G_1 为正定矩阵，令 $P = G_1^{-1}$，将式（3.13）两边同乘以 P 得

$$P{}_0^C D_t^{\alpha} e(t) = Pf(x(t)) - Pg(y(t)) - (AT - A)u(t) - Au(t) \tag{3.14}$$

若记

$$\begin{aligned}&\gamma(x(t),y(t),u(t))\\&=\gamma(z(t))=Pf(x(t))-Pg(y(t))-(AT-A)u(t)\\&=[\gamma_1(z(t)),\cdots,\gamma_n(z(t))]^{\mathrm{T}}\end{aligned}$$

为未知的非线性函数（其中 $z(t)$ 表示 $x(t),y(t),u(t)$ 的函数），则式（3.14）可写成

$$P_0^C D_t^{\alpha} e(t)=\gamma(z(t))-Au(t) \tag{3.15}$$

未知函数 $\gamma(z(t))$ 可通过模糊逻辑系统（3.10）近似如下：

$$\hat{\gamma}_i(z(t),\theta_i(t))=\theta_i^{\mathrm{T}}(t)\psi_i(z(t)),\quad i=1,2,\cdots,n \tag{3.16}$$

其中，$\psi_i(z(t))$ 为模糊基函数；$\theta_i(t)$ 为模糊系统的可调参数。令模糊逻辑系统最优估计参数为 θ_i^*（它是 $\sup\limits_t|\alpha_i(z(t))-\hat{\gamma}_i(z(t),\theta_i)|$ 的下确界，通常可以假设 θ_i^* 为常数向量）。设模糊系统的参数误差和最优估计误差分别为

$$\tilde{\theta}_i(t)=\theta_i(t)-\theta_i^* \tag{3.17}$$

$$\varepsilon_i(z(t))=\gamma_i(z(t))-\hat{\gamma}_i(z(t),\theta_i^*) \tag{3.18}$$

考虑到模糊系统的估计误差是有界的，即 $|\varepsilon_i(z(t))|\leqslant\varepsilon_i^*$（$\varepsilon_i^*>0$ 为未知常数）。

令 $\varepsilon(z(t))=[\varepsilon_1(z(t)),\varepsilon_2(z(t)),\cdots,\varepsilon_n(z(t))]^{\mathrm{T}}$，$\epsilon^*=[\epsilon_1^*,\epsilon_2^*,\cdots,\epsilon_n^*]^{\mathrm{T}}$，则未知非线性函数的估计误差可写为

$$\begin{aligned}&\hat{\gamma}(z(t),\theta(t))-\gamma(z(t))\\&=\hat{\gamma}(z(t),\theta(t))-\hat{\gamma}(z(t),\theta^*)+\hat{\gamma}(z(t),\theta^*)-\gamma(z(t))\\&=\hat{\gamma}(z(t),\theta(t))-\gamma\hat{(t)}(z(t),\theta^*)-\varepsilon(z(t))\\&=\tilde{\theta}(t)^{\mathrm{T}}\psi(z(t))-\varepsilon(z(t))\end{aligned} \tag{3.19}$$

其中

$$\begin{aligned}\hat{\gamma}(z(t),\theta(t))&=\theta^{\mathrm{T}}(t)\psi(z(t))\\&=[\hat{\gamma}_1(z(t),\theta_1(t)),\hat{\gamma}_2(z(t),\theta_2(t)),\cdots,\hat{\gamma}_n(z(t),\theta_n(t))]^{\mathrm{T}}\\\theta(t)&=[\theta_1^{\mathrm{T}}(t),\cdots,\theta_n^{\mathrm{T}}(t)]^{\mathrm{T}}\end{aligned}$$

根据上面的讨论，同步控制器 $u(t)$ 可设计为

$$u(t)=A(Ke(t)+\theta^{\mathrm{T}}(t)\psi(z(t))+H\,\mathrm{sign}(e(t))) \tag{3.20}$$

其中，$K=\mathrm{diag}[k_1,\cdots,k_n]\in R^{n\times n},k_1,\cdots,k_n>0$ 为设计参数；$H=\mathrm{diag}[\hat{\epsilon}_1^*(t),\cdots,\hat{\epsilon}_n^*(t)]$；$\hat{\epsilon}_i^*(t)(i=1,2,\cdots,n)$ 为未知常数 $\hat{\epsilon}_i^*$ 的估计值。为了实现同步目标，对于模糊系统参数 $\theta_i(t)$ 以及模糊最优逼近误差上界的估计值，本章设计如下的分数阶参数自适应规则：

$${}_0^C D_t^\alpha \theta_i(t) = \mu_i e_i(t)\psi_i(x(t))_0^C \tag{3.21}$$

$$D_t^\alpha \hat{\epsilon}_i^*(t) = \sigma_i |e_i(t)| \tag{3.22}$$

其中，$\mu_i, \sigma_i > 0 (i = 1, 2, \cdots, n)$ 为设计参数。

注 2　本章设计了两组分数阶自适应律来更新系统的可调参数，这两组自适应律可看作一种特殊的积分自适应律，如式（3.21）等价于下面的方程：

$$\theta_i(t) = \theta_i(0) + \frac{1}{\Gamma(\alpha)}\int_0^t \mu_i (t-\tau)^{\alpha-1} \times e_i(\tau)\psi_i(x(\tau))\mathrm{d}\tau \tag{3.23}$$

注 3　在控制器（3.20）及参数自适应律（3.21）和（3.22）中，参数 k_i 主要用来控制同步误差的收敛速度，k_i 越大，同步误差收敛速度越快；μ_i, σ_i 主要用来调节系统参数逼近最优值的速度，参数越大逼近速度越快。然而，如果这些参数过大会使控制量增加，增加控制器的负担。所以，需要根据实际情况设计合理的调节参数。

下面给出有关系统稳定性分析的一些结果。首先进一步讨论比引理 3.2 形式更一般的 Lyapunov 函数 $x^{\mathrm{T}}(t)Fx(t)$（其中 F 为正定矩阵）的性质。

引理 3.4　设 $x(t) \in R^n$ 具有连续的一阶导数，则

$$\frac{1}{2}{}_0^C D_t^\alpha x^{\mathrm{T}}(t)Fx(t) \leqslant x^{\mathrm{T}}(t)F{}_0^C D_t^\alpha x(t) \tag{3.24}$$

其中，F 为任意的 n 阶正定矩阵。

证明 3.1　因为 F 为正定矩阵，所以存在 n 阶非奇异的对称矩阵 $Q = Q^{\mathrm{T}}$ 使得 $F = Q^{\mathrm{T}}Q$。由引理 3.2 得

$$\begin{aligned}
&\frac{1}{2}{}_0^C D_t^\alpha x^{\mathrm{T}}(t)Fx(t) \\
&= \frac{1}{2}{}_0^C D_t^\alpha (Qx(t))^{\mathrm{T}} Qx(t) \\
&\leqslant x^{\mathrm{T}}(t)Q^{\mathrm{T}}Q{}_0^C D_t^\alpha x(t) \\
&= x^{\mathrm{T}}(t)F{}_0^C D_t^\alpha x(t)
\end{aligned} \tag{3.25}$$

在整数阶导数中，如果一个函数的导数非负则此函数单调增加，若导数非正则单调减少。下面的引理说明这个结论对于分数阶导数仍然是成立的。

引理 3.5（分数阶单调性原理）　若 ${}_0^C D_t^\alpha y(t) \leqslant 0$，则 $y(t)$在$[0, +\infty)$ 上单调减少；若 ${}_0^C D_t^\alpha y(t) \geqslant 0$，则 $y(t)$在$[0, +\infty)$ 上单调增加。

证明 3.2　因为 ${}_0^C D_t^\alpha y(t) \leqslant 0$，所以存在非负函数 $h(t)$ 使得

$${}_0^C D_t^\alpha y(t) + h(t) = 0 \tag{3.26}$$

对式（3.26）取拉普拉斯变换有

$$Y(s) = \frac{y(0)}{s} - \frac{H(s)}{s^\alpha} \tag{3.27}$$

其中，$Y(s)$ 和 $H(s)$ 分别为 $y(t)$ 和 $h(t)$ 的拉普拉斯变换。对式（3.27）取拉普拉斯逆变换可得

$$y(t) = y(0) - {}_0^C D_t^{-\alpha} h(t) \tag{3.28}$$

所以当 $0 \leqslant t_1 < t_2$ 时，有

$$y(t_1) - y(t_2) = {}_{t_1}^C D_{t_2}^{-\alpha} h(t) \geqslant 0$$

这就证明了 $y(t)$在$[0,+\infty)$ 上单调减少。用同样的方法可以证明定理的后半部分。

引理 3.6　设 $V_1(t) = \frac{1}{2} y_1^2(t) + \frac{1}{2} y_2^2(t)$，其中 $y_1(t)$ 和 $y_2(t) \in R$ 具有连续的一阶导数。若存在常数 $k > 0$ 使得

$$_0^C D_t^\alpha V_1 | (t) \leqslant -k y_1^2(t) \tag{3.29}$$

则 $\| y_1(t) \|$ 和 $\| y_2(t) \|$ 有界且

$$y_1^2(t) \leqslant 2V_1(0) E_{\alpha,1}(-2kt^\alpha) \tag{3.30}$$

证明 3.3　由 ${}_0^C D_t^\alpha V_1(t) \leqslant -k y_1^2(t) \leqslant 0$ 和引理 3.5 可知 $\| y_1(t) \| \leqslant \sqrt{2V_1(0)}$ 和 $\| y_2(t) \| \leqslant \sqrt{2V_1(0)}$。对式（3.29）取 α 阶积分得

$$V_1(t) - V_1(0) \leqslant -k {}_0^C D_t^{-\alpha} y_1^2(t) \tag{3.31}$$

进一步有

$$y_1^2(t) \leqslant 2V_1(0) - 2k {}_0^C D_t^{-\alpha} y_1^2(t) \tag{3.32}$$

于是存在非负的函数 $m(t)$ 使得

$$y_1^2(t) + | m(t) = 2V_1(0) - 2k {}_0^C D_t^{-\alpha} y_1^2(t) \tag{3.33}$$

对式（3.33）取拉普拉斯变换可得

$$Y_1(s) | = 2V_1(0) \frac{s^{\alpha-1}}{s^\alpha + 2k} - 2 \frac{s^\alpha}{s^\alpha + 2k} M(s) \tag{3.34}$$

其中，$Y_1(s)$ 为 $y_1^2(t)$ 的拉普拉斯变换。根据式（3.5），式（3.34）的解为

$$\begin{aligned} y_1^2(t) = {} & 2V_1(0) E_{\alpha,0}(-2kt^\alpha) - 2m(t) \\ & * (t^{-1} E_{\alpha,0}(-2kt^\alpha)) \end{aligned} \tag{3.35}$$

其中，$*$为卷积。注意到 t^{-1} 和 $E_{\alpha,0}(-2kt^\alpha)$ 都是非负函数，根据式（3.35）可知式（3.30）成立。

注 4　若 $y_1^2(t) \leqslant 2V_1(0) E_\alpha(-2kt^\alpha)$，则由文献[7]可知 $y_1(t)$ 是 Mittag-Leffler 稳定的且 $\lim_{t \to \infty} \| y_1(t) \| = 0$。

采用证明引理 3.4 的方法，可以将引理 3.6 推广如下。

引理 3.7　设 $V_2(t) = \frac{1}{2} y_3^{\mathrm{T}}(t) Q_1 y_3(t) + \frac{1}{2} y_4^{\mathrm{T}}(t) Q_2 y_4(t)$，其中 $y_1(t)$ 和 $y_2(t) \in R$ 具

有连续的一阶导数，$Q_1,Q_2 \in R^{m\times n}$ 为两个正定矩阵。若存在正定矩阵 Q_3 和常数 $h_0 > 0$ 使得

$$
{}_0^C D_t^\alpha V_2(t) \leqslant -h_0 y_3^{\mathrm{T}}(t) Q_3 y_3(t) \tag{3.36}
$$

则 $\| y_3(t) \|$ 和 $\| y_4(t) \|$ 有界且 $y_3(t)$ 渐近趋于 0（即 $\lim\limits_{t\to\infty} \| y_3(t) \| = 0$）。

本章的主要结果如下所述。

定理 3.1　给定初始条件且设假设 3.1 的条件成立。在自适应模糊控制器（3.20）以及分数阶自适应规则（3.21）和（3.22）的作用下可实现驱动系统（3.11）和响应系统（3.12）的同步，并且闭环系统内所有的变量有界。

证明 3.4　注意到 $AA = I_{n\times n}$，把同步控制器（3.20）代入误差动态方程（3.15）得

$$
\begin{aligned}
P{}_0^C D_t^\alpha e(t) = & -Ke(t) + \gamma(z(t)) - \theta^{\mathrm{T}}(t)\psi(z(t)) \\
& - H\mathrm{sign}(e(t))
\end{aligned} \tag{3.37}
$$

根据式（3.20）进一步有

$$
\begin{aligned}
P{}_0^C D_t^\alpha e(t) = & -Ke(t) - \tilde{\theta}^{\mathrm{T}}(t)\psi(z(t)) + \varepsilon(z(t)) \\
& - H\mathrm{sign}(e(t))
\end{aligned} \tag{3.38}
$$

令模糊系统逼近误差上界 ϵ_i^* 的估计误差为 $\widetilde{\epsilon_i^*} = \hat{\epsilon}_i^* - \epsilon_i^* (i = 1,2,\cdots,n)$，把方程（3.38）两边同时乘以 $e^{\mathrm{T}}(t)$ 得

$$
\begin{aligned}
e^{\mathrm{T}}(t)P{}_0^C D_t^\alpha e(t) = & -e^{\mathrm{T}}(t)Ke(t) - e^{\mathrm{T}}(t)\tilde{\theta}^{\mathrm{T}}(t)\psi(z(t)) \\
& + e^{\mathrm{T}}(t)\varepsilon(z(t)) - e^{\mathrm{T}}(t)H\,\mathrm{sign}(e(t)) \\
\leqslant & -e^{\mathrm{T}}(t)Ke(t) - \sum_{i=1}^n e_i(t)\tilde{\theta}_i^{\mathrm{T}}(t)\psi_i(z(t)) \\
& + \sum_{i=1}^n |e_i(t)|\varepsilon_i^* - \sum_{i=1}^n \hat{\epsilon}_i^*(t)|e_i(t)| \\
= & -e^{\mathrm{T}}(t)Ke(t) - \sum_{i=1}^n e_i(t)\tilde{\theta}_i^{\mathrm{T}}(t)\psi_i(z(t)) \\
& - \sum_{i=1}^n \tilde{\epsilon}_i^*(t)|e_i(t)|
\end{aligned} \tag{3.39}
$$

构造 Lyapunov 函数如下：

$$
\begin{aligned}
V(t) = & \frac{1}{2}e^{\mathrm{T}}(t)Pe(t) + \frac{1}{2}\sum_{i=1}^n \frac{1}{\mu_i}\tilde{\theta}_i^{\mathrm{T}}(t)\tilde{\theta}_i(t) \\
& + \frac{1}{2}\sum_{i=1}^n \frac{1}{\sigma_i}\tilde{\epsilon}_i^{*\mathrm{T}}(t)\tilde{\epsilon}_i^*(t)
\end{aligned} \tag{3.40}
$$

因为常数的 α 阶 Caputo 导数为 0，所以有 ${}_0^C D_t^\alpha \tilde{\theta}_i(t) = {}_0^C D_t^\alpha \theta_i(t), {}_0^C D_t^\alpha \tilde{\epsilon}_i^*(t) = {}_0^C D_t^\alpha \hat{\epsilon}_i^*(t)$，$i = 1,2,\cdots,n$。根据引理 3.2 和引理 3.4，对 $V(t)$ 取 α 阶导数得

$$ {}_0^C D_t^\alpha V(t) \leqslant e^{\mathrm{T}}(t) P {}_0^C D_t^\alpha e(t) + \sum_{i=1}^n \frac{1}{\mu_i} \tilde{\theta}_i^{\mathrm{T}}(t) {}_0^C D_t^\alpha \theta_i(t) + \sum_{i=1}^n \frac{1}{\sigma_i} \tilde{\epsilon}_i^{*\mathrm{T}}(t) {}_0^C D_t^\alpha \hat{\epsilon}_i^*(t) \tag{3.41} $$

把式（3.39）和自适应律（3.21）、（3.22）代入式（3.41），经过一些简单的推导可得

$$ \begin{aligned} {}_0^C D_t^\alpha V(t) &\leqslant -e^{\mathrm{T}}(t) K e(t) \\ &\leqslant -\frac{k_0}{\lambda_{\max}} e^{\mathrm{T}}(t) P e(t) \end{aligned} \tag{3.42} $$

其中，$k_0 = \min\{k_1, k_2, \cdots, k_n\}$；$\lambda_{\max}$ 为正定矩阵 P 的最大特征值。由式（3.42）和引理 3.7 可知同步误差 $e(t)$ 渐近趋于 0，即

$$ \lim_{t\to\infty} \| e(t) \| = 0 \tag{3.43} $$

由引理 3.5 可知 $\tilde{\theta}_i(t), \tilde{\epsilon}_i^*(t)$ 有界，进一步地，$\hat{\theta}_i(t), \hat{\epsilon}_i^*(t)$ 有界。由于驱动系统（3.11）是混沌系统，所以 $x(t)$ 有界，又因为 $e(t)$ 有界，所以 $y(t)$ 有界。由同步控制器（3.20）可知 $u(t)$ 有界。所以，闭环系统所有信号都是有界的。定理 3.1 证毕。

注 5　本章应用自适应模糊控制实现了未知分数阶混沌系统的同步，并对系统的稳定性给出了严格的证明。需要指出的是，在一些相关文献中运用模糊控制方法控制分数阶系统的时候存在一些问题，本章列举如下。

（1）在文献[9]中，式（3.32）定义 Lyapunov 函数的一项为 $\frac{1}{2} e^{\mathrm{T}}(t) P e(t)$，在式（3.33）的运算中给出其分数阶导数为 $\frac{1}{2} ({}_0^C D_t^q e(t))^{\mathrm{T}} P e(t) + \frac{1}{2} e(t) P ({}_0^C D_t^q e(t))$，$q$ 为分数阶导数，是不正确的。事实上，平方 Lyapunov 函数的分数阶导数是个复杂的无穷级数：

$$ \begin{aligned} & {}_0^C D_t^\alpha 2x^{\mathrm{T}}(t) x(t) \\ &= ({}_0^C D_t^\alpha x(t))^{\mathrm{T}} x(t) + x^{\mathrm{T}}(t) {}_0^C D_t^\alpha x(t) \\ &\quad + 2\sum_{k=1}^{\infty} \frac{\Gamma(1+\alpha)}{\Gamma(1+k)\Gamma(1-k+\alpha)} \times {}_0^C D_t^k x(t) {}_0^C D_t^{\alpha-k} x(t) \end{aligned} $$

这也是文献[6]、[7]指出分数阶系统的稳定性分析中利用平方 Lyapunov 函数非常困难的主要原因。但是本章利用的相关引理避开了处理这个复杂无穷级数。

（2）文献[9]利用自适应模糊滑模控制研究了分数阶混沌系统的同步，在稳定性分析中用的是整数阶 Lyapunov 方法。该文献中用的分数阶由 $R-L$ 定义，式（3.21）中 $\dot{s}(t) = {}_0^R D_t^{1-q} {}^R D_0^q s(t)$ 也是不正确的，此公式对 $R-L$ 分数阶导数来说只有当系统的初值为 0 时才成立。

注 6　类似于整数阶系统的稳定性分析，在定理 3.1 的证明中主要利用了平方 Lyapunov 函数。在文献[6]和文献[7]中，讨论形式上非常简单的分数阶非线性系统 ${}_0^C D_t^\alpha x(t) = -ax^3(t)$（其中 $0 < \alpha < 1$，$x(t) \in R$，$a > 0$）的稳定性时也用了很长的篇幅。事实上，构造 Lyapunov 函数 $V(t) = \frac{1}{2}x^2(t)$，利用引理 3.2 很容易就能得出系统 ${}_0^C D_t^\alpha x(t) = -ax^3(t)$ 是渐近稳定的。根据本章的方法，很多适用于整数阶系统的控制方法可以推广到分数阶系统中来。

3.4 数值模拟

仿真中驱动系统取为分数阶推广的 Lotka-Volterra 系统，响应系统设为 Lü 系统。对应的非线性函数分别为

$$
f(x(t)) = \begin{bmatrix} x_1(t) - x_1(t)x_2(t) + 2x_1^2(t) - 2.7x_3(t)x_1^2(t) \\ -x_2(t) + x_1(t)x_2(t) \\ -3x_3(t) + 2.7x_3(t)x_1^2(t) \end{bmatrix}
$$

$$
g(y(t)) = \begin{bmatrix} -36y_1(t) + 36y_2(t) \\ 20y_2(t) - y_1(t)y_3(t) \\ -3y_3(t) + y_1(t)y_2(t) \end{bmatrix}
$$

取控制增益矩阵为

$$
G = \begin{bmatrix} 3 & -0.4 & 1 \\ -0.5 & 2 & -0.6 \\ 0.2 & 0.5 & 1.5 \end{bmatrix}
$$

可以看出 G 是非对称矩阵且 G 的各阶顺序主子式分别为 3, 6.2, 8.9880（满足假设 3.1 的条件）。所以根据引理 3.3，$A = \text{diag}[1,1,1]$。驱动系统和响应系统的初值条件分别设为 $x(0) = [1,1.4,1]^\text{T}$，$y(0) = [-1,-2,3.5]^\text{T}$。当 $u(t) = 0$ 时两系统在阶数 $\alpha = 0.95$ 的情况下表现出混沌现象（见图 3.1）。

模糊系统的输入变量为 $x(t)$、$y(t)$、$u(t)$。为了减少模糊系统的运算，在仿真中我们用 $e(t)$ 代替 $x(t)$ 和 $y(t)$。对于 $e_1(t)$、$e_2(t)$ 和 $e_3(t)$，本章各选取了 4 个均匀分布在区间[−3, 3]上的高斯型模糊隶属函数（即它们的数学期望分别为−3, −1, 1, 3），它们的参数为 $\{[1.2],[-3],[-1,1,3]\}$。对于控制量 $u_1(t)(\text{reap.}, u_2(t), u_3(t))$，我们定义了 4 个均匀分布在区间[−5, 15]（reap., $[-5,15],[-5,5]$）上的高斯型模糊隶属函数，它们的第一个参数为 2.5，$u_1(t)$、$u_2(t)$ 对应的隶属函数第二个参数为[−4, 2, 8, 14]，$u_3(t)$ 对应的隶属函数第二个参数为[−4, −1, 2, 5]。于是在模糊系统参与逼近运算的

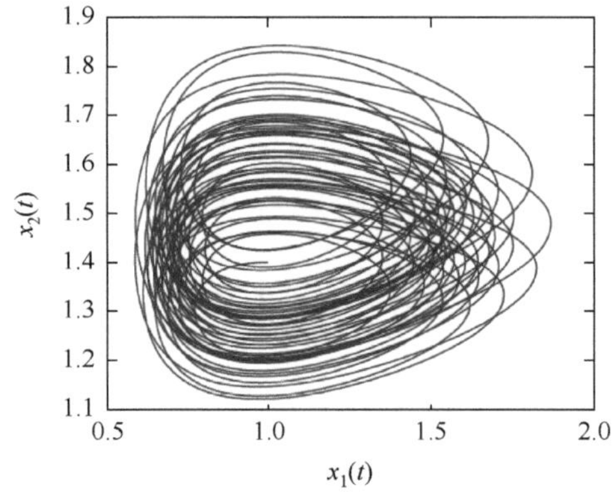

(a) 推广的分数阶Lotka-Volterra系统

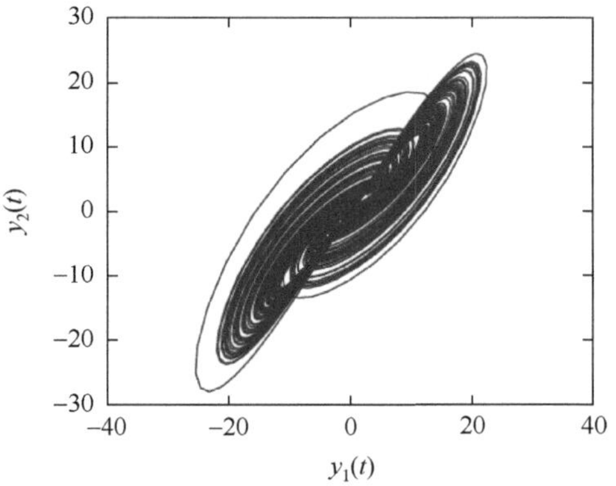

(b) 分数阶Lü 系统

图 3.1　混沌系统

模糊规则数为 4^6=4096。模糊系统参数的初值 $\theta_1(0)$、$\theta_2(0)$ 和 $\theta_3(0)$ 均选为 4096 维的随机向量。这里给出系统的模型是为了仿真的需要，在控制器的设计中不需要用到系统的模型。

控制器其他的参数为 $k_i = 5$，$\sigma_i = 0.8$，$\mu_i = 700$，$i = 1,2,3$。模糊系统逼近误差的估计值初值为 $\hat{\epsilon}_1^*(0) = \hat{\epsilon}_2^*(0) = 1, \hat{\epsilon}_3^*(0) = 1.5$。

仿真结果见图 3.2 和图 3.3。正如注 3 所述，对控制器设计参数的选取应尽可能使收敛速度快，同时控制量不宜过大。参数 μ_i 选得比较大是为了让模糊逻辑系统快速调整；参数 k_i、σ_i 选得比较小，但从图 3.2 可以看出同步误差收敛速度较快，说明设计的模糊系统具有良好的逼近性能。图 3.3 给出了控制输入及模糊系统参数的变化情况。由于控制器（3.20）中含有符号函数，所以仿真结果产生抖动现象，但是三个控制量振幅较小，并快速收敛到 0 的某个小邻域。图 3.3（d）给出的是模糊系统参数的变化情况，虽然参数 μ_i 选得比较大，但是 $\|\theta_i(t)\|$ 的振幅不大，变化平稳。从仿真结果可以看出本章控制方法取得了较好的同步效果。

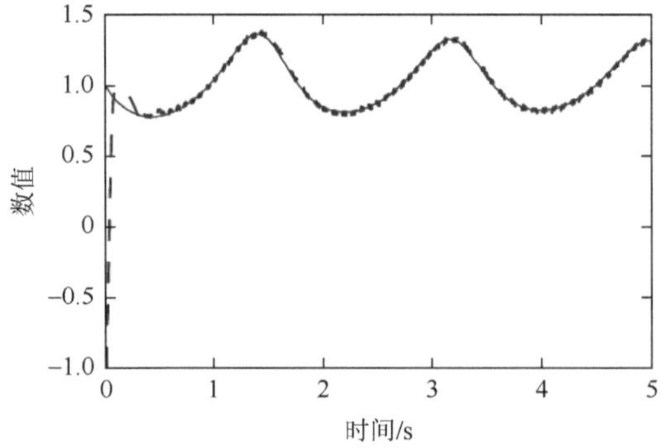

(a) $x_1(t)$(实线)和$y_1(t)$(虚线)

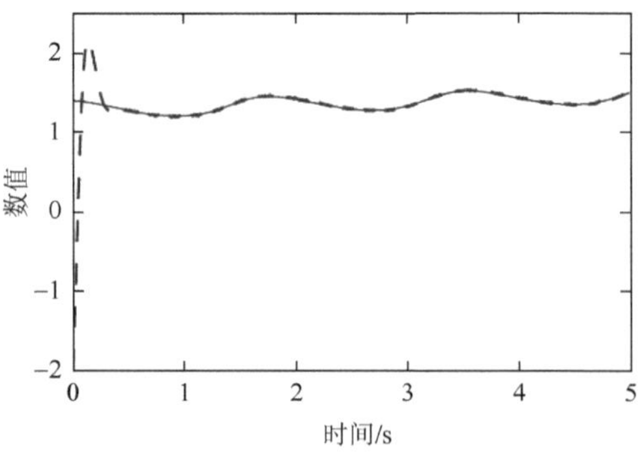

(b) $x_2(t)$(实线)和$y_2(t)$(虚线)

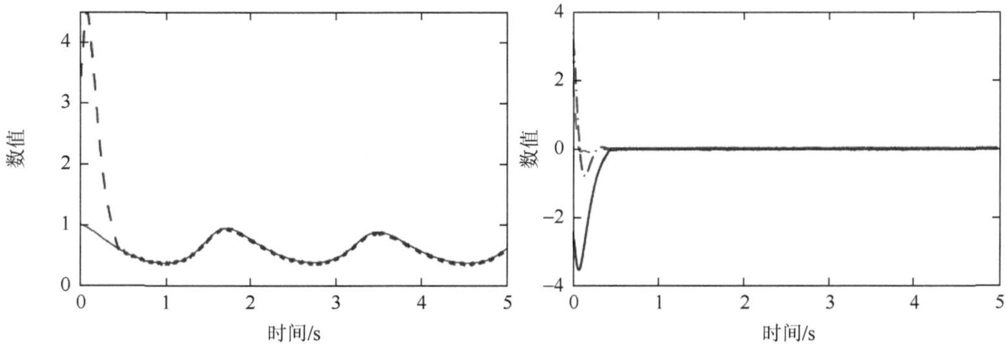

(c) $x_3(t)$(实线)和$y_3(t)$(虚线)　　(d) 同步误差$e_1(t)$(虚线)、$e_2(t)$(点划线)和$e_3(t)$(实线)

图 3.2　同步结果

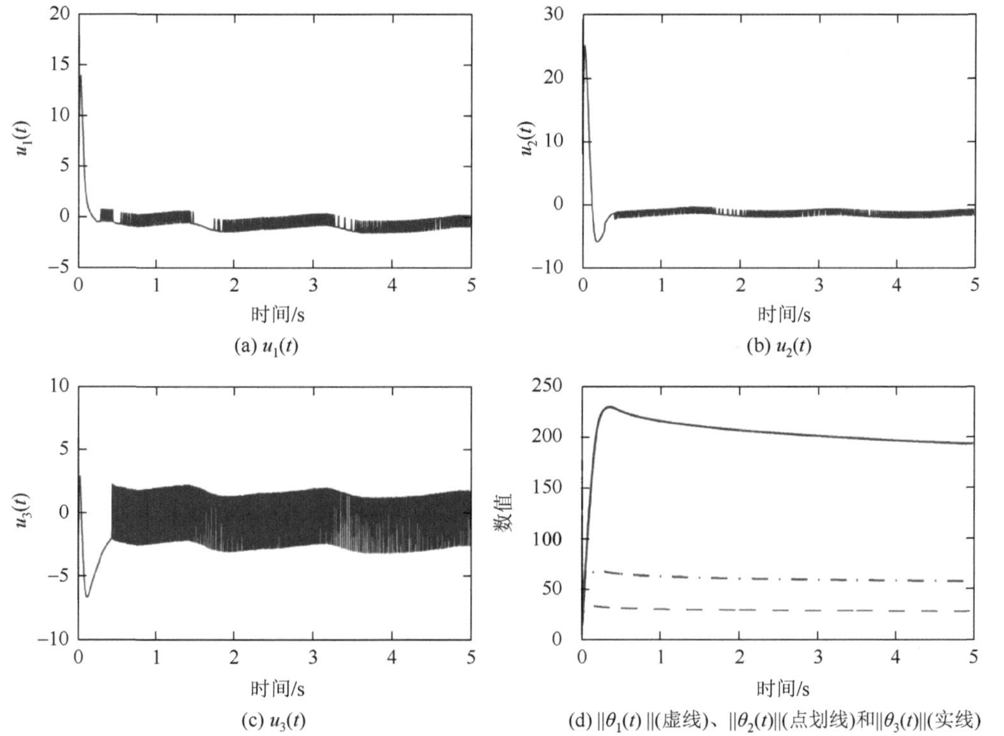

(a) $u_1(t)$　　(b) $u_2(t)$

(c) $u_3(t)$　　(d) $\|\theta_1(t)\|$(虚线)、$\|\theta_2(t)\|$(点划线)和$\|\theta_3(t)\|$(实线)

图 3.3　控制量和模糊系统参数

3.5　本 章 小 结

本章针对带有非对称控制增益的不确定分数阶混沌系统的同步问题设计了模糊自适应控制器。模糊逻辑系统用来逼近未知的非线性函数，非对称的控制增益矩阵被分解为一个未知的正定矩阵、一个对角线上元素为+1 或–1 的已知对角矩阵和一个未知的上三角矩阵的乘积。基于分数阶 Lyapunov 稳定性理论构造了模糊控制器以及分数阶的参数自适应律，在保证所有变量有界的情况下实现驱动系统和响应系统的同步。在分数阶系统稳定性分析中给出了一种平方 Lyapunov 函数的使用方法，根据此方法很多针对整数阶系统的控制方法可以推广到分数阶系统中。最后数值仿真结果验证了所提控制方法的可行性。需要指出的是，因为在控制器中存在符号函数，控制有抖动现象。如何消除抖动以及在更严格控制输入条件下（如饱和、死区等）实现分数阶混沌系统的自适应模糊控制尚需进一步研究。

参 考 文 献

[1] Yuan L，Yang Q. Parameter identification and synchronization of fractional-order chaotic systems[J]. Communications in Nonlinear Science and Numerical Simulation，2012，17：305-316.

[2] Aghababa M P. Robust stabilization and synchronization of a class of fractional-order chaotic systems via a novel fractional sliding mode controller[J]. Communications in Nonlinear Science and Numerical Simulation，2012，17：2670-2681.

[3] Kim S H，Park P，Jeong C. Robust H_∞ stabilisation of networked control systems with packet analyser[J]. IET Control Theory and Applications，2010，4：1828-1837.

[4] Hosseinnia S H，Ghaderi R，Ranjbar N A，et al. Sliding mode synchronization of an uncertain fractional order chaotic system[J]. Computers & Mathematics with Applications，2010，59：1637-1643.

[5] Yin C，Dadras S，Zhong S. Design an adaptive sliding mode controller for drive-response synchronization of two different uncertain fractional-order chaotic systems with fully unknown parameters[J]. Journal of the Franklin Institute，2012，349：3078-3101.

[6] Li Y，Chen Y，Podlubny I. Mittag-Leffler stability of fractional order nonlinear dynamic systems[J]. Automatica，2009，45：3690-3694.

[7] Trigeassou J C，Maamri N，Sabatier J，et al. A Lyapunov approach to the stability of fractional differential equations[J]. Signal Processing，2011，91：437-445.

[8] Shen J，Lam J. Non-existence of finite-time stable equilibria in fractional-order nonlinear systems[J]. Automatica，2014，50：547-551.

[9] Lin T C，Kuo C H. H_∞ synchronization of uncertain fractional order chaotic systems：Adaptive fuzzy approach[J]. ISA Transactions，2011，50：548-556.

[10] Lin T C，Lee T Y，Balas V E. Adaptive fuzzy sliding mode control for synchronization of uncertain fractional order chaotic systems[J]. Chaos，Solitons & Fractals，2011，44：791-801.

[11] Zhou P，Ding R，Cao Y X. Multi drive-one response synchronization for fractional-order chaotic systems[J]. Nonlinear Dynamics，2012，70：1263-1271.

[12] Aguila-Camacho N，Duarte-Mermoud M A，Gallegos J A. Lyapunov functions for fractional order systems[J]. Communications in Nonlinear Science and Numerical Simulation，2014，19：2591-2597.

第4章　具有未知外部扰动的非线性分数阶的不确定性系统的自适应模糊控制

4.1　概　　述

在过去的20年里，由于分数阶动态系统在电介质极化、黏弹性系统、电磁波、混沌系统等方面的广泛应用而备受关注[1]。分数阶系统的一个显著特点是它们的记忆效应，可以被用来更精确地描述一些物理现象或复杂系统的特征。此外，迄今为止，分数阶控制器已经被用来增强闭环控制系统的稳健性和其他性能。众所周知，稳定性分析是分数阶系统面临的最重要问题之一。目前，对于分数阶系统已有许多稳定性结果。对于基于 Caputo 分数阶导数的线性系统，文献[2]、[3]分别提出了 $0<\alpha<1$ 和 $1<\alpha<2$ 的分数相称阶的稳定性结果。文献[4]、[5]讨论了 Riemann-Liouville 导数线性系统在 $0<\alpha<1$ 和 $1<\alpha<2$ 的相称分数阶下的稳定性。但是，关于分数阶非线性系统稳定性的研究结果相对较少。文献[6]提出了分数阶的非线性动态系统的 Mittag-Leffler 稳定性定义，且考虑了分数阶 $0<\alpha<1$ 的非线性分数阶动力系统的稳定性。文献[7]给出了分数阶在 $0<\alpha<1$ 的分数阶非线性动力系统的局部渐近稳定性的充分条件。然而，所得到的结果只保证了分数阶非线性动力系统是稳定的。文献[8]给出了一类分数阶 $0<\alpha<1$ 和 $1<\alpha<2$ 的分数阶非线性系统的稳定性和镇定的充分条件。文献[9]中提到，基于滑模控制技术，针对一类具有未知外部扰动的分数阶设计了一个鲁棒控制方案。文献[10]介绍了一种有限时间控制方法，用于控制存在不确定性和外部噪声的一类非自治分数阶非线性系统。然而，不确定性因素和外部噪声被假定为是有界的。此外，正如文献[11]中所讨论的，有限时间的同步是不可能的。

另外，文献[12]引入了 Lyapunov 方法，作为分析非线性系统稳定性的基本工具。然而，如何构建一个简单的直接 Lyapunov 函数仍是一个未解决的问题。在文献[13]中，首先研究了使用 Lyapunov 直接法的分数阶非线性系统的稳定性。一些文献提出了用 Lyapunov 函数来证明分数阶非线性系统的稳定性，例如，Caputo 分数阶导数的一个新性质，可以为许多分数阶系统找到一个简单的 Lyapunov 候选函数[14]。然而，这些研究要么忽略了对系统不确定性和外部噪声影响的考虑，要么没有应用分数 Lyapunov 稳定性理论来保证整个系统的稳定性。据我们所知，目前对模型不确定性和外部噪声未知的非线性分数阶系统的鲁棒控制问题还没有得到充分的研究，仍然具有挑战性，这激励了本章的研究。

本章针对分数阶非线性系统，提出了在模型不确定性和外部噪声存在下的自适应模糊控制方法。模糊逻辑系统被用于估计未知的非线性函数。基于分数阶 Lyapunov 直接法，设计了一种自适应模糊控制器，提出了分数阶自适应律来更新模糊系统的参数。所提出的方法可以保证闭环系统中的所有信号保持有界状态和跟踪误差收敛到原点的一个任意小区域。本章主要贡献如下所述。

（1）采用自适应模糊控制方法，在不确定性和外界噪声存在的情况下，对非线性分数阶系统进行控制。

（2）提出了一种分数阶自适应律来更新模糊参数，并提出了一种直接的 Lyapunov 函数方法来分析分数阶系统的稳定性。

4.2 问题的提出和预设

关于 $a>0$ 的分数阶导数有几种定义，但在大多数工程应用中使用的是 Caputo 定义，因为该定义包含了 $f(t)$及其整数阶导数的初始条件，即传统物理意义上的初始条件。

定义 4.1（Caputo 分数阶微分） 半轴 R^+上 $\alpha\in R^+$阶的 Caputo 分数阶导数定义如下：

$$D^{\alpha}f(t)=\frac{1}{\Gamma(n-\alpha)}\int_a^t\frac{f^{(n)}(\tau)}{(t-\tau)^{\alpha-n+1}}\mathrm{d}\tau,\quad t>0 \tag{4.1}$$

其中，$n-1\leqslant\alpha<n$；$\Gamma(\cdot)$表示 Gamma 函数。

定义 4.2（Mittag-Leffler 函数） 有两个参数的 Mittag-Leffler 函数定义如下：

$$E_{\alpha,\beta}(z)=\sum_{k=0}^{\infty}\frac{z^k}{\Gamma(\alpha k+\beta)} \tag{4.2}$$

其中，α 和 β 为正复数；z 为复数。

在本章中，我们考虑了以下具有模型不确定性的外部干扰和控制输入的 n 维分数阶系统：

$$\begin{cases} D^{\alpha}x_1=f_1(x)+\Delta f_1(x)+\sum\limits_{j=1}^{n}g_{1j}u_j(t)+d_1(t) \\ D^{\alpha}x_2=f_2(x)+\Delta f_2(x)+\sum\limits_{j=1}^{n}g_{2j}u_j(t)+d_2(t) \\ \quad\vdots \\ D^{\alpha}x_n=f_n(x)+\Delta f_n(x)+\sum\limits_{j=1}^{n}g_{nj}u_j(t)+d_n(t) \end{cases} \tag{4.3}$$

其中，$x=[x_1,x_2,\cdots,x_n]^{\mathrm{T}}\in R^n$ 是假定可用于测量的系统状态向量；$f_i(x)(i=1,2,\cdots,n)$ 是未知的非线性函数；$\Delta f_i(x)(i=1,2,\cdots,n)$ 代表未知模型的不确定性；$u(t)=[u_1(t),\cdots,u_n(t)]^{\mathrm{T}}\in R^n$ 是控制输入；$d_i(t)(i=1,2,\cdots,n)$ 是外部扰动；$g_{ij}(i,j=1,2,\cdots,n)$ 是已知的恒定控制增益。具体公式如下：

$$f(x)=[f_1(x),\cdots,f_n(x)]^{\mathrm{T}}$$

$$d(x)=[d_1(t),\cdots,d_n(t)]^{\mathrm{T}}$$

$$G=\begin{bmatrix} g_{11} & \cdots & g_{1n} \\ \vdots & & \vdots \\ g_{n1} & \cdots & g_{nn} \end{bmatrix}$$

$$\Delta f(x)=[\Delta f_1(x),\cdots,\Delta f_n(x)]^{\mathrm{T}}$$

然后，系统（4.3）可以被重写为

$$D^{\alpha}x=f(x)+\Delta f(x)+Gu+d(t) \tag{4.4}$$

其主要目标是构建一个自适应模糊控制器 $u(t)$，使状态向量 $x(t)$ 跟踪以下参考信号，所有涉及的信号在闭环系统中保持约束。

$$x_d(t)=[x_{d1}(t),x_{d2}(t),\cdots,x_{dn}(t)] \tag{4.5}$$

跟踪误差向量的定义如下：

$$e(t)=x_d(t)-x(t) \tag{4.6}$$

因此，跟踪误差的动态可写为

$$D^{\alpha}e(t)=D^{\alpha}x_d(t)-f(x)-\Delta f(x)-d(t)-Gu(t) \tag{4.7}$$

定理 4.1[15]　如果 $x(t)$ 是连续可导的，那么

$$\frac{1}{2}D^{\alpha}x^{\mathrm{T}}(t)Px(t)\leqslant x^{\mathrm{T}}(t)PD^{\alpha}x(t) \tag{4.8}$$

其中，P 是一个 $n\times n$ 的正定常数矩阵。

定理 4.2　考虑以下分数阶系统：

$$D^{\alpha}y(t)\leqslant -ay(t)+b \tag{4.9}$$

那么存在一个常数 $t_0>0$，使得所有 $t\in(t_0,\infty)$ 的情况下有

$$\|y(t)\|\leqslant\frac{2b}{a} \tag{4.10}$$

其中，$y(t)$ 是状态变量；a 和 b 是两个正常数。

证明　鉴于式（4.9），存在一个非负函数 $m(t)$，使得

$$D^{\alpha}y(t)=-ay(t)+m(t)+b \tag{4.11}$$

对式（4.11）进行拉普拉斯变换，得到

$$Y(s)=\frac{s^{\alpha-1}}{s^{\alpha}+a}y(0)+\frac{\mathcal{L}(m(t)+b)}{s^{\alpha}+a} \tag{4.12}$$

其中，$y(0)$是初始条件。那么我们有

$$y(t)=y(0)E_{\alpha,1}(-at^{\alpha})+\int_0^t(t-\tau)^{\alpha-1}E_{\alpha,\alpha}(-a(t-\tau)^{\alpha})(m(\tau)+b)\mathrm{d}\tau \tag{4.13}$$

从而得出

$$\|y(t)\|\leqslant\|y(0)\|E_{\alpha,1}(-at^{\alpha})+b\int_0^t(t-\tau)^{\alpha-1}E_{\alpha,\alpha}(-a(t-\tau)^{\alpha})\mathrm{d}\tau \tag{4.14}$$

注意

$$\int_0^t\tau^{\beta-1}E_{\alpha,\beta}(-a\tau^{\alpha})\mathrm{d}\tau=t^{\beta}E_{\alpha,\beta+1}(-a\tau^{\alpha}) \tag{4.15}$$

因此，我们可以得到

$$\|y(t)\|\leqslant\|y(0)\|E_{\alpha,1}(-at^{\alpha})+bt^{\alpha}E_{\alpha,\alpha+1}(-a\tau^{\alpha}) \tag{4.16}$$

因此，存在一个常数$t_0>0$，使得式（4.10）满足所有$t\in(t_0,\infty)$的情况。

4.3 模糊逻辑系统的描述

模糊逻辑系统的基本结构包括一个模糊器、一些模糊的 If-Then 规则、一个模糊推理引擎和一个解模糊器。模糊推理引擎使用模糊的 If-Then 规则来执行从输入向量$x=[x_1,x_2,\cdots,x_n]^{\mathrm{T}}\in R^n$到输出$\zeta(x)\in R$的映射。

规则 1 如果x_1是F_1^i并且x_n是F_n^i，则$\zeta(x)$是α_i。其中，$F_1^i,F_2^i,\cdots,F_n^i$是模糊集；α_i是第 i 条规则中输出的模糊单值。通过使用单值模糊器、乘积推理和重心去模糊化，模糊系统的输出可表示为

$$\zeta(x)=\frac{\sum_{j=1}^{N}\alpha_j\prod_{i=1}^{n}\mu_{F_i^j}(x_i)}{\sum_{j=1}^{N}\left(\prod_{i=1}^{n}\mu_{F_i^j}(x_i)\right)}=\theta^{\mathrm{T}}\psi(x) \tag{4.17}$$

其中，$\mu_{F_i^j}(x_i)$是x_i到F_i^j的隶属度；N 是模糊规则的数量；$\theta=[\alpha_1,\alpha_2,\cdots,\alpha_N]^{\mathrm{T}}$是可调参数向量；$\psi(x)=[p_1(x),p_2(x),\cdots,p_N(x)]^{\mathrm{T}}$，其中

$$p_j(x)=\frac{\prod_{i=1}^{n}\mu_{F_i^j}(x_i)}{\sum_{j=1}^{N}\left(\prod_{i=1}^{n}\mu_{F_i^j}(x_i)\right)} \tag{4.18}$$

是模糊基函数。我们假设模糊基函数的选择是为了使其总是有至少一个活跃的规则。

4.4 自适应模糊控制器设计

本节将设计一个自适应模糊控制器，这样不仅可以使闭环系统（4.7）的所有信号都是有边界的，而且跟踪误差也会渐近地趋向于原点。为了解决这个问题，以下定理将是至关重要的。令 $P = G^{-1}$，然后式（4.7）可以被写成

$$PD^{\alpha} e(t) = \mu(x(t)) - u(t) \tag{4.19}$$

其中

$$\mu(x(t)) = P(D^{\alpha} x_d(t) - f(x) - \Delta f(x) - d(t)) \tag{4.20}$$

由于模型的不确定性 $\Delta f(x)$ 和外部扰动 $d(t)$ 是未知的，因此非线性函数 $\mu(x(t))$ 是未知的。因此，我们需要设计一个自适应的模糊控制器，确切地说，我们将应用模糊系统（4.17），用下列方式近似未知的非线性函数 $\mu(x(t))$：

$$\hat{\mu}_i(\theta_i(t), x(t)) = \theta_i^{\mathrm{T}}(t)\psi_i(x(t)), \quad i = 1, 2, \cdots, n \tag{4.21}$$

其中，$\mu_i(x(t))$ 是非线性函数 $\mu(x(t))$ 的第 i 个元素。我们定义 θ_i 的理想参数如下：

$$\theta_i^* = \arg\min_{\theta_i}(\sup|\mu_i(x(t)) - \hat{\mu}_i(x(t))|) \tag{4.22}$$

将参数估计误差和模糊逼近误差定义如下：

$$\tilde{\theta}_i = \theta_i - \theta_i^* \tag{4.23}$$

$$\varepsilon_i(x) = \mu_i(x(t)) - \hat{\mu}_i(\theta_i^*, x(t)) \tag{4.24}$$

其中，$\hat{\mu}_i(\theta_i^*, x(t)) = \theta_i^* \psi_i(x(t))$。我们可以假设，对于所有的 x，模糊近似误差是有界的，例如，$|\varepsilon_i(x)| < \bar{\varepsilon}_i$，其中 $\bar{\varepsilon}_i$ 是未知常数。令 $\varepsilon = [\varepsilon_1(x), \cdots, \varepsilon_n(x)]^{\mathrm{T}}, \bar{\varepsilon} = [\bar{\varepsilon}_1, \cdots, \bar{\varepsilon}_n]^{\mathrm{T}}$，于是我们可得到 $|\varepsilon(x)| \leqslant \bar{\varepsilon}$。基于上述分析，我们得到

$$\begin{aligned}
\hat{\mu}(\theta_i(t), x(t)) - \mu(x(t)) &= \hat{\mu}(\theta_i(t), x(t)) - \hat{\mu}(\theta^*, x(t)) + \hat{\mu}(\theta^*, x(t)) - \mu(x(t)) \\
&= \hat{\mu}(\theta_i(t), x(t)) - \hat{\mu}(\theta^*, x(t)) - \varepsilon(x(t)) \\
&= \tilde{\theta}^{\mathrm{T}}(t)\psi(x(t)) - \varepsilon(x(t))
\end{aligned} \tag{4.25}$$

那么，自适应模糊控制器可以构造为

$$u(t) = \theta^{\mathrm{T}}(t)\psi(x(t)) + ke(t) + b\mathrm{sign}(e(t)) \tag{4.26}$$

其中，k 和 b 是待设计的自由正常数。将提出的控制器（4.26）代入跟踪误差动力学式（4.19），得到

$$PD^{\alpha} e(t) = \mu(x(t)) - \theta^{\mathrm{T}}(t)\psi(x(t)) - ke(t) - b\mathrm{sign}(e(t)) \tag{4.27}$$

将 $e^{\mathrm{T}}(t)$ 乘以式（4.27）的两边并应用式（4.25），得到

$$e^{\mathrm{T}}(t)PD^{\alpha}e(t)=-ke^{\mathrm{T}}(t)e(t)+\sum_{i=1}^{n}e_i(t)\varepsilon_i(x(t))-b\sum_{i=1}^{n}e_i(t)\tilde{\theta}_i^{\mathrm{T}}(t)\psi_i(x(t))-b\sum_{i=1}^{n}|e_i(t)|$$

（4.28）

更新模糊参数 $\theta_i(t)$ 的分数适应法被设计为以下分数阶微分方程：

$$D^{\alpha}\theta_i(t)=\gamma_i e_i(t)\psi_i(x(t))-\gamma_i\sigma_i\theta_i(t),\quad i=1,2,\cdots,n \tag{4.29}$$

其中，σ_i 和 γ_i 是正的设计参数。

引理 4.1 假设控制器设计为式（4.26），分数阶自适应律定义为式（4.29）。然后闭环系统中的所有信号都保持有界，如果选择合适的控制参数，跟踪误差最终会任意小。

证明 选择如下二次 Lyapunov 函数：

$$V(t)=\frac{1}{2}e^{\mathrm{T}}(t)Pe(t)+\frac{1}{2}\sum_{i=1}^{n}\frac{1}{\gamma_i}\tilde{\theta}_i^{\mathrm{T}}(t)\tilde{\theta}_i(t) \tag{4.30}$$

利用定理 4.1，我们可以得到

$$D^{\alpha}V(t)\leqslant e^{\mathrm{T}}(t)PD^{\alpha}e(t)+\sum_{i=1}^{n}\frac{1}{\gamma_i}\tilde{\theta}_i^{\mathrm{T}}(t)D^{\alpha}\tilde{\theta}_i(t) \tag{4.31}$$

注意到常数函数的 Caputo 导数为 0，我们有

$$D^{\alpha}\tilde{\theta}_i(t)=D^{\alpha}\theta_i(t) \tag{4.32}$$

因此，我们有

$$D^{\alpha}V(t)\leqslant e^{\mathrm{T}}(t)PD^{\alpha}e(t)+\sum_{i=1}^{n}\frac{1}{\gamma_i}\tilde{\theta}_i^{\mathrm{T}}(t)D^{\alpha}\theta_i(t) \tag{4.33}$$

将式（4.28）和分数适应律（4.29）代入式（4.33），我们有

$$D^{\alpha}V(t)\leqslant -ke^{\mathrm{T}}(t)e(t)-(b-\bar{\varepsilon})\sum_{i=1}^{n}|e_i(t)|-\sum_{i=1}^{n}\sigma_i\tilde{\theta}_i^{\mathrm{T}}(t)\theta_i(t) \tag{4.34}$$

如果 b 取自 $(\bar{\varepsilon},+\infty)$，那么

$$D^{\alpha}V(t)\leqslant -ke^{\mathrm{T}}(t)e(t)-\sum_{i=1}^{n}\sigma_i\tilde{\theta}_i^{\mathrm{T}}(t)\theta_i(t) \tag{4.35}$$

注意

$$-\sum_{i=1}^{n}\sigma_i\tilde{\theta}_i^{\mathrm{T}}(t)\theta_i^{*}\leqslant\frac{1}{2}\sum_{i=1}^{n}\sigma_i\tilde{\theta}_i^{\mathrm{T}}(t)\tilde{\theta}_i(t)+\frac{1}{2}\sum_{i=1}^{n}\sigma_i\theta_i^{*\mathrm{T}}\theta_i^{*} \tag{4.36}$$

因此我们有

$$
\begin{aligned}
D^{\alpha}V(t) &\leqslant -ke^{\mathrm{T}}(t)e(t) - \sum_{i=1}^{n}\sigma_i\tilde{\theta}_i^{\mathrm{T}}(t)\theta_i(t) \\
&= -ke^{\mathrm{T}}(t)e(t) - \sum_{i=1}^{n}\sigma_i\tilde{\theta}_i^{\mathrm{T}}(t)\tilde{\theta}_i(t) - \sum_{i=1}^{n}\sigma_i\tilde{\theta}_i^{\mathrm{T}}(t)\theta_i^{*}n \\
&\leqslant -ke^{\mathrm{T}}(t)e(t) - \frac{1}{2}\sum_{i=1}^{n}\sigma_i\tilde{\theta}_i^{\mathrm{T}}(t)\tilde{\theta}_i(t) + \frac{1}{2}\sum_{i=1}^{n}\sigma_i\theta_i^{*\mathrm{T}}\theta_i^{*}n \\
&\leqslant -ke^{\mathrm{T}}(t)e(t) - \frac{\sigma}{2}\sum_{i=1}^{n}\tilde{\theta}_i^{\mathrm{T}}(t)\tilde{\theta}_i(t) + \frac{1}{2}\sum_{i=1}^{n}\sigma_i\theta_i^{*\mathrm{T}}\theta_i^{*}n \\
&\leqslant -\frac{2k}{\lambda_{\max}(P)}\frac{1}{2}e^{\mathrm{T}}(t)Pe(t) - \frac{\sigma\gamma}{2}\sum_{i=1}^{n}\frac{1}{\gamma_i}\tilde{\theta}_i^{\mathrm{T}}(t)\tilde{\theta}_i(t) + \frac{1}{2}\sum_{i=1}^{n}\sigma_i\theta_i^{*\mathrm{T}}\theta_i^{*}n \\
&\leqslant -k_0V(t) + \frac{1}{2}\sum_{i=1}^{n}\sigma_i\theta_i^{*\mathrm{T}}\theta_i^{*}
\end{aligned}
\tag{4.37}
$$

其中

$$
\sigma = \min(\sigma_1, \sigma_2, \cdots, \sigma_n)
$$
$$
\gamma = \min(\gamma_1, \gamma_2, \cdots, \gamma_n)
$$
$$
k_0 = \min\left(\frac{2k}{\lambda_{\max}(P)}, \sigma\gamma\right)
$$

应用定理 4.2，存在一个 $t_0>0$，使得

$$
\| V(t) \| \leqslant \frac{\sum_{i=1}^{n}\sigma_i\theta_i^{*\mathrm{T}}\theta_i^{*}}{k_0} \tag{4.38}
$$

从而得出

$$
\| e(t) \| \leqslant \sqrt{\frac{2\sum_{i=1}^{n}\sigma_i\theta_i^{*\mathrm{T}}\theta_i^{*}}{k_0\lambda_{\min}(P)}} \tag{4.39}
$$

这意味着如果参数 k 和 γ_i 选得足够大，$\| e(t) \|$ 在 (t_0,∞) 中可以任意小。此外，我们可以很容易地看到，闭环系统中的所有信号将保持有界。

4.5　数值仿真

本节将通过一个例子来说明所提出的自适应模糊控制方法的有效性和适用性，并验证理论结果。考虑如下具有模型不确定性和外部扰动的分数阶旋转机械系统[16]。

$$\begin{cases} D^{\alpha}x_1 = x_2 + \Delta f_1(x) + d_1(t) \\ D^{\alpha}x_2 = 0.25(x_3+2.4)^2\sin(x_1-0.69)\cos(x_1-0.69) \\ \qquad -\sin(x_1-0.69) - 0.7x_2 + \Delta f_2(x) + d_2(t) \\ D^{\alpha}x_3 = 2.8\cos(x_1-0.69) - 1.942 - 0.5\sin(et) + \Delta f_3(x) + d_3(t) \end{cases} \tag{4.40}$$

在仿真中，系统的不确定性项和外部噪声选择如下：

$$\begin{cases} \Delta f_1(x) + d_1(t) = -0.15\sin(2t)x_1 + 0.15\sin(3t) \\ \Delta f_2(x) + d_2(t) = 0.25\cos(4t)x_2 + 0.1\cos(t) \\ \Delta f_3(x) + d_3(t) = 0.2\sin(3t)x_3 + 0.2\sin(3t) \end{cases} \tag{4.41}$$

系统的初始条件选择为 $x_1(0)=-3$，$x_2(0)=4$，$x_3(0)=-2$ 。参考信号被设定为 $x_d(t)=[\sin(t),\cos(t),\sin(2t)]^{\mathrm{T}}$ 。在整个模拟过程中，分数阶非线性系统（4.33）的模型是完全未知的。提出的控制方法不需要系统的知识。模糊系统以 $x_1(t)$、$x_2(t)$ 和 $x_3(t)$ 为输入。对于每个输入我们定义了 11 个均匀分布在[−10, 10]上的高斯隶属函数。控制器的参数选取为 $k=1, b=1, \sigma_1=\sigma_2=\sigma_3=0.001$ 。模糊系统 $\theta_1(0)$ 、 $\theta_2(0)$ 和 $\theta_3(0)$ 的初始条件是随机选择的。

仿真结果如图 4.1～图 4.5 所示。图 4.1～图 4.3 分别给出了状态变量 $x_1(t)$、$x_2(t)$ 和 $x_3(t)$ 的轨迹表现。跟踪误差的时间响应如图 4.4 所示。我们可以看到跟踪误差有一个快速收敛的过程。图 4.5 显示了控制输入的轨迹。从仿真结果来看，我们可以说已经实现了良好的控制性能。

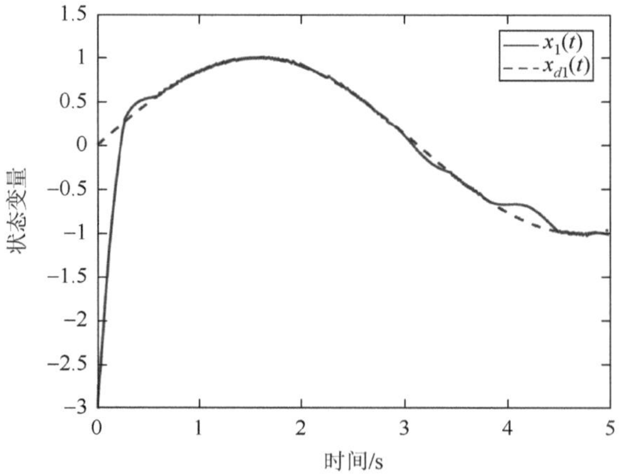

图 4.1　系统状态 $x_1(t)$ 的响应

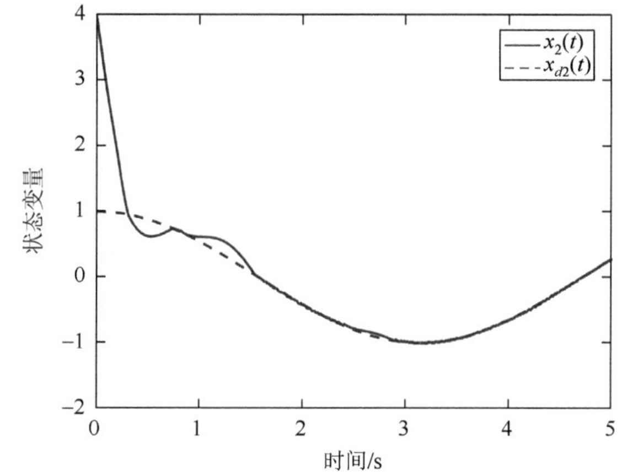

图 4.2　系统状态 $x_2(t)$ 的响应

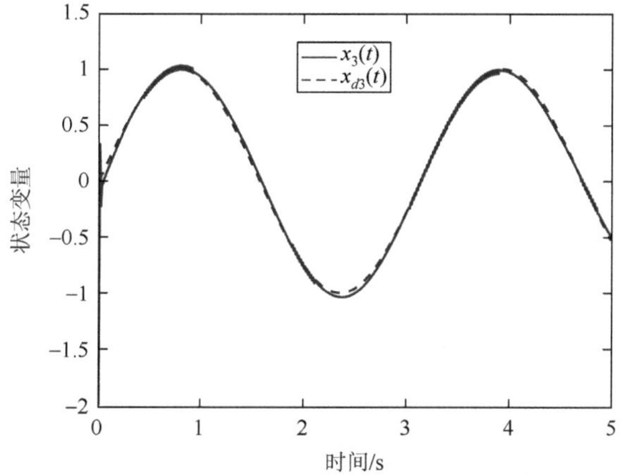

图 4.3　系统状态 $x_3(t)$ 的响应

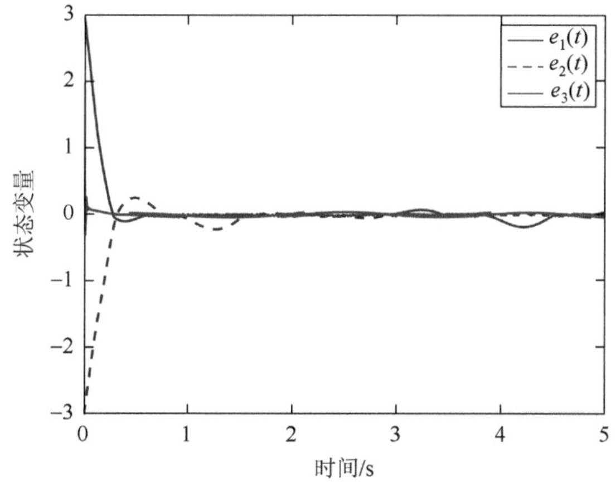

图 4.4　跟踪误差的轨迹

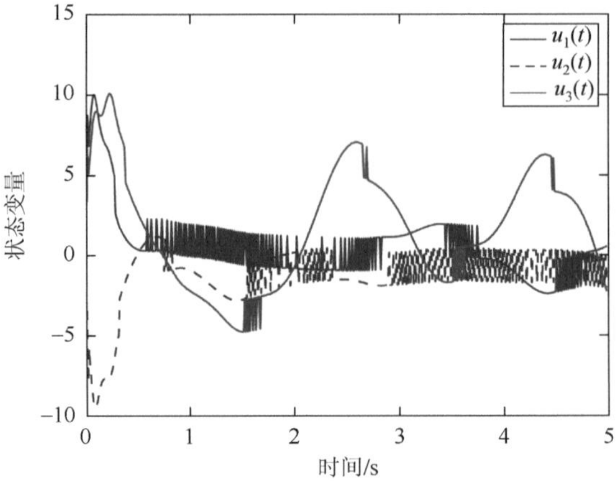

图 4.5　控制输入的轨迹

4.6　本 章 小 结

本章针对分数阶非线性系统提出了一种在模型不确定性和有外界噪声的情况下可进行自适应模糊控制的方法，使用模糊逻辑系统被用于估计未知的非线性函数，基于分数阶 Lyapunov 直接法，设计了一种自适应模糊控制器。所提出的方法可以保证闭环系统中的所有信号保持有界，并且跟踪误差收敛到原点的一个任意小区域。最后，通过数值仿真验证了所提结果的有效性。

参 考 文 献

[1] Lu J G，Chen Y Q. A note on the fractional-order Chen system[J]. Chaos Solitons Fractals，2006，27：685-688.

[2] Farges C，Moze M，Sabatier J. Pseudo-state feedback stabilization of commensurate fractional order systems[J]. Automatica，2010，46：1730-1734.

[3] Lu J G，Chen Y Q. Robust stability and of fractional-order interval systems with the fractional order _：The 0<_<1 case[J]. IEEE Transactions on Automatic Control，2010，55：152-158.

[4] Qian D，Li C，Agarwal R P. Stability analysis of fractional differential system with Riemann-Liouville derivative[J]. Mathematical and Computer Modeling of Dynamical Systems，2010，52：862-874.

[5] Zhang F，Li F. Stability analysis of fractional differential system with order lying in(1, 2)[J]. Advances in Difference Equations，2011，doi：10.1155/2011/213485.

[6] Li Y，Chen Y Q，Podlubny I. Stability analysis of a class of nonlinear fractional-order systems[J]. Computers and Mathematics with Applications，2010，59：1810-1821.

[7] Deng W H. Smoothness and stability of the solutions for nonlinear fractional differential equations[J]. Nonlinear Analysis，2010，72：1768-1777.

[8] Chen L，Chai Y，Wu R，et al. Stability and stabilization of a class of nonlinear fractional-order systems with Caputo derivative[J]. IEEE Transactions on Circuits Systems II，2012，59：602-606.

[9] Aghababa M P. Finite-time chaos control and synchronization of fractionalorder nonautonomous chaotic（hyperchaotic）systems using fractional nonsingular terminal sliding mode technique[J]. Nonlinear Dynamics，2012，69：247-261.

[10] Aghababa M P. Design of a chatter-free terminal sliding mode controller for nonlinear fractional-order dynamical systems[J]. International Journal of Control，2013，86：1744-1756.

[11] Shen J，Lam J. Non-existence of finite-time stable equilibria in fractional-order nonlinear systems[J]. Automatica，2014，50：547-551.

[12] Trigeassou J C，Maamri N，Sabatier J，et al. A Lyapunov approach to the stability of fractional differential equations[J]. Signal Process，2011，91：437-445.

[13] Li Y，Chen Y Q，Podlubny I. Mittag-Leffler stability of fractional order nonlinear dynamic systems[J]. Automatica，2009，45：3690-3694.

[14] Aguila-Camacho N，Duarte-Mermoud M A，Gallegos J A. Lyapunov functions for fractional order systems[J]. Communications in Nonlinear Science and Numerical Simulation，2014，19：2951-2957.

[15] Duarte-Mermoud M A，Aguila-Camacho N，Castro-Linares R，et al. Using general quadratic Lyapunov functions to prove Lyapunov uniform stability for fractional order systems[J]. Communications in Nonlinear Science and Numerical Simulation，2015，22：650-659.

[16] Ge Z M，Jhuang W R. Chaos，control and synchronization of a fractional order rational mechanical system with a centrifugal governor[J]. Chaos Solitions Fractals，2007，33：270-289.

第 5 章　具有外部扰动和未知控制方向的分数阶非线性系统的模糊自适应控制

5.1　概　　述

整数阶微积分作为描述经典物理学和相关学科理论的分析性数学工具已被普遍接受。许多问题的数学模型最终都可以归结为整数阶微分方程的解，整数阶微积分在理论分析和数值求解方面都有比较完整的理论。但当人们进入复杂系统和复杂现象的研究时，经典的整数阶微积分方程在描述这些系统时将遇到一些问题。基于上述原因，人们迫切希望能有一个可用的数学工具和基本原理来模拟这些复杂系统。此时，分数阶微分方程应运而生，因为分数阶微积分方程非常适用于描述具有记忆和遗传特性的材料和过程。在如扩散、光谱分析等系统中，一些数学家、物理学家和工程师已经开始将分数阶微积分应用于解决问题。在复杂的动态系统中，利用分数阶微积分建立的模型往往比整数阶系统模型更精确[1-5]。

模糊控制通过模拟人类的思维、推理和判断，将人类的经验和常识用自然语言表达出来，建立了便于计算机处理的智能控制模型[6]。实践证明，模糊控制已经成功地应用于机器人控制、信号处理、医疗、电力系统和决策管理等各个领域[7]。另外，自适应模糊控制利用输入和输出数据，通过设计合适的更新规律来实时调整过程或控制器参数，它可以分为直接模糊控制和间接模糊控制[8]。在直接模糊控制方法中，模糊系统直接用理想控制律逼近，即通过直接调整控制律参数来达到设计目标[9]。经典的反馈线性化方法[10]是间接模糊控制的基础。文献[11]研究了满足非匹配的非线性自适应模糊跟踪控制器的设计。文献[12]研究了基于反步法的严格反馈系统的自适应模糊输出反馈控制问题。文献[13]利用积分型正切函数，研究了多输入与多输出的严格反馈系统的自适应模糊输出跟踪控制。对于未知的非线性系统，自适应模糊控制表现出较大优势，其设计方法简单易懂，可以利用计算机系统进行开发设计，因此在理论分析和工程应用方面具有重要的研究价值。目前仍有许多问题亟待解决，例如，如何选择合适的模糊成员函数，如何将自适应模糊控制与其他控制方法结合起来解决复杂的非线性系统控制，以及如何处理分数阶的被控对象等。

随着文献[14]提出分数阶系统的 Lyapunov 第二方法，分数阶非线性系统的控制和稳定性分析逐渐成为研究热点。例如，基于渐近自治系统理论和图论，文献[15]研究了无强连通性网络上新的分数阶耦合系统的平衡点的全局 Mittag-Leffler 稳定性问题。通过 Lyapunov 理论和平均停留时间法，研究了一类分数阶正切换系统的输出跟踪控制，其方法基于观测器的控制器，结合等效输入扰动法和 Smith 预估器[16]。基于分数阶 Lyapunov 稳定性理论，文献[17]设计了一个自适应模糊同步控制器和分数阶参数自适应律，以实现具有非对称控制增益的未知混沌系统的同步化。文献[18]解决了分数阶不确定非线性系统的模糊自适应控制器设计和系统稳定性分析问题。文献[19]讨论了非线性不确定分数阶混沌系统的鲁棒自适应控制问题。文献[20]考虑了一类具有系统不确定性和外部干扰的非线性分数阶系统，并设计了一种预设性能的分数阶模糊自适应控制器。文献[21]研究了神经网络死区和非线性输入影响时分数阶不确定神经网络的模糊自适应控制问题。文献[22]利用自适应控制理论和 Lyapunov 直接法讨论了一类分数阶时滞神经网络的同步控制和参数辨识问题。基于 Lyapunov 直接法和自适应控制理论，文献[23]研究了一类非线性分数阶系统的自适应模糊控制。

在上述文献研究的基础上，基于自适应模糊控制方法的具有未知控制增益和外部扰动的不确定分数阶混沌系统的跟踪控制。模糊逻辑系统被用来估计未知的非线性函数。为了解决分数阶系统中模糊系统参数自适应问题，设计了一种分数阶自适应律。将非对称、时序原理非零控制增益矩阵分解为对角元素为+1 或–1 的已知矩阵和未知上三角矩阵，其中未知正定矩阵用于构造 Lyapunov 函数，已知对角矩阵用于构造同步控制器。所设计的模糊自适应控制器可以确保闭环系统的所有变量有界且跟踪误差渐近趋于 0。

本章的主要贡献有：①成功地利用模糊自适应控制实现了具有外部扰动和未知控制方向的分数阶混沌系统的跟踪控制；②首次考虑了分数阶系统中的未知控制增益问题，在本章中，我们只需要控制增益矩阵的所有顺序原则都是非零的，因此，正定控制增益矩阵可以被视为本章的一个特例；③对分数阶模糊系统参数的新型自适应规律进行了设计；④在稳定性分析中使用了平方 Lyapunov 函数，并严格证明了系统的稳定性；⑤本章中的分数阶系统的模型可以是完全未知的。此外，利用本章的方法，许多整数阶控制方法可以扩展到由分数阶导数描述的系统。

5.2　问题的提出和预备知识

在分数阶微积分中，学者从不同的角度给出了许多定义。在数学理论和工程应用研究中，常用的有 Grunwald-Letnikov 型、Riemann-Liouville 型和 Caputo 型三种定义。然而，Caputo 型导数的应用最为广泛，且 Caputo 型导数更适用于实际的初值问题，另外，Caputo 型导数更类似于整数阶导数。因此，本节重点研究 Caputo 型的分数阶系统。

定义 5.1（Caputo 型分数阶导数）　函数 $f(t)$ 的 $\alpha \in R^+$ 阶的 Caputo 型分数阶导数定义如下：

$$D^{\alpha} f(t) = \frac{1}{\Gamma(n-\alpha)} \int_a^t \frac{f^{(n)}(\tau)}{(t-\tau)^{\alpha-n+1}} \mathrm{d}\tau, \quad t > 0 \tag{5.1}$$

其中，$\Gamma(\cdot)$ 是 Gamma 函数；阶数 α 满足 $n-1 \leqslant \alpha < n$。

定义 5.2（Mittag-Leffler 函数）　对 Mittag-Leffler 函数的两个参数定义如下：

$$E_{\alpha,\beta}(z) = \sum_{k=0}^{\infty} \frac{z^k}{\Gamma(\alpha k + \beta)} \tag{5.2}$$

其中，z 表示一个复数；参数 α 和 β 为正数。

考虑具有未知控制增益和外部扰动的分数阶非线性 n 维系统：

$$\begin{cases} D^{\alpha} x_1(t) = f_1(x(t)) + \sum_{j=1}^{n} g_{1j} u_j(t) + d_1(t) \\ D^{\alpha} x_2(t) = f_2(x(t)) + \sum_{j=1}^{n} g_{2j} u_j(t) + d_2(t) \\ \quad \vdots \\ D^{\alpha} x_n(t) = f_n(x(t)) + \sum_{j=1}^{n} g_{nj} u_j(t) + d_n(t) \end{cases} \tag{5.3}$$

其中，$x(t) = [x_1(t), \cdots, x_n(t)]^{\mathrm{T}} \in R^n$ 是可测的系统状态向量；$u(t) = [u_1(t), \cdots, u_n(t)]^{\mathrm{T}} \in R^n$ 是系统控制输入；$d_i(t)(i = 1, 2, \cdots, n)$ 是外部干扰；$f_i(x)(i = 1, 2, \cdots, n)$ 是非线性未知函数；$g_{ij}(i, j = 1, 2, \cdots, n)$ 是未知的控制增益。

如果

$$\begin{cases} f(x(t)) = [f_1(x(t)), \cdots, f_n(x(t))]^{\mathrm{T}} \\ d(t) = [d_1(t), \cdots, d_n(t)]^{\mathrm{T}} \\ G = \begin{bmatrix} g_{11} \cdots g_{1n} \\ \vdots \qquad \vdots \\ g_{n1} \cdots g_{nn} \end{bmatrix} \end{cases} \tag{5.4}$$

那么，系统（5.3）可以描述为如下简洁形式：

$$D^{\alpha} x(t) = f(x(t)) + G u(t) + d(t) \tag{5.5}$$

我们的主要目的是设计一个模糊自适应控制器 $u(t)$，使得在控制器的作用下，系统状态 $x(t)$ 能够很好地跟踪给定的参考信号。此外，闭环系统中所有相关信号都保持有界。

参考信号记为

$$x_d(t) = [x_{d1}(t), \cdots, x_{dn}(t)] \tag{5.6}$$

那么，系统跟踪误差为

$$e(t) = x_d(t) - x(t) \tag{5.7}$$

由此，误差系统可写为

$$D^\alpha e(t) = D^\alpha x_d(t) - f(x(t)) - d(t) - Gu(t) \tag{5.8}$$

假设 5.1　控制增益矩阵的主要子矩阵是非零的，其符号也是已知的。

注 1　需要指出的是，假设 5.1 是有意义的。实际上，一些控制增益矩阵系统是不对称的，如视觉伺服系统和汽车热管理系统。

假设 5.2　外部扰动是有界的，例如

$$|d_i(t)| \leqslant d_i, \quad i = 1, 2, \cdots, n \tag{5.9}$$

其中，$d_i (i = 1, 2, \cdots, n)$ 是一个未知的正的常数。

注 2　值得注意的是，假设 5.2 中对 $d_i(t)$ 的限制是非限制性的，因为我们只需要假设外部扰动 $d_i(t)$ 有一个上限，在控制器设计过程中不需要知道 $d_i(t)$ 上限的确切值。

引理 5.1[2]　假设 $x(t)$ 是连续可导的，那么

$$\frac{1}{2} D^\alpha x^{\mathrm{T}}(t) P x(t) \leqslant x^{\mathrm{T}}(t) P D^\alpha x(t) \tag{5.10}$$

其中，矩阵 $P \in R^{n\times n}$ 是正定矩阵。

引理 5.2[24]　任何具有非零的主子式的实矩阵 $G \in R^{p\times p}$ 都可以分解如下：

$$G = G_1 D T \tag{5.11}$$

其中，$G \in R^{p\times p}$ 是对称正定矩阵；$D \in R^{p\times p}$ 是对角线上元素为+1 或–1 的对角矩阵，且 $DD = I_{p\times p}$，其中 $I_{p\times p}$ 是单位矩阵；$T \in R^{p\times p}$ 是单位上三角矩阵。

注 3　我们注意到，式（5.11）中控制增益矩阵 G 的分解非常重要。实际上，矩阵 G 被分解为一个未知的正定矩阵、一个已知对角元素为+1 或–1 的已知矩阵和一个未知的上三角矩阵，其中未知的正定矩阵用来构造 Lyapunov 函数，已知对角矩阵用来构造自适应控制器。此外，如果 G 有非零的主子式，可以出现三种情况：如果 G 是正定的，那么 D=I；如果 G 是负定的，那么 D=–I；在 G 是不定的情况下，矩阵 D 有元素+1 和–1 在对角线上。

引理 5.3[25, 26]　如果状态变量 $y(t)$ 满足下列分数阶微分不等式：

$$D^\alpha y(t) \leqslant -ay(t) + b \tag{5.12}$$

那么，存在常数 $t_0 > 0$ 使得

$$\| y(t) \| \leqslant \frac{2b}{a} \tag{5.13}$$

对于所有 $t \in (t_0, \infty)$，其中 a 和 b 为两个正常数。

证明　根据式（5.12），必须存在一个正函数 $m(t)$ 使得

$$D^{\alpha} y(t) = -ay(t) + m(t) + b \tag{5.14}$$

对式（5.14）进行拉普拉斯变换：

$$Y(s) = \frac{s^{\alpha-1}}{s^{\alpha} + a} y(0) + \frac{E(m(t) + b)}{s^{\alpha} + a} \tag{5.15}$$

其中，$y(0)$ 是 $y(t)$ 的初始状态。那么，我们可以得到

$$y(t) = y(0)E_{\alpha,1}(-at^{\alpha}) + \int_0^t (t-\tau)^{\alpha-1} E_{\alpha,\alpha}(-a(t-\tau)^{\alpha})(m(\tau)+b)\mathrm{d}\tau \tag{5.16}$$

由此可知

$$\| y(t) \| \leqslant \| y(0) \| E_{\alpha,1}(-at^{\alpha}) + b\int_0^t (t-\tau)^{\alpha-1} E_{\alpha,\alpha}(-a(t-\tau)^{\alpha})\mathrm{d}\tau \tag{5.17}$$

鉴于

$$\int_0^t \tau^{\beta-1} E_{\alpha,\beta}(-a\tau^{\alpha})\mathrm{d}\tau = t^{\beta} E_{\alpha,\beta+1}(-at^{\alpha}) \tag{5.18}$$

我们可以推导出

$$\| y(t) \| \leqslant \| y(0) \| E_{\alpha,1}(-at^{\alpha}) + bt^{\alpha} E_{\alpha,\alpha+1}(-at^{\alpha}) \tag{5.19}$$

这意味着存在一个常数 $t_0 > 0$ 使得对于所有的 $t \in (t_0, \infty)$，式（5.13）可以满足。

5.3 模糊逻辑系统的描述

模糊逻辑系统的基本配置由模糊化器、一些模糊 If-Then 规则、模糊推理引擎、解模糊器组成。模糊推理引擎使用模糊 If-Then 规则执行一个输入向量 $x = [x_1, x_2, \cdots, x_n]^{\mathrm{T}} \in R^n$ 到输出 $\zeta(x) \in R$ 的映射。

规则：如果 x_1 是 F_1^i，x_n 是 F_n^i，则 $\zeta(x)$ 是 α_i。其中，$F_1^i, F_2^i, \cdots, F_n^i$ 是模糊集；α_i 是第 i 条规则中输出的模糊单值。利用单纯形模糊化、乘积推理和重心去模糊化，模糊系统的输出可以表示如下：

$$\zeta(x) = \sum_{j=1}^{N} \alpha_j \frac{\prod_{i=1}^{n} \mu_{F_i^j}(x_i)}{\sum_{j=1}^{N}\left(\prod_{i=1}^{n} \mu_{F_i^j}(x_i)\right)} = \theta^{\mathrm{T}} \psi(x) \tag{5.20}$$

其中，$\mu_{F_i^j}(x_i)$ 为 x_i 对 F_i^j 的隶属度；N 为模糊规则的数量；$\theta = [\alpha_1, \cdots, \alpha_N]^{\mathrm{T}}$ 是可调参数向量；$\psi(x) = [p_1(x), \cdots, p_N(x)]^{\mathrm{T}}$，其中

$$p_j(x) = \frac{\prod_{i=1}^{n} \mu_{F_i^j}(x_i)}{\sum_{j=1}^{N}\left(\prod_{i=1}^{n} \mu_{F_i^j}(x_i)\right)} \tag{5.21}$$

是模糊基函数。

5.4　模糊自适应控制器设计

本节将设计一个自适应模糊控制器，使得闭环系统（5.8）的所有信号不仅有界，且跟踪误差渐近趋于原点。基于矩阵组成式（5.11），可将 $e(t)$ 的动态变化改写如下：

$$G_1^{-1}D^\alpha e(t)=G_1^{-1}D^\alpha x_d(t)-G_1^{-1}f(x(t))-G_1^{-1}d(t)-DTu(t) \tag{5.22}$$

令 $P=G^{-1}$，并且

$$\mu(z(t))=\mu(x(t),u(t))=PD^\alpha x_d(t)-Pf(x(t))-(DT-D)u(t) \tag{5.23}$$

因此，式（5.22）可以被描述如下：

$$PD^\alpha e(t)=\mu(z(t))-Pd(t)-Du(t) \tag{5.24}$$

考虑到系统中的外部扰动 $d(t)$、控制增益矩阵 G 和非线性函数 $f(x(t))$ 都是完全未知的，非线性函数 $\mu(z(t))$ 也是未知的。因此，不可能设计出理想的控制器。然而，我们可以设计一个模糊自适应控制器。换句话说，我们将基于模糊系统（5.20）以下列形式对未知非线性函数 $\mu(z(t))$ 进行近似：

$$\hat{\mu}_i(\theta_i(t),z(t))=\theta_i^{\mathrm{T}}(t)\psi_i(z(t)),\quad i=1,2,\cdots,n \tag{5.25}$$

定义理想参数 θ_i^* 为 θ_i，具体如下：

$$\theta_i^*=\arg\min_{\theta_i}(\sup|\mu_i(z(t))-\hat{\mu}_i(z(t))|) \tag{5.26}$$

此外，定义参数估计误差和模糊逼近误差如下：

$$\begin{cases}\theta_i=\theta_i-\theta_i^*\\ \varepsilon_i(z)=\mu_i(z(t))-\hat{\mu}_i(\theta_i^*,z(t))\end{cases} \tag{5.27}$$

其中，$\hat{\mu}_i(\theta_i^*,z(t))=\theta_i^*\psi_i(z(t))$。假设模糊逼近误差对所有 x 都有界。换言之，$|\varepsilon_i(z)|<\varepsilon_i^*$，其中 ε_i^* 是未知常数。记为 $\varepsilon(z)=[\varepsilon_1(z),\cdots,\varepsilon_n(z)]^{\mathrm{T}},\varepsilon^*=[\varepsilon_1^*,\cdots,\varepsilon_n^*]^{\mathrm{T}}$。那么，我们可以得到 $|\varepsilon(z)|\leqslant\bar{\varepsilon}$，进而得出

$$\begin{aligned}\hat{\mu}(\theta_i(t),z(t))-\mu(z(t))&=\hat{\mu}(\theta_i(t),z(t))-\hat{\mu}(\theta^*,z(t))\\&\quad+\hat{\mu}(\theta^*,z(t))-\mu(z(t))\\&=\hat{\mu}(\theta_i(t),z(t))-\hat{\mu}(\theta^*,z(t))-\varepsilon(z(t))\\&=\tilde{\theta}^{\mathrm{T}}(t)\psi(z(t))-\varepsilon(z(t))\end{aligned} \tag{5.28}$$

我们设计了一个新型的模糊自适应控制器，具体如下：

$$u(t)=D(Ke(t)+\theta^{\mathrm{T}}(t)\psi(z(t))+E\mathrm{sign}(e(t))+F\mathrm{sign}(e(t))) \tag{5.29}$$

其中，$K=\mathrm{diag}(k_1,\cdots,k_n)$ 是待设计的正定矩阵；带有 $\hat{\varepsilon}_1^*(t)$ 的 $E=\mathrm{diag}(\hat{\varepsilon}_1^*(t),\cdots,\hat{\varepsilon}_n^*(t))$ 是对未知常数 ε_i^* 的估算；带有 $\hat{d}_1^*(t)$ 的 $F=\mathrm{diag}(\hat{d}_1^*(t),\cdots,\hat{d}_n^*(t))$ 是对未知常数

$d_i^* = \lambda_{\max}(P)d_i$ 的估算。将所提出的模糊自适应控制器（5.29）代入误差系统（5.24），得到

$$\begin{aligned} PD^\alpha e(t) &= \mu(x(t)) - Pd(t) - Ke(t) - \theta^{\mathrm{T}}(t)\psi(z(t)) \\ &\quad - E\mathrm{sign}(e(t)) - F\,\mathrm{sign}(e(t)) \end{aligned} \tag{5.30}$$

将 $e^{\mathrm{T}}(t)$ 乘以式（5.30）以及式（5.28）得到

$$\begin{aligned} e^{\mathrm{T}}(t)PD^\alpha e(t) &\leqslant -e^{\mathrm{T}}(t)Ke(t) - \sum_{i=1}^{n} e_i(t)\tilde{\theta}_i^{\mathrm{T}}(t)\psi_i(z(t)) \\ &\quad + \sum_{i=1}^{n} |e_i(t)|\varepsilon_i^* - \sum_{i=1}^{n} |e_i(t)|\hat{\varepsilon}_i^*(t) + \sum_{i=1}^{n} |e_i(t)|\varepsilon_i^* - \sum_{i=1}^{n} |e_i(t)|\hat{\varepsilon}_i^*(t) \\ &= -e^{\mathrm{T}}(t)Ke(t) - \sum_{i=1}^{n} e_i(t)\theta_i^{\mathrm{T}}(t)\psi_i(z(t)) - \sum_{i=1}^{n} |e_i(t)|\varepsilon_i^*(t) - \sum_{i=1}^{n} |e_i(t)|d_i^*(t) \end{aligned} \tag{5.31}$$

控制参数 $\theta_i(t)$、$\hat{\varepsilon}_i^*(t)$ 和 $\hat{d}_1^*(t)$ 分别由分数阶微分方程更新如下：

$$\begin{cases} D^\alpha \theta_i(t) = \mu_i e_i(t)\psi_i(z(t)) - \mu_i\eta_i\theta_i(t), & i = 1,2,\cdots,n \\ D^\alpha \hat{\varepsilon}_i^*(t) = \sigma_i\,|e_i(t)| - \sigma_i\xi_i\hat{\varepsilon}_i^*(t), & i = 1,2,\cdots,n \\ D^\alpha \hat{d}_i^*(t) = \gamma_i\,|e_i(t)| - \gamma_i\zeta_i\hat{d}_i^*(t), & i = 1,2,\cdots,n \end{cases} \tag{5.32}$$

其中，μ_i、η_i、σ_i、ξ_i、γ_i 和 ζ_i 是待设计的正参数。

注 4　分数阶自适应律在许多现有文献中也被提出用于更新设计参数。但需要注意的是，在上述文献中，分数阶自适应律的右端仅包含一个正项。例如，式（5.32）中的第一个适应律是 $D^\alpha\theta_i(t) = \mu_i e_i(t)\psi_i(z(t))$，这导致设计参数的估计会单调递增。因此，很难保证设计参数的有界性。在本节中，我们在分数阶自适应律中增加了一项 $-\mu_i\eta_i\theta_i(t)$。很容易发现，通过选择合适的设计参数可以保证待更新参数的有界性。

定理 5.1　在假设 5.1 和假设 5.2 下，如果控制器和分数阶自适应律分别设计为式（5.29）和式（5.32），那么闭环系统中的所有相关信号将保持有界。另外，如果所有控制参数选择合理，系统的跟踪误差最终会任意小。

证明　构造二次 Lyapunov 函数如下：

$$\begin{aligned} V(t) &= \frac{1}{2}e^{\mathrm{T}}(t)Pe(t) + \frac{1}{2}\sum_{i=1}^{n}\frac{1}{\mu_i}\theta_i^{\mathrm{T}}(t)\theta_i(t) \\ &\quad + \frac{1}{2}\sum_{i=1}^{n}\frac{1}{\sigma_i}\varepsilon_i^{*\mathrm{T}}(t)\varepsilon_i^*(t) + \frac{1}{2}\sum_{i=1}^{n}\frac{1}{\gamma_i}d_i^{*\mathrm{T}}(t)d_i^*(t) \end{aligned} \tag{5.33}$$

根据引理 5.1，我们有

$$D^{\alpha}V(t)\leqslant e^{\mathrm{T}}(t)PD^{\alpha}e(t)+\sum_{i=1}^{n}\frac{1}{\mu_i}\theta_i^{\mathrm{T}}(t)D^{\alpha}\theta_i(t)$$
$$+\sum_{i=1}^{n}\frac{1}{\sigma_i}\varepsilon_i^{*\mathrm{T}}(t)D^{\alpha}\varepsilon_i^{*}(t)+\sum_{i=1}^{n}\frac{1}{\sigma_i}d_i^{*\mathrm{T}}(t)D^{\alpha}d_i^{*}(t) \tag{5.34}$$

根据常数的 Caputo 型导数等于 0 的事实，我们可以得到

$$\begin{cases}D^{\alpha}\theta_i(t)=D^{\alpha}\theta_i(t)\\ D^{\alpha}\varepsilon_i^{*}(t)=D^{\alpha\hat{\varepsilon}_i^{*}}(t)\\ D^{\alpha}d_i^{*}(t)=D^{\alpha}\hat{d}_i^{*}(t)\end{cases} \tag{5.35}$$

取式（5.33）的分数导数，我们可以得到

$$D^{\alpha}V(t)\leqslant e^{\mathrm{T}}(t)PD^{\alpha}e(t)+\sum_{i=1}^{n}\frac{1}{\mu_i}\theta_i^{\mathrm{T}}(t)D^{\alpha}\theta_i(t)$$
$$+\sum_{i=1}^{n}\frac{1}{\sigma_i}\varepsilon_i^{*\mathrm{T}}(t)D^{\alpha}\hat{\varepsilon}_i^{*}(t)+\sum_{i=1}^{n}\frac{1}{\gamma_i}d_i^{*\mathrm{T}}(t)D^{\alpha}\hat{d}_i^{*}(t) \tag{5.36}$$

将式（5.31）和式（5.32）代入式（5.36）得

$$\begin{aligned}D^{\alpha}V(t)&\leqslant -e^{\mathrm{T}}(t)Ke(t)-\sum_{i=1}^{n}\eta_i\theta_i^{\mathrm{T}}(t)\theta_i(t)\\&\quad-\sum_{i=1}^{n}\xi_i\varepsilon_i^{*\mathrm{T}}(t)\hat{\varepsilon}_i^{*}(t)-\sum_{i=1}^{n}\zeta_i d_i^{*\mathrm{T}}(t)\hat{d}_i^{*}(t)\\&=-e^{\mathrm{T}}(t)Ke(t)-\sum_{i=1}^{n}\eta_i\theta_i^{\mathrm{T}}(t)\theta_i(t)-\sum_{i=1}^{n}\eta_i\theta_i^{\mathrm{T}}(t)\theta_i^{*}-\sum_{i=1}^{n}\xi_i\varepsilon_i^{*\mathrm{T}}(t)\varepsilon_i^{*}(t)\\&\quad-\sum_{i=1}^{n}\xi_i\varepsilon_i^{*\mathrm{T}}(t)\varepsilon_i^{*}-\sum_{i=1}^{n}\zeta_i d_i^{*\mathrm{T}}(t)d_i^{*}(t)-\sum_{i=1}^{n}\zeta_i d_i^{*\mathrm{T}}(t)d_i^{*}\end{aligned} \tag{5.37}$$

根据

$$\begin{cases}-\sum_{i=1}^{n}\eta_i\theta_i^{\mathrm{T}}(t)\theta_i^{*}\leqslant\frac{1}{2}\sum_{i=1}^{n}\eta_i\theta_i^{\mathrm{T}}(t)\theta_i(t)+\frac{1}{2}\sum_{i=1}^{n}\eta_i\theta_i^{*\mathrm{T}}\theta_i^{*}\\ -\sum_{i=1}^{n}\xi_i\varepsilon_i^{*\mathrm{T}}(t)\varepsilon_i^{*}\leqslant\frac{1}{2}\sum_{i=1}^{n}\xi_i\varepsilon_i^{*\mathrm{T}}(t)\varepsilon_i^{*}(t)+\frac{1}{2}\sum_{i=1}^{n}\xi_i\varepsilon_i^{*\mathrm{T}}\varepsilon_i^{*}\\ -\sum_{i=1}^{n}\zeta_i\tilde{d}_i^{*\mathrm{T}}(t)d_i^{*}\leqslant\frac{1}{2}\sum_{i=1}^{n}\zeta_i\tilde{d}_i^{*\mathrm{T}}(t)\tilde{d}_i^{*}(t)+\frac{1}{2}\sum_{i=1}^{n}\zeta_i d_i^{*\mathrm{T}}d_i^{*}\end{cases} \tag{5.38}$$

由此不难得出

$$
\begin{aligned}
D^{\alpha}V(t) &\leqslant -e^{\mathrm{T}}(t)Ke(t)-\frac{1}{2}\sum_{i=1}^{n}\eta_i\theta_i^{\mathrm{T}}(t)\tilde{\theta}_i(t)+\frac{1}{2}\sum_{i=1}^{n}\eta_i\theta_i^{*\mathrm{T}}\theta_i^{*} \\
&\quad -\frac{1}{2}\sum_{i=1}^{n}\xi_i\varepsilon_i^{*\mathrm{T}}(t)\varepsilon_i^{*}(t)+\frac{1}{2}\sum_{i=1}^{n}\xi_i\varepsilon_i^{*\mathrm{T}}\varepsilon_i^{*}-\frac{1}{2}\sum_{i=1}^{n}\zeta_i\tilde{d}_i^{*\mathrm{T}}(t)\tilde{d}_i^{*}(t)+\frac{1}{2}\sum_{i=1}^{n}\zeta_i d_i^{*\mathrm{T}}d_i^{*}n \\
&\leqslant -e^{\mathrm{T}}(t)Ke(t)-\frac{\eta}{2}\sum_{i=1}^{n}\theta_i^{\mathrm{T}}(t)\theta_i(t)+\frac{1}{2}\sum_{i=1}^{n}\eta_i\theta_i^{*\mathrm{T}}\theta_i^{*}-\frac{\xi}{2}\sum_{i=1}^{n}\varepsilon_i^{*\mathrm{T}}(t)\varepsilon_i^{*}(t) \\
&\quad +\frac{1}{2}\sum_{i=1}^{n}\xi_i\varepsilon_i^{*\mathrm{T}}\varepsilon_i^{*}-\frac{\zeta}{2}\sum_{i=1}^{n}d_i^{*\mathrm{T}}(t)d_i^{*}(t)+\frac{1}{2}\sum_{i=1}^{n}\zeta_i d_i^{*\mathrm{T}}d_i^{*}
\end{aligned}
\tag{5.39}
$$

其中

$$
\begin{cases}
\eta=\min(\eta_1,\eta_2,\cdots,\eta_n) \\
\xi=\min(\xi_1,\xi_2,\cdots,\xi_n) \\
\zeta=\min(\zeta_1,\zeta_2,\cdots,\zeta_n)
\end{cases}
\tag{5.40}
$$

由此得出

$$
\begin{aligned}
D^{\alpha}V(t) &\leqslant -\frac{2k}{\lambda_{\max}(P)}\frac{1}{2}e^{\mathrm{T}}(t)Pe(t)-\frac{\eta\mu}{2}\sum_{i=1}^{n}\frac{1}{\mu_i}\tilde{\theta}_i^{\mathrm{T}}(t)\theta_i(t)+\frac{1}{2}\sum_{i=1}^{n}\eta_i\theta_i^{*\mathrm{T}}\theta_i^{*} \\
&\quad -\frac{\xi\sigma}{2}\sum_{i=1}^{n}\frac{1}{\sigma_i}\varepsilon_i^{*\mathrm{T}}(t)\varepsilon_i^{*}(t)+\frac{1}{2}\sum_{i=1}^{n}\xi_i\varepsilon_i^{*\mathrm{T}}\varepsilon_i^{*}-\frac{\zeta\gamma}{2}\sum_{i=1}^{n}\frac{1}{\gamma}\tilde{d}_i^{*\mathrm{T}}(t)\tilde{d}_i^{*}(t) \\
&\quad +\frac{1}{2}\sum_{i=1}^{n}\zeta_i d_i^{*\mathrm{T}}d_i^{*}\leqslant -k_0V(t)+\frac{1}{2}\sum_{i=1}^{n}\eta_i\theta_i^{*\mathrm{T}}\theta_i^{*}+\frac{1}{2}\sum_{i=1}^{n}\xi_i\varepsilon_i^{*\mathrm{T}}\varepsilon_i^{*}+\frac{1}{2}\sum_{i=1}^{n}\zeta_i d_i^{*\mathrm{T}}d_i^{*}
\end{aligned}
\tag{5.41}
$$

其中

$$
\begin{cases}
\mu=\min(\mu_1,\mu_2,\cdots,\mu_n) \\
\sigma=\min(\sigma_1,\sigma_2,\cdots,\sigma_n) \\
\gamma=\min(\gamma_1,\gamma_2,\cdots,\gamma_n) \\
k=\min(k_1,k_2,\cdots,k_n) \\
k_0=\min\left(\dfrac{2k}{\lambda_{\max}(P)},\eta\mu,\xi\sigma,\zeta\gamma\right)
\end{cases}
\tag{5.42}
$$

通过利用引理 5.3，一定存在一个正的常数 t_0，使得

$$
\|V(t)\|\leqslant \frac{\sum_{i=1}^{n}(\eta_i\theta_i^{*\mathrm{T}}\theta_i^{*}+\xi_i\varepsilon_i^{*\mathrm{T}}\varepsilon_i^{*}+\zeta_i d_i^{*\mathrm{T}}d_i^{*})}{k_0}
\tag{5.43}
$$

这说明

$$\| e(t) \| \leqslant \sqrt{\frac{2\sum_{i=1}^{n}(\eta_i \theta_i^{*\mathrm{T}} \theta_i^* + \xi_i \varepsilon_i^{*\mathrm{T}} \varepsilon_i^* + \zeta_i d_i^{*\mathrm{T}} d_i^*)}{k_0 \lambda_{\min}(P)}} \tag{5.44}$$

这说明只要控制参数 k_i、μ_i、σ_i 和 γ_i 选取足够大，误差 $\| e(t) \|$ 在 $(t_0,+\infty)$ 中将任意小。此外，不难发现闭环控制系统中的所有相关信号都会保持有界。

注 5　值得注意的是，本章主要存在三个方面的挑战和困难。首先，分数阶微积分还处于探索阶段，其理论框架有待进一步拓展和完善，这给分数阶非线性混沌系统的稳定性分析和控制器设计带来了许多困难。其次，混沌系统的状态轨道永远不会重复，对初值极其敏感，这导致对于所考虑的分数阶非线性混沌系统很难设计合适的控制器以达到良好的性能。最后，分数阶微积分成熟的数值算法相对较少。特别是在保证计算的可靠性和准确性的前提下，很难提高计算效率，解决分数阶微分方程计算和存储过多的问题。

5.5　数 值 模 拟

本节将给出一个数值例子来证实理论结果，并说明所提出的模糊自适应控制方法的适用性和有效性。考虑分数阶非线性系统如下[18]：

$$\begin{cases} D^{\alpha} x_1 = \sin(x_1(t)) + 0.8\ln(x_2^2(t) + \cos^2(x_2(t))) \\ D^{\alpha} x_2 = \cos(x_2(t)) - 0.5\,|\,x_1(t)\,| \end{cases} \tag{5.45}$$

在下面的仿真过程中，我们假设外部干扰 $d_i(t)(i=1,2)$ 和非对称控制增益矩阵 G 分别具有如下形式：

$$\begin{cases} d_1(t) = 0.5\sin t \\ d_2(t) = 0.4\cos t \\ G = \begin{bmatrix} 1 & -0.2 \\ -0.1 & 0.65 \end{bmatrix} \end{cases} \tag{5.46}$$

显然，外部扰动是有界的，控制增益矩阵有非零的主子式，也就是说假设 5.1 和假设 5.2 是满足的。系统的初始条件选取为 $x_0 = [-3,-2]^{\mathrm{T}}$。参考信号设置为 $x_d(t) = [\sin(2t) + \cos t, \sin t + \cos(2t)]^{\mathrm{T}}$。在整个仿真过程中，分数阶非线性系统（5.45）的模型是完全未知的。所提出的控制方法不需要系统的知识。状态 $x_1(t)$ 和 $x_2(t)$ 是模糊系统的输入，我们为每个输入定义 11 个均匀分布在[−10, 10]上的高斯隶属函数。因此，我们知道仿真中使用的规则有 N=11×11=121 个。选取 $\hat{\varepsilon}_1^*(t)$ 和 $\hat{d}_1^*(t)$ 的初始条件为 $\hat{\varepsilon}_1^*(0) = \hat{\varepsilon}_2^*(0) = \hat{d}_1^*(0) = \hat{d}_2^*(0) = 0.01$，并且 $\theta_1(0)$ 和 $\theta_2(0)$ 是随机选取的。控制器参数选择如下：$k_1 = k_2 = 1$，$\mu_1 = \mu_2 = \sigma_1 = \sigma_2 = \gamma_1 = \gamma_2 = 0.001$，$\eta_1 = \eta_2 = \xi_1 = \xi_2 = \zeta_1 = \zeta_2 = 100$。数值算例的仿真结果如图 5.1～图 5.5 所示。

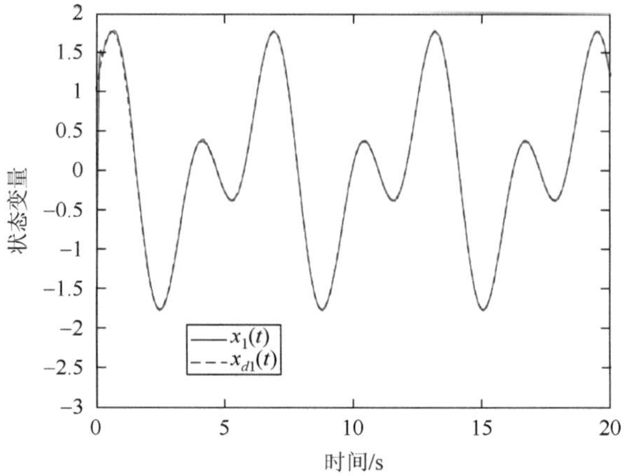

图 5.1　$x_{d1}(t)$ 和 $x_1(t)$ 的轨迹

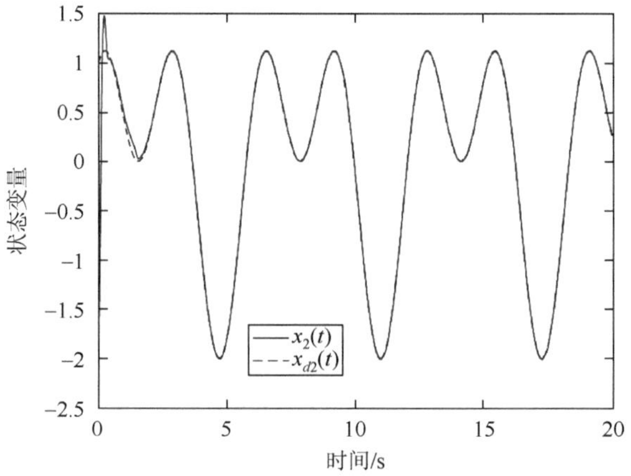

图 5.2　$x_{d2}(t)$ 和 $x_2(t)$ 的轨迹

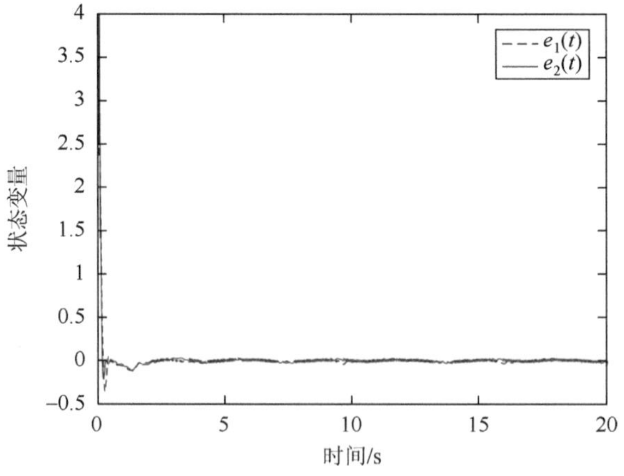

图 5.3　跟踪误差 $e_1(t)$ 和 $e_2(t)$

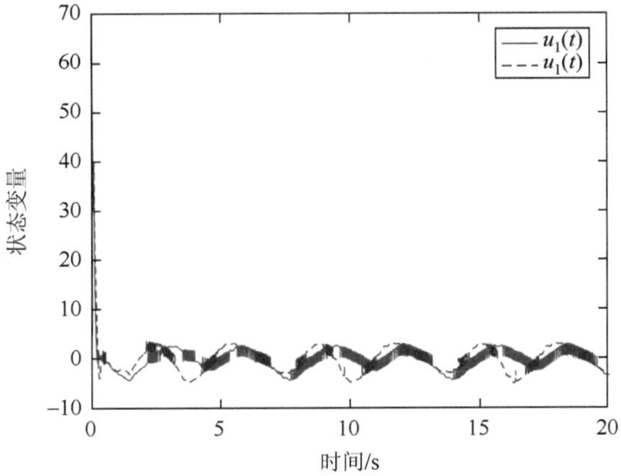

图 5.4　控制输入 $u_1(t)$ 和 $u_2(t)$

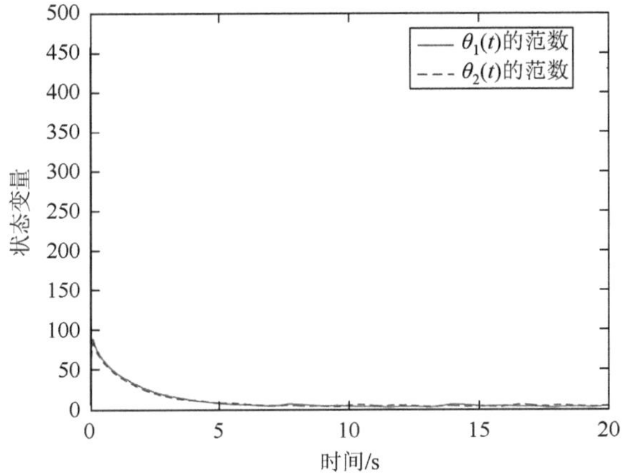

图 5.5　模糊逻辑系统参数 $\theta_1(t)$ 和 $\theta_2(t)$ 的范数

图 5.1 和图 5.2 分别显示了系统状态 $x_1(t)$ 和 $x_2(t)$ 的跟踪性能。图 5.3 描述了系统跟踪误差的响应。图 5.4 给出了系统的控制输入轨迹。模糊逻辑系统参数的有界性包含在图 5.5 中。从图 5.1 和图 5.2 不难发现，在控制器的作用下，系统状态 $x_1(t)$ 和 $x_2(t)$ 能够跟踪目标函数 $x_{d1}(t)$ 和 $x_{d2}(t)$。从图 5.3 可以看出，系统的跟踪误差很快收敛到零。综上所述，从仿真结果可以看出，我们提出的控制方法是有效的。此外，在我们设计的控制器的控制下，取得了良好的控制性能。

5.6　本 章 小 结

本章研究了控制方向未知和外部扰动未知的非线性分数阶系统的模糊自适应控制问题。控制增益矩阵分解为对称正定矩阵、对角元素为+1 或–1 的对角矩阵和单位上三角矩阵。模糊逻辑系统用于估计未知非线性函数。基于 Lyapunov 直接法，设计模糊自适应控制器。所提方法能够保证闭环系统中所有信号保持有界，跟踪误差收敛到原点的任意小区域。我们还提出了一种新的分数阶自适应律。最后，通过一个实例来验证所提结果的有效性。在实际系统中，状态变量通常是不可用的，这使得利用状态变量来稳定不稳定系统变得困难[25, 26]。在今后的工作中，我们将基于本章的研究成果，通过设计合适的状态观测器，进一步研究具有不可估量前提变量的模糊系统的自适应控制。

参 考 文 献

[1] Yang X J，Li C D，Song Q K，et al. Global Mittag-Leffler stability and synchronization analysis of fractional-order quaternion-valued neural networks with linear threshold neurons[J]. Neural Networks：The Official Journal of the International Neural Network Society，2018，105：88-103.

[2] Zhang L，Yang Y，Wang F. Synchronization analysis of fractional-order neural networks with time-varying delays via discontinuous neuron activations[J]. Neurocomputing，2018，275：40-49.

[3] Hu T，Zhang X，Zhong S. Global asymptotic synchronization of nonidentical fractional-order neural networks[J]. Neurocomputing，2018，313：39-46.

[4] Huang C，Liu H，Shi X，et al. Bifurcations in a fractional order neural network with multiple leakage delays[J]. Neural Networks，2020，131：115-126.

[5] Sun Y，Liu Y. Fixed-time synchronization of delayed fractional-order memristor-based fuzzy cellular neural networks[J]. IEEE Access，2020，8：165951-165962.

[6] Sun Y，Zhang L. Fixed-time adaptive fuzzy control for uncertain strict feedback switched systems[J]. Information Sciences，2021，546：742-752.

[7] Kahraman C，Deveci M，Boltürk E，et al. Fuzzy controlled humanoid robots：A literature review[J]. Robotics and Autonomous Systems，2020，134：103643-103654.

[8] Wu J，Hu Y. Indirect adaptive robust control of nonstrict feedback nonlinear systems by a fuzzy approximation strategy[J]. ISA Transactions，2020：108.

[9] Wang N，Sun J C，Liu Y C. Direct adaptive self-structuring fuzzy control with interpretable fuzzy rules for a class of nonlinear uncertain systems[J]. Neurocomputing，2016，173：1640-1645.

[10] Shamloo N，Kalat A. Indirect adaptive fuzzy control of nonlinear descriptor systems[J]. European Journal of Control，2020，51：30-38.

[11] Chen B，Lee C. H_∞tracking design of uncertain nonlinear SISO systems：Adaptive fuzzy approach[J]. IEEE Transactions on Fuzzy Systems，1996，4（1）：32-43.

[12] Tong S，Wang T，Li Y，et al. A combined backstepping and stochastic small-gain approach to robust adaptive fuzzy output feedback control[J]. IEEE Transactions on Fuzzy Systems，2013，21（2）：314-327.

[13] Chen B，Liu X，Tong S. Adaptive fuzzy output tracking control of MIMO nonlinear uncertain systems[J]. IEEE Transactions on Fuzzy Systems，2007，15（2）：287-300.

[14] Li Y，Chen Y，Podlubny I. Mittag-Leffler stability of fractional order nonlinear dynamic systems[J]. Automatica，2009，45（8）：1965-1969.

[15] Meng X，Kao Y，Karimi H R，et al. Global Mittag-Leffler stability for fractional-order coupled systems on network

without strong connectedness[J]. Science China Information Sciences，2020，63（11）：132201-132211.

[16] Sakthivel R，Mohanapriya S，Ahn C K，et al. Output tracking control for fractional-order positive switched systems with input time delay[J]. IEEE Transactions on Circuits and Systems II：Express Briefs，2019，66（6）：1013-1017.

[17] Liu H，Li S G，Sun Y G，et al. Adaptive fuzzy synchronization for uncertain fractional-order chaotic systems with unknown non-symmetrical control gain[J]. Acta Physica Sinica，2015，64（7）：70503-70515.

[18] Liu H，Li S，Li G，et al. Adaptive controller design for a class of uncertain fractional-order nonlinear systems：An adaptive fuzzy approach[J]. International Journal of Fuzzy Systems，2018，20（2）：366-379

[19] Li L，Sun Y. Adaptive fuzzy control for nonlinear fractional order uncertain systems with unknown uncertainties and external disturbance[J]. Entropy，2015，17（8）：5580-5592.

[20] Liu H，Li S，Cao J，et al. Adaptive fuzzy prescribed performance controller design for a class of uncertain fractional-order nonlinear systems with external disturbances[J]. Neurocomputing，2017，219：422-430.

[21] Liu H，Li S，Wang H，et al. Adaptive fuzzy control for a class of unknown fractional-order neural networks subject to input nonlinearities and dead-zones[J]. Information Sciences，2018，455：30-45.

[22] Ma W，Li C，Wu Y，et al. Adaptive synchronization of fractional neural networks with unknown parameters and time delays[J]. Entropy，2014，16（12）：6286-6299.

[23] Sun Y，Li L. Adaptive fuzzy control for a class of nonlinear fractional-order systems[C]. Proceedings of the 31st Chinese Control and Decision Conference，Nanchang，2019：3477-3482.

[24] Boulkroune A，Tadjine M，M'Saad M，et al. Fuzzy adaptive controller for MIMO nonlinear systems with known and unknown control direction[J]. Fuzzy Sets and Systems，2010，161（6）：797-820.

[25] Chadli M，Karimi H R. Robust observer design for unknown inputs Takagi-Sugeno models[J]. IEEE Transactions on Fuzzy Systems，2013，21（1）：158-164.

[26] Jiang B，Karimi H R，Kao Y，et al. Adaptive control of nonlinear semi-markovian jump T-S fuzzy systems with immeasurable premise variables via sliding mode observer[J]. IEEE Transactions on Cybernetics，2020，50（2）：810-820.

第 6 章　基于忆阻器分数阶时变时滞惯性神经网络的渐近和有限时间同步的研究

6.1　概　　述

记忆电阻器（简称忆阻器）由于其潜在的应用价值而受到广泛的关注，如新一代计算机和类人脑计算机[1]。基于忆阻器的特性，一种基于忆阻器的神经网络非常适合模拟人脑，其中的电路实现由忆阻器来代替[2]。近年来，基于忆阻器的神经网络在图像处理、模式识别、联想记忆、信号处理、全局优化、硬件设计和保密通信等领域的广泛应用，使其动态行为分析受到广泛关注[3, 4]。

另外，作为整数导数和积分对任意阶的延伸，分数阶微积分可以追溯到 300 年前[5]。与经典的整数阶系统相比，分数阶系统能够更好地描述现实世界中的动态系统，因为分数阶微分考虑了当前状态及其以前所有的历史状态[6, 7]。换言之，分数阶系统具有记忆和遗传特性。由于其无限的记忆功能和遗传特性，被引入神经网络，产生了所谓的分数阶神经网络[8]。最近，整数阶惯性神经网络被广泛研究，并获得了一些有趣的结果[9-13]。这些惯性神经网络模型是二阶微分方程。神经网络中惯性项的加入可能会引起不稳定、自发振荡和混沌等复杂行为。分数阶惯性神经网络是整数阶惯性神经网络的推广。与传统的整数阶惯性神经网络相比，分数阶惯性神经网络有着更为广泛的应用。因此，研究分数阶惯性神经网络的动力学特性具有重要的意义和价值。Gu 等[14]通过反馈控制研究了具有时间延迟的 Riemann-Liouville 分数阶惯性神经网络的稳定性和同步性。Li 等[15]研究了具有时滞的分数阶惯性 Cohen-Grossberg 神经网络的有界性和全局 Mittag-Leffler 同步性，并得到了系统有界性和全局 Mittag-Leffler 同步性的充分条件。Ke[16]研究了一类具有时滞的分数阶惯性神经网络的稳定性，并得到了 Mittag-Leffler 稳定性和渐近 x-周期性的一些充分条件。Zhang 等[17]研究了具有时滞和两个惯性项的 Riemann-Liouville 型分数阶惯性神经网络的同步性，并设计了合适的控制器以确保主系统和从系统之间能够实现同步。Yang 等[18]研究了基于分数阶膜片的惯性神经网络的同步化问题。本章设计了一个特殊的反馈控制器来抵消 0 和 1 之间的分数阶导数项，并建立了分数阶忆阻惯性神经网络同步的一些充分条件。然而，上述文献主要讨论的是 Riemann-Liouville 意义上的分数阶惯性神经网络的同步控制或基于忆阻器的惯性神经网络的准同步化问题。

综上所述，目前还没有关于基于分数阶忆阻器的时变时滞惯性神经网络的渐近和有限时间同步的研究成果，这促使我们进行研究。本章旨在建立基于分数阶忆阻器的时变时滞惯性神经网络的一些新的渐近和有限时间同步准则。本章主要贡献归纳如下。

（1）建立了基于 Caputo 分数阶忆阻器的惯性神经网络模型，该模型比整数阶惯性神经网络更加灵活通用。此外，该模型易于实现，在工程应用中具有实际意义。

（2）利用分数阶微积分的性质，给出了关于渐近稳定性和有限时间稳定性的两个引理，这些引理对我们主要定理的证明起着重要的作用。

（3）基于所提出的两个引理和 Lyapunov 直接法，针对 Caputo 分数阶忆阻器惯性神经网络提出了一些新的、有效的渐近和有限时间同步控制策略。

6.2　问题描述与预备知识

存在几种形式的分数阶积分和导数，如 Grunwald-Letnikov 分数阶积分和导数、Riemann-Liouville 分数阶积分和导数以及 Caputo 分数阶积分和导数。Caputo 定义所给出的系统初始值与整数阶系统的初始值相同，具有更广泛的物理意义。因此，本章采用 Caputo 分数阶积分和导数来定义模型。

6.2.1　相关基础知识

本节将介绍一些相关的数学概念，其中包括分数阶微积分的定义和性质、分数阶微分方程的稳定性理论以及在 Filippov 意义下的右端不连续微分方程的解[19]。

定义 6.1　函数 $f(t)$ 的分数阶积分定义为

$$D_t^{-\alpha} f(t) = \frac{1}{\Gamma(\alpha)} \int_{t_0}^{t} (t-\tau)^{\alpha-1} f(\tau) \mathrm{d}\tau \tag{6.1}$$

其中，$t > t_0$；$\alpha > 0$；$\Gamma(\cdot)$ 为 Gamma 函数。

定义 6.2　定义函数 $f(t)$ 的 Caputo 分数阶导数为

$$D_t^{\alpha} f(t) = \frac{1}{\Gamma(n-\alpha)} \int_{t_0}^{t} (t-\tau)^{n-\alpha-1} f^{(n)}(\tau) \mathrm{d}\tau \tag{6.2}$$

其中，$n-1 \leqslant \alpha < n, n \in \mathbb{Z}^+$；$t > t_0$。如果 $0 < \alpha < 1$，那么

$$D_t^{\alpha} f(t) = \frac{1}{\Gamma(1-\alpha)} \int_{t_0}^{t} \frac{f'(\tau)}{(t-\tau)^{\alpha}} \mathrm{d}\tau \tag{6.3}$$

引理 6.1[5]　如果 $\lambda, \mu \in R$，并且 $\forall \alpha > 0$，则式（6.3）成立。

$$D_t^\alpha(\lambda x_1(t)+\mu x_2(t))=\lambda D_t^\alpha x_1(t)+\mu D_t^\alpha x_2(t) \tag{6.4}$$

引理 6.2[5] 如果$\alpha,\beta>0, x(t)\in C^1[0,T]$，则以下方程成立。

$$D_t^\alpha D_t^{-\beta}x(t)=D_t^{\alpha-\beta}x(t) \tag{6.5}$$

引理 6.3[5] 如果 Caputo 分数阶导数$D_t^\alpha f(t)$是可积的，那么

$$D_t^{-\alpha}D_t^\alpha f(t)=f(t)-\sum_{k=0}^{n-1}\frac{f^k(t_0)}{k!}(t-t_0)^k \tag{6.6}$$

尤其对于$0<\alpha\leqslant 1$，可得

$$D_t^{-\alpha}D_t^\alpha f(t)=f(t)-f(t_0) \tag{6.7}$$

引理 6.4 设$x(t)\in R^n$是可微函数的向量。如果连续函数$V:[t_0,\infty)\times R^n\to\mathcal{R}$满足

$$D_t^\alpha V(t,x(t))\leqslant -\rho V(t,x(t)) \tag{6.8}$$

那么

$$V(t,x(t))\leqslant V(t_0,x(t_0))E_\alpha(-\rho(t-t_0)^\alpha) \tag{6.9}$$

其中，$0<\alpha<1$；ρ是一个正的常数。

证明 存在一个非负函数$M(t)$满足

$$D_t^\alpha V(t,x(t))+\rho V(t,x(t))+M(t)=0 \tag{6.10}$$

对式（6.10）进行拉普拉斯变换，得到

$$s^\alpha V(s)-s^{\alpha-1}V(t_0,x(t_0))+\rho V(s)+M(s)=0 \tag{6.11}$$

其中，$V(s)=\mathcal{L}(V(t,x(t)))$；$M(s)=\mathcal{L}(M(t))$。

因此，可以得出

$$V(s)=\frac{s^{\alpha-1}V(t_0,x(t_0))-M(s)}{s^\alpha+\alpha} \tag{6.12}$$

对式（6.12）进行拉普拉斯变换，得到

$$V(t,x(t))=V(t_0,x(t_0))E_\alpha(-\rho(t-t_0)^\alpha)-M(t)*((t-t_0)^{\alpha-1}E_{\alpha,\alpha}(-\rho(t-t_0)^\alpha)) \tag{6.13}$$

其中，E_α、$E_{\alpha,\alpha}(\cdot)$分别是单参数和双参数的 Mittag-Leffler 函数；*是卷积算子。

由于$M(t)$、$(t-t_0)^{\alpha-1}$、$E_{\alpha,\alpha}(-\rho(t-t_0)^\alpha)$是非负函数，因此可以得出

$$V(t,x(t))\leqslant V(t_0,x(t_0))E_\alpha(-\rho(t-t_0)^\alpha) \tag{6.14}$$

这就完成了证明。

引理 6.5 设$x(t)\in R^n$是可微函数的向量。如果连续正定函数$V:[t_0,\infty)\times R^n\to\mathcal{R}$满足

$$D_t^\alpha V(t,x(t))\leqslant -\mu \tag{6.15}$$

那么 $V(t,x(t))$ 满足下列不等式：

$$V(t,x(t)) \leqslant V(t_0,x(t_0)) - \frac{\mu(t-t_0)^\alpha}{\Gamma(1+\alpha)},\quad t_0 \leqslant t \leqslant t_1 \tag{6.16}$$

并且 $V(t,x(t))=0$ 对于所有的 $t \geqslant t_1$，t_1 由以下公式给出：

$$t_1 = t_0 + \left(\frac{\Gamma(1+\alpha)V(t_0,x(t_0))}{\mu}\right)^{\frac{1}{\alpha}} \tag{6.17}$$

其中，$0<\alpha<1$；μ 是一个正的常数。

证明　存在一个非负函数 $M(t)$ 满足

$$D_t^\alpha V(t,x(t)) + M(t) + \mu = 0 \tag{6.18}$$

由引理 6.3、定义 6.1 和式（6.18）可知

$$\begin{aligned} V(t,x(t)) &= V(t_0,x(t_0)) - D_t^{-\alpha}M(t) - D_t^{-\alpha}\mu \\ &= V(t_0,x(t_0)) - \frac{1}{\Gamma(\alpha)}\int_{t_0}^{t}\frac{M(s)}{(t-s)^{1-\alpha}}\mathrm{d}s - \frac{1}{\Gamma(\alpha)}\int_{t_0}^{t}\frac{\mu}{(t-s)^{1-\alpha}}\mathrm{d}s \\ &\leqslant V(t_0,x(t_0)) - \frac{\mu(t-t_0)^\alpha}{\Gamma(1+\alpha)} \end{aligned} \tag{6.19}$$

记为

$$\Psi(t) = V(t_0,x(t_0)) - \frac{\mu(t-t_0)^\alpha}{\Gamma(1+\alpha)} \tag{6.20}$$

显然，$\Psi(t)$ 是一个关于 t 的严格递减函数，因此我们有 $\Psi(t) \leqslant 0$，当且仅当

$$t_1 = t_0 + \left(\frac{\Gamma(1+\alpha)V(t_0,x(t_0))}{\mu}\right)^{\frac{1}{\alpha}} \tag{6.21}$$

对于所有的 $t_0 \leqslant t \leqslant t_1$ 有 $\Psi(t) \leqslant 0$。因为对于所有的 $t_0 \leqslant t \leqslant t_1$ 有 $V(t,x(t)) \leqslant \Psi(t) \leqslant 0$，并且 $V(t,x(t))$ 是一个非负函数，所以我们可以得到对于所有的 $t_0 \leqslant t \leqslant t_1$ 有 $V(t,x(t))=0$。这样就完成了证明。

6.2.2　问题描述

本节将考虑以下基于分数阶忆阻器的时滞惯性神经网络。

$$\begin{aligned} D_t^\alpha x_i(t) = &-a_i D_t^\beta x_i(t) - b_i x_i(t) + \sum_{j=1}^{n} c_{ij}(x_j(t)) f_j(x_j(t)) \\ &+ \sum_{j=1}^{n} d_{ij}(x_j(t)) g_j(x_j(t-\tau_j(t))) + I_i(t),\quad t>0 \end{aligned} \tag{6.22}$$

其中，$0<\beta<\alpha\leqslant 1$；$i=1,2,\cdots,n$；$a_i$、$b_i$ 是常数；$x_i(t)$ 是第 i 个神经元状态；f_j、g_j 是激活函数；$\tau_j(t)$ 是时变延迟并且满足 $0\leqslant\tau_j(t)\leqslant\tau_j$；$I_i(t)$ 是外部输入；$c_{ij}x_j(t)$、$d_{ij}x_j(t)$ 表示忆阻器连接权重，它们可以用如下公式来描述：

$$c_{ij}(x_j(t))=\begin{cases}c_{ij}^{*}, & |x_j(t)|\leqslant X_j\\ c_{ij}^{**}, & |x_j(t)|>X_j\end{cases}$$

$$d_{ij}(x_j(t))=\begin{cases}d_{ij}^{*}, & |x_j(t)|\leqslant X_j\\ d_{ij}^{**}, & |x_j(t)|>X_j\end{cases}$$

其中，$X_j>0$ 是忆阻器的开关值；c_{ij}^{*}、c_{ij}^{**}、d_{ij}^{*}、d_{ij}^{**} 是常数。

系统（6.22）的初始值由 $x_i(s)=\psi_i(s),D_t^{\beta}x_i(s)=\vartheta_i(s),\tau_j(t)\leqslant s\leqslant 0$ 给出。

同样，式（6.22）的响应系统如下所示：

$$\begin{aligned}D_t^{\alpha}y_i(t)=&-a_iD_t^{\beta}y_i(t)-b_iy_i(t)+\sum_{i=1}^{n}c_{ij}(y_j(t))f_j(y_j(t))\\&+\sum_{j=1}^{n}d_{ij}(y_j(t))g_j(y_j(t-\tau_j(t)))+I_i(t)+u_i(t),\quad t>0\end{aligned}\tag{6.23}$$

其中，$u_i(t)$ 是控制输入。系统（6.23）的初始条件为 $y_i(s)=\omega_i(s)$，$D_t^{\beta}y_i(s)=\gamma_i(s),\tau_j(t)\leqslant s\leqslant 0$，忆阻器连接权重可用如下公式描述：

$$c_{ij}(y_j(t))=\begin{cases}c_{ij'}^{*}, & |y_j(t)|\leqslant Y_j\\ c_{ij}^{**}, & |y_j(t)|>Y_j\end{cases}$$

$$d_{ij}(y_j(t))=\begin{cases}d_{ij'}^{*}, & |y_j(t)|\leqslant Y_j\\ d_{ij}^{**}, & |y_j(t)|>Y_j\end{cases}$$

注 1　当 $\alpha=\beta$ 时，驱动系统（6.22）以如下方式退化为一般的分数阶神经网络。

$$\begin{aligned}D_t^{\alpha}x_i(t)=&-\frac{b_i}{a_i+1}x_i(t)+\frac{1}{a_i+1}\sum_{j=1}^{n}c_{ij}(x_j(t))f_j(x_j(t))\\&+\frac{1}{a_i+1}\sum_{j=1}^{n}d_{ij}(x_j(t))g_j(x_j(t-\tau_j(t)))+\frac{1}{a_i+1}I_i(t)\end{aligned}\tag{6.24}$$

当 $\alpha<\beta$ 时，驱动系统（6.22）转化为

$$\begin{aligned}D_t^{\beta}x_i(t)=&-\frac{1}{a_i}D_t^{\alpha}x_i(t)-\frac{b_i}{a_i}x_i(t)+\frac{1}{a_i}\sum_{j=1}^{n}c_{ij}(x_j(t))f_j(x_j(t))\\&+\frac{1}{a_i}\sum_{j=1}^{n}d_{ij}(x_j(t))g_j(x_j(t-\tau_j(t)))+\frac{1}{a_i}I_i(t)\end{aligned}\tag{6.25}$$

因此，本章只关注 $\alpha>\beta$ 的情况。

我们的目标是设计一个适当的控制器，使系统（6.22）和系统（6.23）同步。然而，系统（6.22）和系统（6.23）是那些具有右边不连续的系统。所以在设计控制器之前，我们需要将它们转化为连续的系统。根据集值映射和微分理论，系统（6.22）和系统（6.23）可以写成如下形式：

$$D_t^{\alpha} x_i(t) \in -a_i D_t^{\beta} x_i(t) - b_i x_i(t) + \sum_{j=1}^{n} c_0(c_{ij}(x_j(t))) f_j(x_j(t)) + \sum_{j=1}^{n} c_0(d_{ij}(x_j(t))) g_j(x_j(t-\tau_j(t))) + I_i(t), \quad t > 0 \tag{6.26}$$

$$D_t^{\alpha} y_i(t) \in -a_i D_t^{\beta} y_i(t) - b_i y_i(t) + \sum_{j=1}^{n} c_0(c_{ij}(y_j(t))) f_j(y_j(t)) + \sum_{i=1}^{n} c_0(d_{ij}(y_j(t))) g_j(y_j(t-\tau_j(t))) + I_i(t) + u_i(t), \quad t > 0 \tag{6.27}$$

其中

$$c_0(c_{ij}(x_j(t))) = \begin{cases} c_{ij}^{*}, & |x_j(t)| < X_j \\ [c_{ij}, \overline{c}_{ij}], & |x_j(t)| = X_j \\ c_{ij}^{**}, & |x_j(t)| > X_j \end{cases}$$

$$c_0(d_{ij}(x_j(t))) = \begin{cases} d_{ij}^{*}, & |x_j(t)| < X_j \\ [\underline{d}_{ij}, \overline{d}_{ij}], & |x_j(t)| = X_j \\ d_{ij}^{*}, & |x_j(t)| > X_j \end{cases}$$

$$c_0(c_{ij}(y_j(t))) = \begin{cases} c_{ij}^{*}, & |y_j(t)| < Y_j \\ [c_{ij}, \overline{c}_{ij}], & |y_j(t)| = Y_j \\ c_{ij}^{**}, & |y_j(t)| > Y_j \end{cases}$$

$$c_0(d_{ij}(y_j(t))) = \begin{cases} d_{ij}^{*}, & |y_j(t)| < Y_j \\ [\underline{d}_{ij}, \overline{d}_{ij}], & |y_j(t)| = Y_j \\ d_{ij}^{**}, & |y_j(t)| > Y_j \end{cases}$$

$\underline{c}_{ij} = \min(c_{ij}^{*}, c_{ij}^{**}), \overline{c}_{ij} = \max(c_{ij}^{*}, c_{ij}^{**}), \underline{d}_{ij} = \min(d_{ij}^{*}, d_{ij}^{**}), \overline{d}_{ij} = \max(d_{ij}^{*} d_{ij}^{**})$，　$c_{ij} = \max(|\underline{c}_{ij}|, |\overline{c}_{ij}|), d_{ij} = \max(|\underline{d}_{ij}|, |\overline{d}_{ij}|)$。或者存在 $h_{ij}(x_j(t)) \in c_0(c_{ij}(x_j(t))), p_{ij}(x_j(t)) \in c_0(d_{ij}(x_j(t)))$, $\overline{h}_{ij}(y_j(t)) \in c_0(c_{ij}(y_j(t))), \overline{p}_{ij}(y_j(t)) \in c_0(d_{ij}(y_j(t)))$ 使得

$$D_t^{\alpha} x_i(t) = -a_i D_t^{\beta} x_i(t) - b_i x_j(t) + \sum_{j=1}^{n} h_{ij}(x_j(t)) f_j(x_j(t)) + \sum_{j=1}^{n} p_{ij}(x_j(t)) g_j(x_j(t-\tau_j(t))) + I_i(t), \quad t > 0 \tag{6.28}$$

$$D_t^{\alpha} y_i(t) = -a_i D_t^{\beta} y_i(t) - b_i y_i(t) + \sum_{j=1}^{n} \overline{h}_{ij}(y_j(t)) f_j(y_j(t))$$
$$+ \sum_{j=1}^{n} \overline{p}_{ij}(y_j(t)) g_j(y_j(t-\tau_j(t))) + I_i(t) + u_i(t), \quad t > 0 \qquad (6.29)$$

我们将误差定义为 $e_i(t) = y_i(t) - x_i(t)$，那么误差系统可以用以下公式进行描述：

$$D_t^{\alpha} e_i(t) = -a_i D_t^{\beta} e_i(t) - b_i e_i(t) + \sum_{j=1}^{n} (h_{ij}(y_j(t)) f_j(y_j(t)) - h_{ij}(x_j(t)) f_j(x_j(t)))$$
$$+ \sum_{i=1}^{n} (\overline{p}_{ij}(y_j(t)) g_j(y_j(t-\tau_j(t))) - p_{ij}(x_j(t)) g_j(x_j(t-\tau_j(t)))) + u_i(t), \quad t > 0$$
$$(6.30)$$

其中，初始值为 $e_i(s) = \omega_i(s) - \psi_i(s) = \kappa_i(s)$；$D_t^{\beta} e_i(s) = \gamma_i(s) - \vartheta_i(s) = v_i(s)$。我们将一种规范定义为 $\sup|e_i(s)| = |\kappa_i|$。

为了保证基于分数阶忆阻器的时滞惯性神经网络（6.22）或分数阶微分包含（6.28）的解存在唯一性，对激活 f_i 和 g_i 应作如下假设。

假设 6.1　激活函数 f_i、g_i 满足 Lipschitz 条件。也就是说，对于 $\forall l, m \in R$，存在常数 $F_i, G_i > 0 (i = 1, 2, \cdots, n)$ 使得

$$|f_i(l) - f_i(m)| \leqslant F_i |l - m|$$
$$|g_i(l) - g_i(m)| \leqslant G_i |l - m|$$

假设 6.2　激活函数 f_i、g_i 是有界的，换句话说，存在常数 $M_i, N_i > 0$ 满足下列不等式：

$$|f_i(x)| < M_i$$
$$|g_i(x)| < N_i$$

注 2　需要注意的是，假设 6.2 是基于分数阶忆阻器的神经网络同步的一般假设。存在许多常见的激活函数，如 Sigmoid 函数 $f(x) = \dfrac{1}{1+\mathrm{e}^{-x}}$，双曲正切函数 $f(x) = \tanh(x)$ 和斜坡函数 $f(x) = \dfrac{1}{2}(|x+1| - |x-1|)$，满足假设 6.2。此外，在构造多层神经网络时，有界的激活函数值，即神经元的有界输出，很容易作为其他层的输入。因此，假设 6.2 是合理的。

6.3　主要结果

本节分别给出了具有时变时滞的分数阶忆阻器惯性神经网络的渐近和有限时间同步准则。

下面介绍控制器：

$$u_i(t) = -k_i e_i(t) - q_i a_i D_t^{\beta-\alpha} e_i(t) - \delta_i \tag{6.31}$$

其中，k_i、q_i、δ_i 是以后要设计的控制增益。

6.3.1　基于分数阶忆阻器的时变时滞惯性神经网络的渐近同步

定理 6.1　如果满足假设 6.1 和假设 6.2，并且控制参数 k_i、q_i、δ_i 满足下列情况：

$$k_i > -b_i + \sum_{j=1}^{n} |c_{ij}| F_j + \sum_{j=1}^{n} |d_{ij}| G_j \tag{6.32}$$

$$q_i = b_i + k_i - \sum_{j=1}^{n} |c_{ij}| F_j - \sum_{j=1}^{n} |d_{ij}| G_j \tag{6.33}$$

$$\delta_i = \sum_{j=1}^{n} (L_a + L_b + |d_{ij}| G_j |\kappa_j|) \tag{6.34}$$

则系统（6.22）和（6.23）可以在控制器（6.31）下实现渐近同步。

证明　我们考虑一个 Lyapunov 函数：

$$V(t) = \sum_{i=1}^{n} |e_i(t)| + \sum_{i=1}^{n} a_i D_t^{\beta-\alpha} |e_i(t)|$$

根据引理 6.1 和引理 6.2，我们可以得到

$$\begin{aligned} D_t^{\alpha} V(t) &= D_t^{\alpha} \sum_{i=1}^{n} |e_i(t)| + D_t^{\alpha} \sum_{i=1}^{n} a_i D_t^{\beta-\alpha} |e_i(t)| \\ &= \sum_{i=1}^{n} D_t^{\alpha} |e_i(t)| + a_i D_t^{\beta} |e_i(t)| \\ &\leqslant \sum_{i=1}^{n} \operatorname{sgn}(e_i(t))(D_t^{\alpha} e_i(t) + a_i D_t^{\beta} e_i(t)) \end{aligned} \tag{6.35}$$

其中，$\operatorname{sgn}(\cdot)$ 是符号函数。在系统（6.9）的基础上，我们有

$$\begin{aligned} D_t^{\alpha} V(t) \leqslant \sum_{i=1}^{n} \operatorname{sgn}(e_t(t)) \Bigg(& -b_i e_i(t) + \sum_{j=1}^{n} (\overline{h}_{ij}(y_j(t))) f_j(y_j(t) - h_{ij}(x_j(t))) f_j(x_j(t)) \\ & + \sum_{j=1}^{n} (\overline{p}_{ij}(y_j(t)) g_j(y_j(t-\tau_j(t))) - p_{ij}(x_j(t)) g_j(x_j(t-\tau_j(t)))) + u_i(t) \Bigg) \end{aligned} \tag{6.36}$$

如果假设 6.2 成立，我们有

$$\begin{aligned} & |\overline{h}_{ij}(y_j(t)) f_j(y_j(t)) - h_{ij}(x_j(t)) f_j(x_j(t))| \\ = & |\overline{h}_{ij}(y_j(t)) f_j(y_j(t)) - \overline{h}_{ij}(y_j(t)) f_j(x_j(t))| \\ & + |\overline{h}_{ij}(y_j(t)) - h_{ij}(x_j(t))| \, |f_j(x_j(t))| \end{aligned} \tag{6.37}$$

其中

$$|\bar{h}_{ij}(y_j(t))f_j(y_j(t))-\bar{h}_{ij}(y_j(t))f_j(x_j(t))|\leqslant|c_{ij}|F_j|e_j(t)|$$
$$|\bar{h}_{ij}(y_j(t))-h_{ij}(x_j(t))||f_j(x_j(t))|\leqslant|c_{ij}^*-c_{ij}^{**}|M_j$$

令 $L_a=|c_{ij}^*-c_{ij}^{**}|M_j$，因此

$$|\bar{h}_{ij}(y_j(t))f_j(y_j(t))-h_{ij}(x_j(t))f_j(x_j(t))|\leqslant|c_{ij}|F_j|e_j(t)|+L_a$$

类似地，令 $L_b=|d_{ij}^*-d_{ij}^{**}|N_j$，因此

$$|\bar{p}_{ij}(y_j(t))g_j(y_j(t-\tau_j(t)))-p_{ij}(x_j(t))g_j(x_j(t-\tau_j(t)))|\leqslant|c_{ij}|F_j|e_j(t)|+L_b$$

由以上分析可知，我们可以推断出

$$\begin{aligned}D_t^\alpha V(t)\leqslant\sum_{i=1}^n\Bigg(&(-b_i-k_i)|e_i(t)|-q_ia_iD_t^{\beta-\alpha}|e_i(t)|\\&+\sum_{j=1}^n|c_{ij}|F_j|e_j(t)|+\sum_{j=1}^n|d_{ij}|G_j|e_j(t-\tau_j(t))|+\sum_{j=1}^n(L_a+L_b)-\delta_i\Bigg)\end{aligned} \tag{6.38}$$

通过使用 Razumikhin 技术[20]，我们得到

$$\begin{aligned}|e_j(t-\tau_j(t))|&\leqslant\sup_{-\tau_j\leqslant s\leqslant 0}|e_j(s)|+|e_j(t)|\\&=|\kappa_j|+|e_j(t)|\end{aligned} \tag{6.39}$$

因此

$$\begin{aligned}D_t^\alpha V(t)&\leqslant\sum_{i=1}^n\Bigg(\Bigg(-b_i-k_i+\sum_{j=1}^n|c_{ij}|F_j+\sum_{j=1}^n|d_{ij}|G_j\Bigg)|e_i(t)|\\&\quad-q_ia_iD_t^{\beta-\alpha}|e_i(t)|+\sum_{j=1}^n(L_a+L_b+|d_{ij}|G_j|\kappa_j|)-\delta_i\Bigg)\\&=\sum_{i=1}^n\Bigg(-b_i-k_i+\sum_{j=1}^n|c_{ij}|F_j+\sum_{j=1}^n|d_{ij}|G_j\Bigg)(D_t^\alpha e_i(t)+a_iD_t^\beta e_i(t))\\&\quad+\sum_{i=1}^n\Bigg(\sum_{j=1}^n(L_a+L_b+|d_{ij}|G_j|\kappa_j|)-\delta_i\Bigg)\end{aligned} \tag{6.40}$$

由条件（6.32）、（6.33）和（6.34）可以得到

$$D_t^\alpha V(t)=D_t^\alpha\sum_{i=1}^nV_i(t)\leqslant\sum_{i=1}^n-q_iV_i(t) \tag{6.41}$$

由此可知

$$D_t^\alpha V_i(t)\leqslant-q_iV_i(t) \tag{6.42}$$

根据引理 6.4，系统（6.22）和（6.23）实现了渐近同步，证明完毕。

注 3　为了提高网络的计算能力、并行能力和自适应能力，本章将忆阻器与分数阶惯性神经网络相结合，提出了一种分数阶忆阻惯性神经网络。对于忆阻器

带来的不连续性，采用集值映射理论进行求解。此外，为了消除延迟项 $e_j(t-\tau_j(t))$，应用 Razumikhin 技术将延迟项 $e_j(t-\tau_j(t))$ 转换为非延迟项 $e_j(t)$。

6.3.2　基于分数阶忆阻器的时变时滞惯性神经网络的有限时间同步

定理 6.2　如果满足假设 6.1 和假设 6.2，并且控制参数 k_i、q_i、δ_i 满足下列情况：

$$k_i > -b_i + \sum_{j=1}^{n} |c_{ij}| F_j + \sum_{j=1}^{n} |d_{ij}| G_j \tag{6.43}$$

$$q_i = b_i + k_i - \sum_{j=1}^{n} |c_{ij}| F_j - \sum_{j=1}^{n} |d_{ij}| G_j \tag{6.44}$$

$$\delta_i > \sum_{j=1}^{n} (L_a + L_b + |d_{ij}| G_j |\kappa_j|) \tag{6.45}$$

那么，在控制器（6.31）的作用下，系统（6.22）和（6.23）可以实现有限同步，沉降时间 t_1 由式（6.46）给出：

$$t_1 = t_0 + \left(\frac{\Gamma(1+\alpha) V(t_0, x(t_0))}{\mu} \right)^{\frac{1}{\alpha}} \tag{6.46}$$

证明　类似于定理 6.1 的证明，我们可以得到

$$\begin{aligned} D_t^{\alpha} V(t) \leqslant \sum_{i=1}^{n} \Bigg(& \left(-b_i - k_i + \sum_{j=1}^{n} |c_{ij}| F_j + \sum_{j=1}^{n} |d_{ij}| G_j \right) |e_i(t)| \\ & -q_i a_i D_t^{\beta-\alpha} |e_i(t)| + \sum_{j=1}^{n} (L_a + L_b + |d_{ij}| G_j |\kappa_j|) - \delta_i \Bigg) \end{aligned} \tag{6.47}$$

记为

$$\mu_i = \delta_i - \sum_{j=1}^{n} (L_a + L_b + |d_{ij}| G_j |\kappa_j|) \tag{6.48}$$

那么从条件（6.43）～（6.45）可以看出

$$D_t^{\alpha} V(t) = D_t^{\alpha} \sum_{i=1}^{n} V_i(t) \leqslant \sum_{i=1}^{n} -q_i V_i(t) - \mu_i \leqslant -\mu_i \tag{6.49}$$

根据引理 6.5，系统（6.22）和（6.23）实现了有限时间的同步，其调节时间为

$$t_1 = t_0 + \left(\frac{\Gamma(1+\alpha) V(t_0, x(t_0))}{\mu} \right)^{\frac{1}{\alpha}} \tag{6.50}$$

证明完毕。

注 4　应该注意的是，原系统的渐近和有限时间同步分析被转化为其误差系统的渐近和有限时间稳定性分析。这也是本章开头给出两个引理的原因。

注 5 时滞可能引起振荡、分岔和混沌。然而，由于种种原因，在神经工程的电子实现过程中不可避免地存在时滞，包括泄漏时滞、离散时滞和分布时滞。因此，对时延神经网络的研究不仅具有重要的理论意义，而且具有实际应用价值。

注 6 现有文献主要讨论 Riemann-Liouville 意义上的分数阶惯性神经网络的同步控制问题，或基于分数阶忆阻器的惯性神经网络的准同步问题。应该指出的是，Caputo 意义上的分数阶系统具有更广泛的物理意义。另外，准同步化不能保证同步误差趋于零。

6.4 数值实例

本节给出两个例子来说明我们理论结果的有效性。

例 6.1 考虑如下二维分数阶惯性忆阻神经网络：

$$\begin{aligned} D_t^{\alpha} x_i(t) = & -a_i D_t^{\beta} x_i(t) - b_i x_i(t) + \sum_{j=1}^{2} c_{ij}(x_j(t)) f_j(x_j(t)) \\ & + \sum_{j=1}^{2} d_{ij}(x_j(t)) g_j(x_j(t-\tau_j(t))) + I_i(t), \quad t > 0 \end{aligned} \tag{6.51}$$

其中，激活函数 $f_j = g_j = \dfrac{|x+1|-|x-1|}{2}$；时变延迟 $\tau_j(t) = 0.1\sin(t) + 0.1$。

系统参数选择如下：

$$\begin{cases} a_1 = 4.5, \quad a_2 = 4.5 \\ b_1 = 1.8, \quad b_2 = 1.8 \\ I_1 = 0, \quad I_2 = 0 \\ \alpha = 0.90, \quad \beta = 0.15 \end{cases}$$

系统的初始值为

$$\begin{cases} x_1(0) = 2.8, \quad x_2(0) = -1.2 \\ D_t^{\beta} x_1(0) = 3.5, \quad D_t^{\beta} x_2(0) = -2.2 \end{cases}$$

连接权重为

$$c_{11} = \begin{cases} 1.20, & |x_1| \leqslant 1 \\ 0.90, & |x_1| > 1 \end{cases}, \quad c_{12} = \begin{cases} -0.30, & |x_2| \leqslant 1 \\ -0.16, & |x_2| > 1 \end{cases}$$

$$c_{21} = \begin{cases} -0.50, & |x_1| \leqslant 1 \\ -0.80, & |x_1| > 1 \end{cases}, \quad c_{22} = \begin{cases} 0.09, & |x_2| \leqslant 1 \\ 0.25, & |x_2| > 1 \end{cases}$$

$$d_{11} = \begin{cases} -0.48, & |x_1| \leqslant 1 \\ -0.34, & |x_1| > 1 \end{cases}, \quad d_{12} = \begin{cases} 0.36, & |x_2| \leqslant 1 \\ 0.56, & |x_2| > 1 \end{cases}$$

$$d_{21}=\begin{cases}0.65, & |x_1|\leqslant 1\\ 0.80, & |x_1|>1\end{cases},\quad d_{22}=\begin{cases}0.60, & |x_2|\leqslant 1\\ 0.40, & |x_2|>1\end{cases}$$

系统（6.51）的相应响应系统如下所示：

$$\begin{aligned}D_t^{\alpha}y_i(t)=&-a_iD_t^{\beta}y_i(t)-b_iy_i(t)+\sum_{j=1}^{2}c_{ij}(y_j(t))f_j(y_j(t))\\&+\sum_{j=1}^{2}d_{ij}(y_j(t))g_j(y_j(t-\tau_j(t)))+I_i(t)+u_i(t),\quad t>0\end{aligned}\tag{6.52}$$

系统（6.52）的参数与系统（6.51）相同。它的初始值是

$$\begin{cases}y_1(0)=-1.2, \quad y_2(0)=0.1\\ D_t^{\beta}y_1(0)=-0.6, \quad D_t^{\beta}y_2(0)=1.5\end{cases}$$

控制法则如下所示：

$$u_i=-k_ie_i(t)-q_ia_iD_t^{\beta-\alpha}e_i(t)-\delta_i$$

我们设计的控制增益 k_i、q_i、δ_i 如下：

$$\begin{cases}k_1=20, \quad k_2=20\\ q_1=19.26, \quad q_2=19.35\\ \delta_1=0.984, \quad \delta_2=1.320\end{cases}$$

通过计算，可以看出该定理的条件是明显满足的。根据定理 6.1，误差系统是渐近稳定的，即驱动-响应系统达到渐近同步。图 6.1～图 6.3 分别显示了在控制器下的 $x_1(t)$、$y_1(t)$、$x_2(t)$、$y_2(t)$ 和 $e_1(t)$、$e_2(t)$ 的状态轨迹。仿真结果表明，本章提出的控制方法是可行有效的。

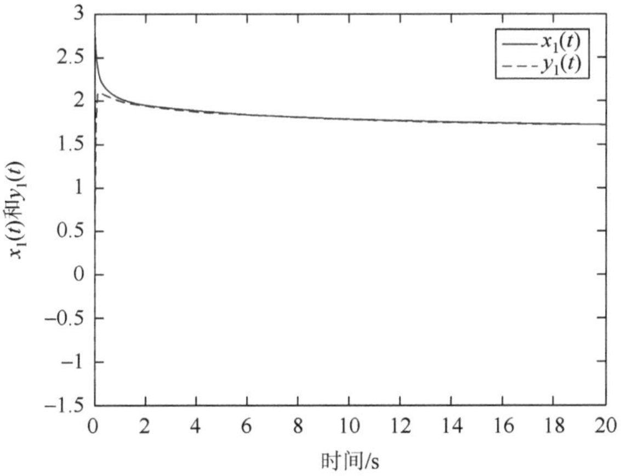

图 6.1　带控制的 $x_1(t)$、$y_1(t)$ 的轨迹（一）

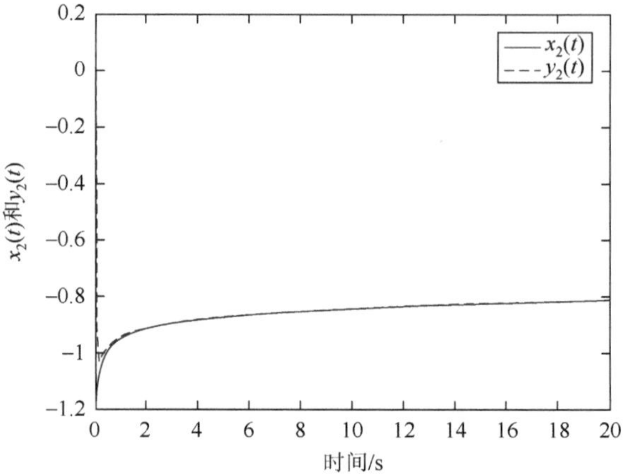

图 6.2　带控制的 $x_2(t)$、$y_2(t)$ 的轨迹（一）

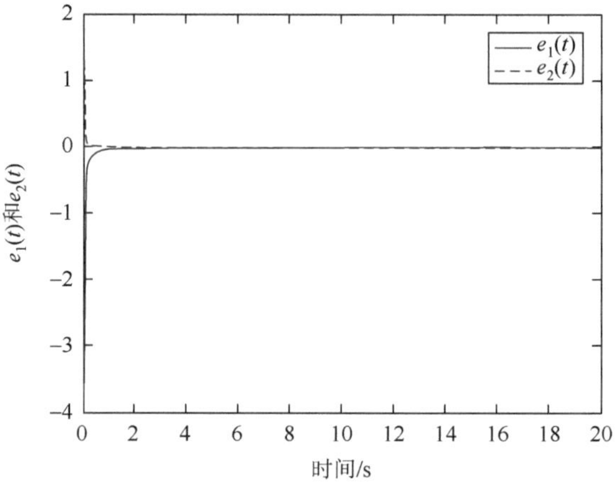

图 6.3　带控制的 $e_1(t)$、$e_2(t)$ 的轨迹（一）

例 6.2　考虑如下二维分数阶惯性忆阻神经网络：

$$D_t^{\alpha} x_i(t) = -a_i D_t^{\beta} x_i(t) - b_i x_i(t) + \sum_{j=1}^{2} c_{ij}(x_j(t)) f_j(x_j(t)) + \sum_{j=1}^{2} d_{ij}(x_j(t)) g_j(x_j(t-\tau_j(t))) + I_i(t), \quad t > 0 \tag{6.53}$$

其中，激活函数 $f_j = g_j = \tanh(x)$；时变延迟 $\tau_j(t) = \mathrm{e}^t / (1+\mathrm{e}^t)$。

系统参数选择如下：

$$\begin{cases} a_1 = 1, \quad a_2 = 1 \\ b_1 = 2, \quad b_2 = 2.5 \\ I_1 = 0, \quad I_2 = 0 \\ \alpha = 0.95, \quad \beta = 0.05 \end{cases}$$

系统的初始值为

$$\begin{cases} x_1(0)=1.1, \quad x_2(0)=0.8 \\ D_t^{\beta}x_1(0)=0.8, \quad D_t^{\beta}x_2(0)=1.2 \end{cases}$$

连接权重为

$$c_{11}=\begin{cases} 1.9, & |x_1|\leqslant 0.1 \\ 2.0, & |x_1|>0.1 \end{cases}, \quad c_{12}=\begin{cases} -0.30, & |x_2|\leqslant 0.2 \\ -0.20, & |x_2|>0.2 \end{cases}$$

$$c_{21}=\begin{cases} -2.8, & |x_1|\leqslant 0.1 \\ -3.0, & |x_1|>0.1 \end{cases}, \quad c_{22}=\begin{cases} 1.5, & |x_2|\leqslant 0.2 \\ 1.9, & |x_2|>0.2 \end{cases}$$

$$d_{11}=\begin{cases} -2.0, & |x_1|\leqslant 0.1 \\ -2.2, & |x_1|>0.1 \end{cases}, \quad d_{12}=\begin{cases} -0.3, & |x_2|\leqslant 0.2 \\ -0.4, & |x_2|>0.2 \end{cases}$$

$$d_{21}=\begin{cases} -0.45, & |x_1|\leqslant 1 \\ -0.5, & |x_1|>1 \end{cases}, \quad d_{22}=\begin{cases} -2.5, & |x_2|\leqslant 0.2 \\ -3.0, & |x_2|>0.2 \end{cases}$$

系统（6.51）的相应响应系统如下所示：

$$\begin{aligned} D_t^{\alpha}y_i(t) &= -a_iD_t^{\beta}y_i(t)-b_iy_i(t)+\sum_{j=1}^{2}c_{ij}(y_j(t))f_j(y_j(t)) \\ &\quad +\sum_{j=1}^{2}d_{ij}(y_j(t))g_j(y_j(t-\tau_j(t)))+I_i(t)+u_i(t), \quad t>0 \end{aligned} \tag{6.54}$$

系统（6.52）的参数与系统（6.51）相同。它的初始值是

$$\begin{cases} y_1(0)=0.7, \quad y_2(0)=1.1 \\ D_t^{\beta}y_1(0)=1.3, \quad D_t^{\beta}y_2(0)=1.5 \end{cases}$$

控制法则如下所示：

$$u_i=-k_ie_i(t)-q_ia_iD_t^{\beta-\alpha}e_i(t)-\delta_i$$

我们设计的控制增益 k_i、q_i、δ_i 如下：

$$\begin{cases} k_1=30, \quad k_2=30 \\ q_1=27.1, \quad q_2=24.1 \\ \delta_1=1.6, \quad \delta_2=2.4 \end{cases}$$

通过计算，可以看出该定理的条件明显得到满足。根据定理 6.2，误差系统是有限时间稳定的，这表明驱动-响应系统在调节时间 t_1=7.5908s 时，实现了有限时间同步。图 6.4～图 6.6 分别显示了在控制法则下的 $x_1(t)$、$y_1(t)$、$x_2(t)$、$y_2(t)$ 和 $e_1(t)$、$e_2(t)$ 的状态轨迹。理论结果与仿真结果一致，表明了所提方法的有效性。

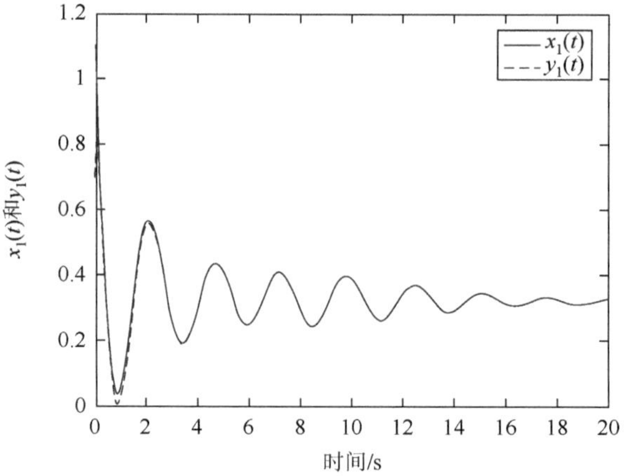

图 6.4　带控制的 $x_1(t)$、$y_1(t)$ 的轨迹（二）

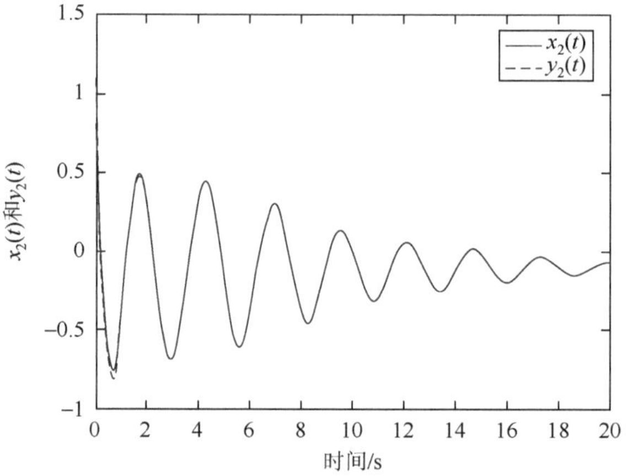

图 6.5　带控制的 $x_2(t)$、$y_2(t)$ 的轨迹（二）

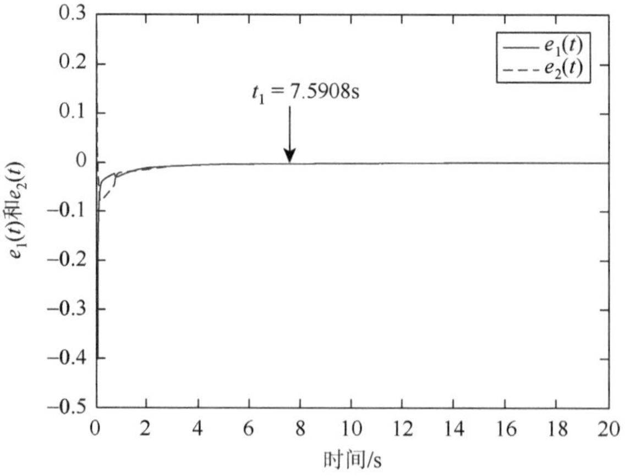

图 6.6　带控制的 $e_1(t)$、$e_2(t)$ 的轨迹（二）

6.5 本 章 小 结

本章研究了分数阶忆阻器惯性神经网络时变时滞的渐近和有限时间同步问题，使用集值映射理论来解决忆阻器带来的不连续性。同时，利用 Razumikhin 方法将时滞项转换为非时滞项，将原系统的渐近和有限时间同步分析转化为其误差系统的渐近和有限时间稳定性分析。通过分数阶微积分的性质，给出了关于渐近稳定性和有限时间稳定性的两个定理，并基于所提出的两个引理和 Lyapunov 直接法，建立了一些新的和有效的标准，以实现所处理系统的渐近和有限时间同步。需要指出的是，对于有限时间同步，同步时间取决于系统的初始状态。因此，在今后的工作中，我们将进一步研究基于分数阶忆阻器的惯性神经网络的固定时间同步问题。

参 考 文 献

[1] Strukov D B，Snider G S，Stewart D R，et al. The missing memristor found[J]. Nature，2008，453（7191）：80-83.

[2] Yao P，Wu H，Gao B，et al. Fully hardware-implemented memristor convolutional neural network[J]. Nature，2020，577（7792）：641-646.

[3] Du F，Lu J G. New criterion for finite-time synchronization of fractional order memristor-based neural networks with time delay[J]. Applied Mathematics and Computation，2021，389：125616.

[4] Li N，Zheng W X. Bipartite synchronization of multiple memristor-based neural networks with antagonistic interactions[J]. IEEE Transactions on Neural Networks and Learning Systems，2020，32（4）：1642-1653.

[5] Podlubny I. Fractional Differential Equations[M]. New York：Academic Press，1999.

[6] Sun Y，Liu Y. Adaptive synchronization control and parameters identification for chaotic fractional neural networks with time-varying delays[J]. Neural Processing Letters，2021，53（4）：2729-2745.

[7] Tavazoei M，Asemani M H. Stability analysis of time-delay incommensurate fractional-order systems[J]. Communications in Nonlinear Science and Numerical Simulation，2022，109：106270.

[8] Wei Y，Cao J，Chen Y，et al. The proof of Lyapunov asymptotic stability theorems for Caputo fractional order systems[J]. Applied Mathematics Letters，2022，129：107961.

[9] Cui N，Jiang H，Hu C，et al. Global asymptotic and robust stability of inertial neural networks with proportional delays[J]. Neurocomputing，2018，272：326-333.

[10] Zhang Z，Cao J. Novel finite-time synchronization criteria for inertial neural networks with time delays via integral inequality method[J]. IEEE Transactions on Neural Networks and Learning Systems，2018，30（5）：1476-1485.

[11] Liu Y，Zhang G，Hu J. Fixed-time stabilization and synchronization for fuzzy inertial neural networks with bounded distributed delays and discontinuous activation functions[J]. Neurocomputing，2022，495：86-96.

[12] Duan L，Li J. Fixed-time synchronization of fuzzy neutral-type BAM memristive inertial neural networks with proportional delays[J]. Information Sciences，2021，576：522-541.

[13] Lin D，Chen X，Yu G，et al. Global exponential synchronization via nonlinear feedback control for delayed inertial memristor-based quaternion-valued neural networks with impulses[J]. Applied Mathematics and Computation，2021，401：126093.

[14] Gu Y，Wang H，Yu Y. Stability and synchronization for Riemann-Liouville fractional-order time-delayed inertial neural networks[J]. Neurocomputing，2019，340：270-280.

[15] Li Z，Zhang Y. The boundedness and the global mittag-leffler synchronization of fractional-order inertial Cohen-Grossberg neural networks with time delays[J]. Neural Processing Letters，2022：1-15.

[16] Ke L. Mittag-Leffler stability and asymptotic ω-periodicity of fractional-order inertial neural networks with time-delays[J]. Neurocomputing，2021，465：53-62.

[17] Zhang S，Tang M，Liu X. Synchronization of a Riemann-Liouville fractional time-delayed neural network with two inertial terms[J]. Circuits，Systems，and Signal Processing，2021，40：5280-5308.

[18] Yang X，Lu J. Synchronization of fractional order memristor-based inertial neural networks with time delay[C]. 2020 Chinese Control and Decision Conference(CCDC)，IEEE，2020：3853-3858.

[19] Yang C，Huang L，Cai Z. Fixed-time synchronization of coupled memristor-based neural networks with time-varying delays[J]. Neural Networks，2019，116：101-109.

[20] Andreev A S，Sedova N O. The method of Lyapunov-Razumikhin functions in stability analysis of systems with delay[J]. Automation and Remote Control，2019，80：1185-1229.

第 7 章　分数阶混沌系统的预设性能同步

7.1　概　　述

在过去的 20 年里，分数计算研究已成为一个在理论和应用方面都很具有吸引力的研究领域，可用它来描述大多数具有记忆的物理系统。最近，分数阶混沌系统的同步由于其在控制处理和保密通信中的潜在应用前景而受到越来越多的关注。例如，文献[1]研究了一类新的分数阶混沌系统的全局非脆弱同步。文献[2]介绍了分数阶动力系统快速投影同步的一种新方法。文献[3]介绍了两个分数阶混沌系统之间的同步，其表现出有趣的行为，如多卷轴现象。文献[4]中可以找到更多尝试同步分数阶混沌系统的研究。

与混沌系统同步相关的另一个重要问题是同步误差满足预设的性能。所谓预设性能同步是指同步误差渐近收敛到零时，其收敛误差一直在某个预设函数的误差范围内。文献[5]、[6]首次提出了预设的性能控制器，用于控制整数阶非线性系统结构中的匹配度。文献[7]对这些结果进行了扩展，以研究存在结构不确定性和参数的情况下保证预设性能和联系维护的跟踪问题。文献[8]给出了未知纯反馈系统的无逼近状态反馈控制方法，它能保证在任何初始系统条件下，以预设的性能和有界闭环信号进行输出跟踪。目前，整数阶非线性系统的预设性能控制的正结果已取得丰硕成果[9]。与整数阶微积分相比，分数阶微积分为描述系统的遗传和记忆特性提供了更有力的工具。分数阶算符是非局部的，因为它考虑了这样一个事实，即未来的系统状态不仅依赖于当前状态，而且依赖于其所有历史状态。对于分数阶系统，很难用整数阶系统的分析方法通过求其主根或用其他代数方法来分析其稳定性。迄今为止，使用多项式准则直接检查分数阶非线性系统的稳定性仍然是不可能的，因为分数阶系统的特征方程不是多项式，而是复变量 s 的分数次幂的伪多项式函数[10]。也就是说，大多数现有的整数阶系统的控制方案不能直接扩展到分数阶系统。据调查，分数阶非线性系统的预设性能控制尚未在相关文献中报道。因此，为分数阶非线性系统设计一种有效的预设性能控制方法是有意义的。

综上所述，本章重点研究了两个不同的带有有和无未知外部扰动的分数阶混沌系统的预设性能同步问题。主要贡献包括：①首次研究分数阶非线性系统的预设性能控制；②设计了一种自适应分数阶控制器，用于同步两个具有外部扰动的不同分数阶混沌系统，需要指出的是，在控制器设计中使用了符号函数的分数积分，因此不会出现抖振现象；③提出了一个合理的假设，这将有助于解决分数阶系统中的外部干扰问题。

7.2　问题模型描述和预备知识

7.2.1　分数阶导数的描述

本节给出了分数微分和积分方程的一些基本预备知识（请参考第 6 章的文献[7]了解更多详情）。本章将分数阶微积分的下限设为 0。α 阶分数阶积分可以表示为

$$ {}_0D_t^{-\alpha} f(t) = \frac{1}{\Gamma(\alpha)} \int_0^t (t-\tau)^{\alpha-1} f(\tau)\mathrm{d}\tau \tag{7.1} $$

其中，$\Gamma(\cdot)$ 表示 Gamma 函数。

常用的分数阶导数有三种定义：Grunwald-Letnikov（G-L）、Riemann-Liouville（R-L）和 Caputo。Caputo 导数常用于控制工程，因为 Caputo 导数的初始条件与整数阶系统的初始条件具有相同的形式。α 阶 Caputo 导数的计算公式如下：

$$ {}_0^CD_t^{\alpha} f(t) = \frac{1}{\Gamma(n-\alpha)} \int_0^t (t-\tau)^{n-\alpha-1} f^{(n)}(\tau)\mathrm{d}\tau \tag{7.2} $$

其中，$n-1 \leqslant \alpha < n$。为了方便起见，在本章的其余部分，假设 $\alpha \in (0,1)$。

本章将使用以下引理。

引理 7.1[11]　如果 $x(t) \in C^1[0,T]$ 对于某些 $T>0$，有

$$ {}_0^CD_t^{\alpha_1} {}_0^CD_t^{\alpha_2} x(t) = {}_0^CD_t^{\alpha_1+\alpha_2} x(t) \tag{7.3} $$

其中，$\alpha_1, \alpha_2 > 0$，$\alpha_1 + \alpha_2 \leqslant 1$。

引理 7.2　如果 $x(t) \in C^1[0,T]$ 对于某些 $T>0$，且 $0 < \alpha \leqslant 1$，则下列等式成立：

$$ {}_0^CD_t^{-\alpha} {}_0^CD_t^{\alpha} x(t) = x(t) - x(0) \tag{7.4} $$

$$ {}_0^CD_t^{\alpha} {}_0^CD_t^{-\alpha} x(t) = x(t) \tag{7.5} $$

7.2.2　问题模型

设分数阶驱动系统和响应系统分别为

$$ {}_0^CD_t^{\alpha} x(t) = f(x(t)) \tag{7.6} $$

$$ {}_0^CD_t^{\alpha} y(t) = g(y(t)) + d(t) + u(t) \tag{7.7} $$

其中，$x(t)=[x_1(t),\cdots,x_n(t)]^{\mathrm{T}}\in R^n$ 和 $y(t)=[y_1(t),\cdots,y_n(t)]^{\mathrm{T}}\in R^n$ 是系统状态向量，假设它们连续可导；$f(x(t))=[f_1(x(t)),\cdots,f_n(x(t))]^{\mathrm{T}}\in R^n$，$g(y(t))=[g_1(y(t)),\cdots,g_n(y(t))]^{\mathrm{T}}\in R^n$ 是两个连续的非线性函数；$u(t)=[u_1(t),\cdots,u_n(t)]^{\mathrm{T}}\in R^n$ 表示控制输入；$d(t)=[d_1(t),\cdots,d_n(t)]^{\mathrm{T}}\in R^n$ 对应未知外部扰动。下面构造一个合适的控制器，以保证以下两个性质。

性质 1　同步误差 $e(t)=x(t)-y(t)=[e_1(t),\cdots,e_n(t)]^{\mathrm{T}}$ 渐近收敛于零点，闭环系统中的所有信号保持有界。

性质 2　达到了跟踪误差 $e_i(t)$ 的预设的瞬态和稳态行为界限。

7.3　控制器设计和稳定性分析

7.3.1　同步误差变换

借助于将预设的性能特征转换成跟踪误差约束的性能函数，可以满足性质 2 的要求。

定义 7.1　一个光滑函数 $\varphi: R_+\to R_+-\{0\}$，如果 $\varphi(t)$ 严格递减且满足 $\lim\limits_{t\to\infty}\varphi(t)=0$，则称为性能函数。

那么，我们可以通过式（7.8），找到与同步误差 $e(t)$ 相关联的性能函数 $\varphi_i(t)$。

$$-\varphi_i(t)\leqslant e_i(t)\leqslant \varphi_i(t),\quad |e_i(0)|<\varphi(0) \tag{7.8}$$

其中，$t\geqslant 0$；$i=1,2,\cdots,n$。性能函数 $\varphi_i(t)$ 的下降率给出了同步误差 $e_i(t)$ 所需收敛速度的下限，如图 7.1 所示。

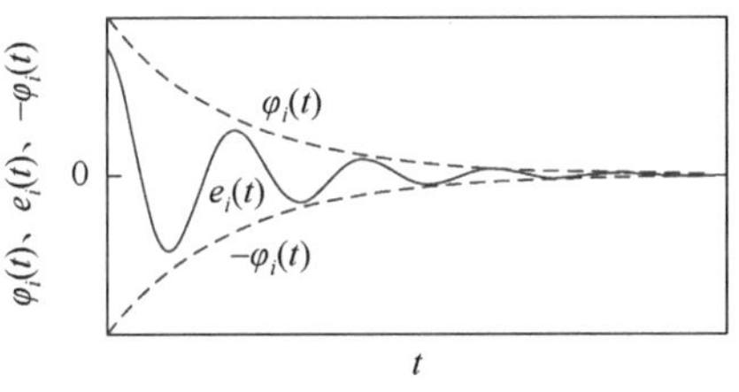

图 7.1　预设的性能同步

注 1　如果不等式（7.8）被满足，则同步误差将渐近地收敛到零，收敛速度不小于某个预先指定的值，表明最大超调小于某个足够小的预先指定的常数。预设性能同步可以很好地应用于许多领域，如精确同步、有限时间同步等。事实上，如果适当地选择预设的性能函数，那么有限时间同步变成了预设性能同步的一个特例。

注 2　分数阶系统的传统同步控制器设计保证同步误差收敛到残差集，残差集的大小取决于控制系统设计参数和一些有界项。然而，不存在系统的程序来精确地估计所需的上限，从而先验地选择前述的设计参数来满足一些稳态行为。此外，瞬态行为的性能（即过冲和收敛速度）很难分析，即使在已知非线性的情况下也是如此。本章引入的性能函数和后续的同步误差变换将有助于我们解决这个问题。

为了满足同步目标，我们定义了一个误差变换，它可以将原非线性系统转换成一个等价的无约束系统。

$$e_i(t)=s_i(z_i(t))\varphi_i(t),\quad i=1,2,\cdots,n \tag{7.9}$$

其中，$\varphi_i(t)$ 是性能函数；$z_i(t)$ 是变换后的同步误差。引入的函数 $s_i(\cdot)$ 是光滑的和严格递增的，并且满足以下条件：

$$\begin{cases}-1<s_i(z_i)<1\\ \lim\limits_{z_i\to-\infty}s_i(z_i)=-1\\ \lim\limits_{z_i\to\infty}s_i(z_i)=1\end{cases} \tag{7.10}$$

注 3　从函数 $s_i(\cdot)$ 的定义，我们知道它是一个可逆函数。其实有很多常见的函数满足 $s_i(\cdot)$ 的定义。如 $\tanh(z_i)$、$2\arctan(z_i)/\pi$ 等。

从上面的讨论我们知道，如果 $z_i(t)$ 能保持有界，那么 $-1<s_i(z_i(t))<1$，因此，$-\varphi_i(t)<e_i(t)<\varphi_i(t)$。$\varphi_i(t)$ 渐近地收敛到 0，为了实现性质 1 和性质 2，我们只需要设计适当的控制器使得 $z_i(t)$ 保持有界。根据注 3，我们知道 $z_i(t)$ 的逆变换被定义为

$$z_i(t)=s_i^{-1}\left(\frac{e_i(t)}{\varphi_i(t)}\right) \tag{7.11}$$

式（7.11）关于时间 t 的微分方程如下：

$$\dot{z}_i(t)=\frac{\partial s_i^{-1}}{\partial\left(\dfrac{e_i(t)}{\varphi_i(t)}\right)}\frac{1}{\varphi_i(t)}\left(\dot{e}_i(t)-\frac{\varphi_i'(t)}{\varphi_i(t)}e_i(t)\right) \tag{7.12}$$

令

$$\gamma_i(t)=\frac{\partial s_i^{-1}}{\partial\left(\dfrac{e_i(t)}{\varphi_i(t)}\right)}\frac{1}{\varphi_i(t)}$$

则式（7.12）被写成

$$\dot{z}_i(t)=\gamma_i(t)\left(\dot{e}_i(t)-\frac{\varphi_i'(t)}{\varphi_i(t)}e_i(t)\right) \tag{7.13}$$

由引理 7.1，得

$$\dot{e}(t) = {}_0^C D_t^{\alpha} {}_0^C D_t^{1-\alpha} e(t) \tag{7.14}$$

将式（7.6）、式（7.7）和式（7.14）代入式（7.13），得

$$\dot{z}_i(t) = \gamma_i(t)\Bigg({}_0^C D_t^{1-\alpha} \big(f_i(x(t)) - g_i(y(t)) - d_i(t) - u_i(t) \big) - \frac{\varphi_i'(t)}{\varphi_i(t)} e_i(t) \Bigg) \tag{7.15}$$

7.3.2　无扰动混沌同步

现考虑在没有未知外部干扰（即 $d(t) \equiv 0$ ）的情况下系统（7.6）和（7.7）的同步。我们可以设计以下分数同步控制器：

$$u_i(t) = f_i(x(t)) - g_i(y(t)) - {}_0^C D_t^{-(1-\alpha)} \left(\frac{\varphi_i'(t)}{\varphi_i(t)} e_i(t) \right) + k_i {}_0^C D_t^{-(1-\alpha)} z_i(t) \tag{7.16}$$

其中， k_i 是一个正设计参数。

根据上面的讨论，我们得出以下结论。

定理 7.1　考虑分数阶驱动系统（7.6）和响应系统（7.7），基于 $d(t) \equiv 0$ 的假设。如控制器定义为式（7.16），那么，能保证以下性质成立。

（1）闭环系统中的所有信号都是有界的。

（2）实现了两个分数阶混沌系统之间的预定性能同步。

证明　根据引理 7.2，得

$${}_0^C D_t^{1-\alpha}\ {}_0^C D_t^{-(1-\alpha)} \left(\frac{\varphi_i'(t)}{\varphi_i(t)} e_i(t) \right) = \frac{\varphi_i'(t)}{\varphi_i(t)} e_i(t) \tag{7.17}$$

$${}_0^C D_t^{1-\alpha}\ {}_0^C D_t^{-(1-\alpha)} z_i(t) = z_i(t) \tag{7.18}$$

将式（7.16）～式（7.18）代入式（7.15）得

$$\dot{z}_i(t) = -k_i \gamma_i(t) z_i(t) \tag{7.19}$$

将 Lyapunov 函数定义为 $V_i(t) = z_i^2(t)/2$ ，则它对时间的导数为

$$\dot{V}_i(t) = -k_i \gamma_i(t) z_i^2(t) \tag{7.20}$$

得出结论：对于所有 $t > 0$， $z_i(t)$ 是有界的。因为系统（7.6）代表一个混沌系统，

我们有有界的 $x_i(t)$ 和 $f_i(x(t))$。此外，我们有 $|e_i(t)| \leqslant \varphi_i(t)$，这意味着同步误差渐近收敛于原点，并且系统变量 $x_i(t)$ 和 $y_i(t)$ 有界。从上面的讨论中，我们知道性质（1）和（2）是可以保证的。定理 7.1 证明完毕。

7.3.3　外部扰动下的混沌同步

大多数实际系统都存在多种系统不确定性（如建模误差、对象参数变化和未知的外部扰动等），如果处理不当，这些不确定性会降低控制性能。本节考虑了在混沌同步中不能忽略外部扰动 $d(t)$ 的情况。

为了进一步讨论，需要以下假设。

假设 7.1　存在某个未知的正常数 c_i，使得

$$|{}_0^C D_t^{1-\alpha} d_i(t)| \leqslant c_i \tag{7.21}$$

注 4　假设 7.1 不是很严格，因为假设外部扰动的分数导数的上界是未知的。有一些常用的外部扰动函数满足假设 7.1，如 $\sin(\cdot)$、$\cos(\cdot)$ 等。事实上，我们表示为

$$F(t) = |{}_0^C D_t^{1-\alpha} \cos(t)|$$

令 $G(t) = {}_0^C D_t^{1-\alpha} \cos(t)$，得

$$G(\pi) = \frac{1}{\Gamma(\alpha)} \int_0^{\pi} (\pi - \tau)^{\alpha-1} \sin(\tau) \mathrm{d}\tau \geqslant 0$$

$$\begin{aligned}
G(2\pi) &= \frac{1}{\Gamma(\alpha)} \int_0^{2\pi} (2\pi - \tau)^{\alpha-1} \sin(\tau) \mathrm{d}\tau \\
&= \frac{1}{\Gamma(\alpha)} \int_0^{\pi} (2\pi - \tau)^{\alpha-1} \sin(\tau) \mathrm{d}\tau \\
&\quad + \frac{1}{\Gamma(\alpha)} \int_{\pi}^{2\pi} (2\pi - \tau)^{\alpha-1} \sin(\tau) \mathrm{d}\tau \\
&= \frac{1}{\Gamma(\alpha)} \int_0^{\pi} (2\pi - \tau)^{\alpha-1} \sin(\tau) \mathrm{d}\tau \\
&\quad - \frac{1}{\Gamma(\alpha)} \int_0^{\pi} (\pi - u)^{\alpha-1} \sin(u) \mathrm{d}u \\
&= \frac{1}{\Gamma(\alpha)} \int_0^{\pi} \left(\frac{1}{(\pi - \tau)^{1-\alpha}} - \frac{1}{(2\pi - \tau)^{1-\alpha}} \right) \sin(\tau) \mathrm{d}\tau
\end{aligned}$$

类似地，可以得到 $G(3\pi) \geqslant 0$，$G(4\pi) \leqslant 0$。利用数学归纳法，很容易得出 $G((2n-1)\pi) \geqslant 0$ 和 $G(2n\pi) \leqslant 0$，$n \in \mathbb{N}$。因此，得出结论：

$$
\begin{aligned}
F(2n\pi) &= \left|\frac{1}{\Gamma(\alpha)}\int_0^{2n\pi}(2n\pi-\tau)^{\alpha-1}\sin(\tau)\mathrm{d}\tau\right| \\
&= -\frac{1}{\Gamma(\alpha)}\int_0^{2n\pi}(2n\pi-\tau)^{\alpha-1}\sin(\tau)\mathrm{d}\tau \\
&= -\frac{1}{\Gamma(\alpha)}\int_{(2n-1)\pi}^{2n\pi}(2n\pi-\tau)^{\alpha-1}\sin(\tau)\mathrm{d}\tau \\
&\quad -\frac{1}{\Gamma(\alpha)}\int_0^{(2n-1)\pi}(2n\pi-\tau)^{\alpha-1}\sin(\tau)\mathrm{d}\tau
\end{aligned}
$$

其中

$$
\frac{1}{\Gamma(\alpha)}\int_0^{2(n-1)\pi}(2n\pi-\tau)^{\alpha-1}\sin(\tau)\mathrm{d}\tau \geqslant 0
$$

通过使用上述方法，得

$$
\begin{aligned}
F(2n\pi) &\leqslant -\frac{1}{\Gamma(\alpha)}\int_{(2n-1)\pi}^{2n\pi}(2n\pi-\tau)^{\alpha-1}\sin(\tau)\mathrm{d}\tau \\
&\leqslant \frac{1}{\Gamma(\alpha)}\int_{(2n-1)\pi}^{2n\pi}(2n\pi-\tau)^{\alpha-1}\mathrm{d}\tau \\
&= \frac{\pi^{\alpha}}{\Gamma(\alpha+1)}
\end{aligned}
$$

对于所有的$t>0$，存在$n\in N$，使得$2n\pi\leqslant t<2(n+1)\pi$，则

$$
\begin{aligned}
F(t) &= \left|\frac{1}{\Gamma(\alpha)}\int_0^{t}(t-\tau)^{\alpha-1}\mathrm{d}\tau\right| \\
&\leqslant \left|\frac{1}{\Gamma(\alpha)}\int_0^{2n\pi}(t-\tau)^{\alpha-1}\sin(t)\mathrm{d}\tau\right| \\
&\quad + \left|\frac{1}{\Gamma(\alpha)}\int_{2n\pi}^{2(n+1)\pi}(t-\tau)^{\alpha-1}\sin(t)\mathrm{d}\tau\right| \\
&\leqslant \left|\frac{1}{\Gamma(\alpha)}\int_0^{2n\pi}(2n\pi-\tau)^{\alpha-1}\sin(t)\mathrm{d}\tau\right| \\
&\quad + \frac{2}{\Gamma(\alpha)}\int_{2n\pi}^{2(n+1)\pi}(2(n+1)\pi-\tau)^{\alpha-1}\mathrm{d}\tau \\
&= F(2n\pi) + \frac{2}{\Gamma(\alpha)}\int_{2n\pi}^{2(n+1)\pi}(2(n+1)\pi-\tau)^{\alpha-1}\mathrm{d}\tau \\
&\leqslant \frac{3\pi^{\alpha}}{\Gamma(\alpha+1)}
\end{aligned}
$$

这意味着$|{}_0^C D_t^{1-\alpha}\cos(t)|$是有限的。

注 5　需要指出的是，假设 7.1 是本章首次提出的，它可能有助于处理分数阶系统中的某些周期性外部扰动。

我们构造以下同步控制器：

$$\begin{aligned} u_i(t) = & f_i(x(t)) - g_i(y(t)) - {}_0^C D_t^{-(1-\alpha)}\left(\frac{\varphi_i'(t)}{\varphi_i(t)} e_i(t)\right) \\ & + b_i {}_0^C D_t^{-(1-\alpha)} z_i(t) \\ & + {}_0^C D_t^{-(1-\alpha)}\left(\hat{c}_i(t)\operatorname{sign}(z_i(t))\right) \end{aligned} \tag{7.22}$$

其中，b_i 是正设计参数；$\hat{c}_i(t)$ 表示未知常数 c_i 的估计值。我们将 c_i 的估计误差表示为

$$\tilde{c}_i(t) = \hat{c}_i(t) - c_i \tag{7.23}$$

综上讨论，得出下面的结论。

定理 7.2　考虑两个分数阶混沌系统之间的预设性能同步（7.6）和（7.7）。如果满足假设 7.1，则所提出的自适应分数阶控制器（7.22）具有如下自适应准则：

$$\dot{\hat{c}}_i(t) = \sigma_i \gamma_i(t) | z_i(t) | - a_i \sigma_i \gamma_i(t) \hat{c}_i(t) \tag{7.24}$$

其中，a_i 和 σ_i 是正设计参数，可以保证闭环系统中的所有信号将保持有界，并且可以获得系统（7.6）和（7.7）之间的预设性能同步。

证明　将控制器（7.22）代入式（7.15），得

$$\dot{z}_i(t) = \gamma_i(t)\left(-b_i z_i(t) - {}_0^C D_t^{1-\alpha} d_i(t) - \hat{c}_i(t)\operatorname{sign}(z_i(t))\right) \tag{7.25}$$

利用假设 7.1，将式（7.25）两边同乘 $z_i(t)$，得

$$\begin{aligned} z_i(t)\dot{z}_i(t) = & \gamma_i(t)(-b_i z_i^2(t) - z_i(t)\, {}_0^C D_t^{1-\alpha} d_i(t) \\ & - z_i(t)\hat{c}_i(t)\operatorname{sign}(z_i(t))) \\ \leqslant & \gamma_i(t)(-b_i z_i^2(t) + c_i | z_i(t) | - | z_i(t) | \hat{c}_i(t)) \\ = & \gamma_i(t)(-b_i z_i^2(t) - \tilde{c}_i(t) | z_i(t) |) \end{aligned} \tag{7.26}$$

将 Lyapunov 函数定义为

$$V_{1i}(t) = \frac{1}{2} z_i^2(t) + \frac{1}{2\sigma_i} \tilde{c}_i^2(t) \tag{7.27}$$

那么，$V_{1i}(t)$ 对时间的导数为

$$\dot{V}_{1i}(t) = z_i(t)\dot{z}_i(t) + \frac{1}{\sigma_i} \tilde{c}_i(t) \dot{\hat{c}}_i(t) \tag{7.28}$$

使用式（7.24）和式（7.26）得

$$
\begin{aligned}
\dot{V}_{1i}(t) &\leqslant \gamma_i(t)(-b_i z_i^2(t) - a_i \hat{c}_i(t)\tilde{c}_i(t)) \\
&= \gamma_i(t)(-b_i z_i^2(t) - a_i \tilde{c}_i^2(t) - a_i c_i \tilde{c}_i(t)) \\
&\leqslant \gamma_i(t)\left(-b_i z_i^2(t) - \frac{a_i}{2}\tilde{c}_i^2(t) + \frac{a_i c_i^2}{2}\right) \\
&\leqslant \gamma_i(t)(-\rho_i V_{1i}(t) + G_i)
\end{aligned} \tag{7.29}
$$

其中，$G_i = a_i c_i^2 / 2$ 和 $\rho_i = \min\{2b_i, a_i\}$ 是两个常数。于是存在某个正常数 t_{0i}，使得

$$
V_i(t) \leqslant \frac{2G_i}{\rho_i} \tag{7.30}
$$

其中，$t > t_{0i}$。因此，$z_i(t)$ 和 $\tilde{c}_i(t)$ 会保持有界。

类似于定理 7.1 证明中相同的讨论，我们知道系统（7.6）和（7.7）之间能达到预设的性能同步，定理 7.2 的证明完毕。

注 6　式（7.24）中的两个项分别有不同的应用，$\sigma_i\gamma_i(t)|z_i(t)|$ 用于消除通过微分二次 Lyapunov 函数产生的项，另一项是为了参数有界而引入的。

7.4　仿 真 结 果

本节对我们提出的方案进行数值仿真验证，仿真结果表明了所提出的混合控制方案的有效性。驱动系统和响应系统描述如下。

驱动系统假设为广义分数阶 Lotka-Volterra 系统，表示为

$$
\begin{cases}
{}_0^C D_t^\alpha x_1(t) = g_1(x(t)) \\
{}_0^C D_t^\alpha x_2(t) = g_2(x(t)) \\
{}_0^C D_t^\alpha x_3(t) = g_3(x(t))
\end{cases} \tag{7.31}
$$

其中，$g_1(x(t)) = x_1(t) - x_1(t)x_2(t) + 2x_1^2(t) - 2.7x_3(t)x_1^2(t)$；$g_2(x(t)) = -x_2(t) + x_1(t)x_2(t)$；$g_3(x(t)) = -3x_3(t) + 2.7x_3(t)x_1^2(t)$。设初始条件为 $x(0) = [1, 1.4, 1]^{\mathrm{T}}$，分数阶为 $\alpha = 0.96$。系统（7.31）的混沌行为如图 7.2 所示。

响应系统被选择为复杂的分数阶三维（3D）饱和多涡卷混沌系统。这个系统被描述为

$$
\begin{cases}
{}_0^C D_t^\alpha y_1(t) = f_1(y(t)) + d_1(t) + u_1(t) \\
{}_0^C D_t^\alpha y_2(t) = f_2(y(t)) + d_2(t) + u_2(t) \\
{}_0^C D_t^\alpha y_3(t) = f_3(y(t)) + d_3(t) + u_3(t)
\end{cases} \tag{7.32}
$$

其中

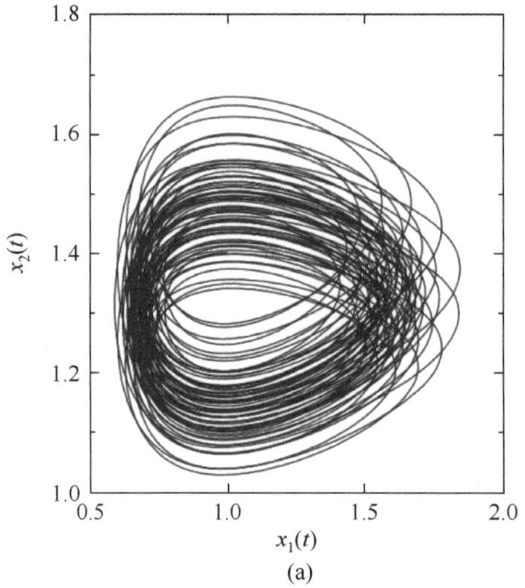

图 7.2 $x_1(t)$-$x_2(t)$ 平面和 $x_1(t)$-$x_3(t)$ 平面中 $\alpha=0.96$ 的广义分数阶 Lotka-Volterra 系统的混沌行为

$$f_1(y(t))=y_2(t)-\frac{v_2}{r_2}s(y_2(t);m_2,h_2,p_2,q_2)$$

$$f_2(y(t))=y_3(t)-\frac{v_3}{r_2}s(y_3(t);m_3,h_3,p_3,q_3)$$

$$f_3(y(t))=-r_1y_1(t)-r_2y_2(t)-r_3y_3(t)+\sum_{i=1}^{3}d_is(y_i(t);m_i,h_i,p_i,q_i)$$

饱和函数级数 $s(y;m,h,p,q)$ 定义为

$$s(y;m,h,p,q)=\begin{cases}2q+1, & y>qh+1\\ m(y-ih)+2im, & |y-ih|\leqslant 1;-p\leqslant i\leqslant q\\ (2i+1)m, & ih+1<y<(i+1)h-1;-p\leqslant i<q\\ -(2p+1)m, & y<-ph-1\end{cases} \tag{7.33}$$

设 $y(0)=[1.8,0.5,0.3]^{\mathrm{T}},r_1=v_1=0.7,r_2=r_3=v_2=v_3=0.8,m_1=100,h_1=200,m_2=m_3=40,h_2=h_3=80,p_i=q_i=2$，分数阶 $\alpha=0.96$，具有一个三维网格的涡旋混沌吸引子如图 7.3 所示。

在整个仿真过程中，初始条件为 $x(0)=[1,1.4,1]^{\mathrm{T}}$，$y(0)=[1.8,0.5,0.3]^{\mathrm{T}}$，i.e., $e(0)=[-0.8,0.9,0.7]^{\mathrm{T}}$。性能函数选择了 $\varphi_1(t)=\varphi_2(t)=\varphi_3(t)=\mathrm{e}^{-0.3t}$。两个分数阶混沌系统的参数选择同上。三个函数 $s_1(z_1)$、$s_2(z_2)$、$s_3(z_3)$ 应该是

$$s_i(z_i)=\frac{2}{\pi}\arctan(z_i),\quad i=1,2,3 \tag{7.34}$$

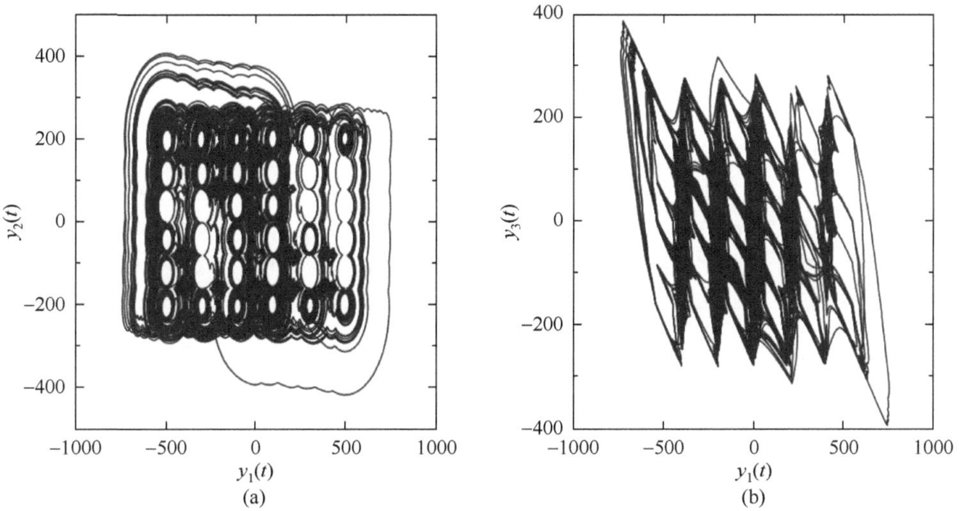

图 7.3　$\alpha=0.96$ 的三维饱和多涡旋分数阶混沌系统在 $y_1(t)$ - $y_2(t)$ 平面和 $y_1(t)$ - $y_3(t)$ 平面中的混沌行为

显而易见，$s_1(z_1)$、$s_2(z_2)$ 和 $s_3(z_3)$ 都是光滑的、严格递增的函数，并且满足条件（7.10）。

7.4.1　无外扰同步

设 $d_i(t)=0, i=1,2,3$ 。控制器设计参数选择为 $k_1=k_2=k_3=1$ 。仿真结果如图 7.4 和图 7.5 所示。图 7.4 给出了同步误差 $e_1(t)$、$e_2(t)$ 和 $e_3(t)$ 的演变以及它们相应的性能界限。图 7.5 给出了所需的控制输入 $u_i(t)(i=1,2,3)$ 和变换的同步误差

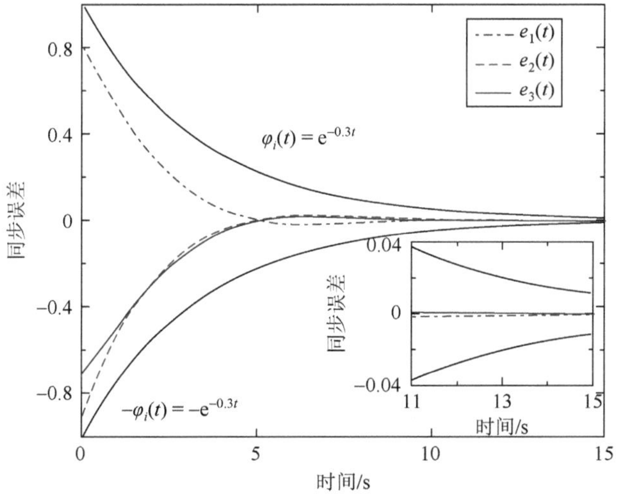

图 7.4　同步误差的时间响应

$z_i(t)(i=1,2,3)$ 。显然，通过使用合理的控制输入，具有预设性能的同步如理论分析所预测的那样被实现。

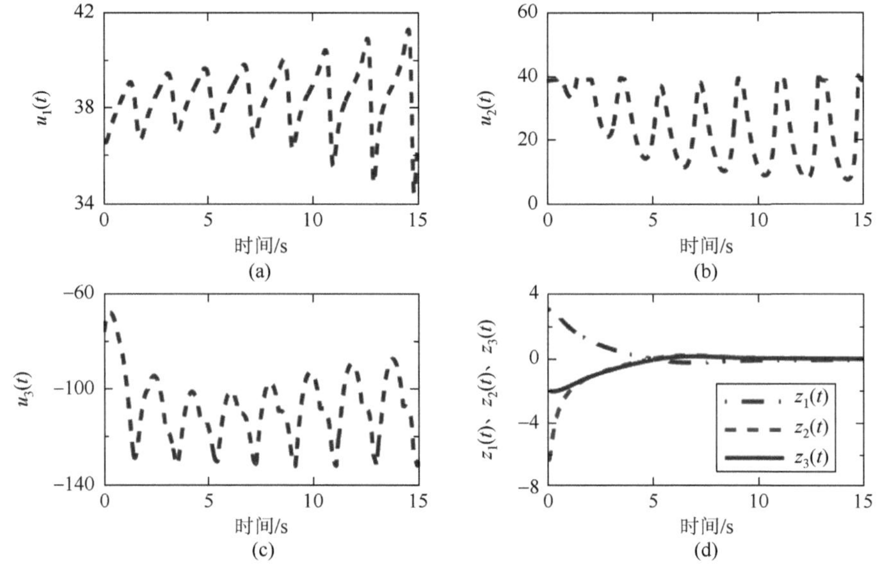

图 7.5　控制输入和 $z_i(t)(i=1,2,3)$

7.4.2　有外部干扰同步

假设外部干扰为 $d_1(t)=0.4\sin(t)$ ， $d_2(t)=0.4\cos(t)$ ， $d_3(t)=-0.4\sin(t)$ 。设计参数选择为 $\sigma_i=5,a_i=0.2,b_i=1,i=1,2,3$。图 7.6～图 7.8 给出了仿真结果，从图中

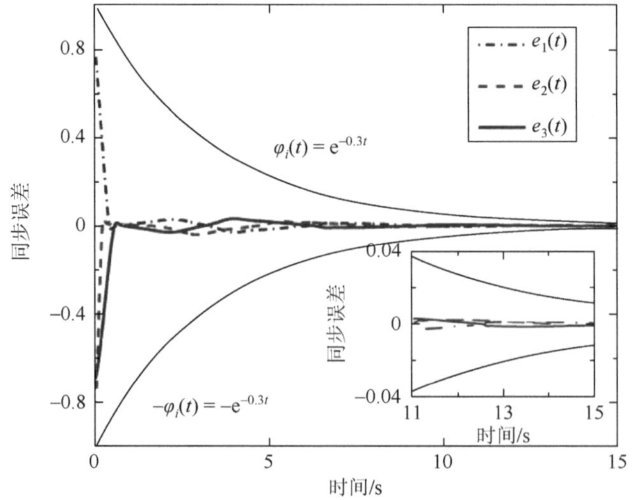

图 7.6　外部扰动的模拟结果

可以看出，预设的性能同步之间尽管存在未知的外部干扰，系统（7.31）和（7.32）仍能实现。应该指出的是，由于控制输入（7.22）中的非连续项sign(·)的分数阶积分是连续的，因此本章中不会出现抖振现象。

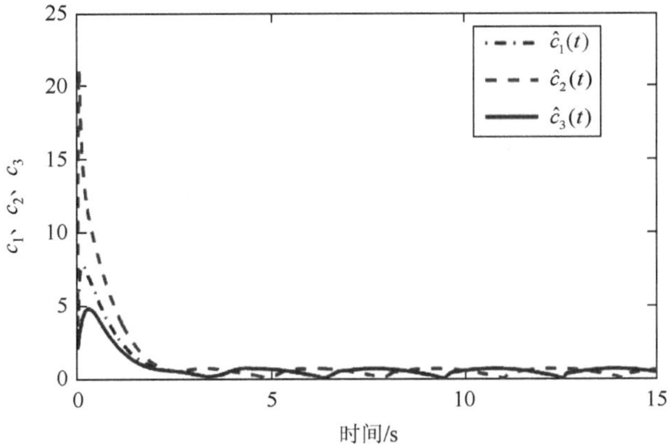

图 7.7　c_i 估计的时间响应

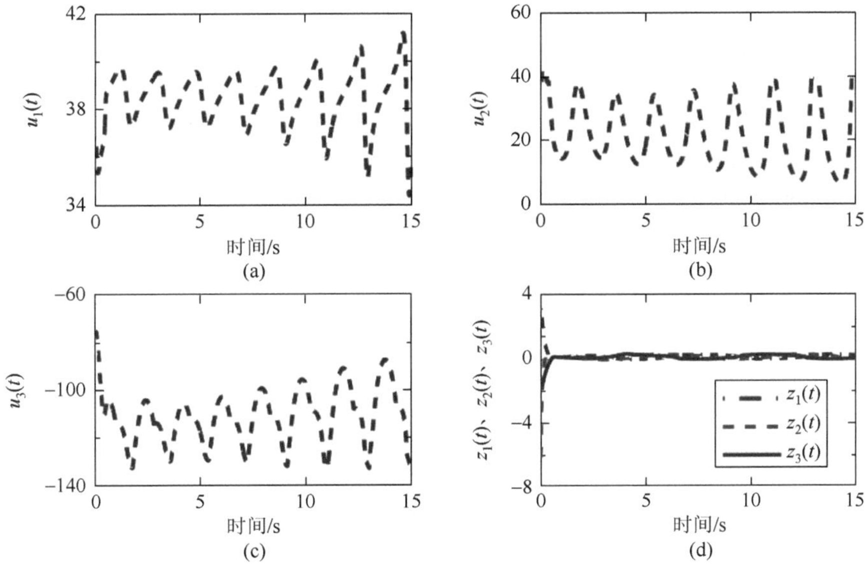

图 7.8　控制输入和 $z_i(t)(i=1,2,3)$

7.5　本 章 小 结

本章构造了一个框架来实现两个不同分数阶混沌系统之间的预设性能同步。针对无外部扰动和有外部扰动的系统，分别设计了分数阶控制器和自适应分数阶控制器。对分数阶系统中的外部扰动提出了一个合理的假设。下一步，我们将研究放宽对外部干扰条件的要求，为具有系统不确定性的分数阶系统设计预设性能的控制器，同时保持控制器设计的简单性。

参考文献

[1] Podlubny I. Fractional Differential Equations[M]. San Diego：Academic Press，1999.

[2] Asheghan M M，Delshad S S，Beheshti M T H，et al. Non-fragile control and synchronization of a new fractional order chaotic system[J]. Applied Mathematics and Computation，2013，222：712-721.

[3] Muthukumar P，Balasubramaniam P，Ratnavelu K. Synchronization of a novel fractional order stretch-twist-fold (STF) flow chaotic system and its application to a new authenticated encryption scheme (AES)[J]. Nonlinear Dynamics，2014，77：1547-1559.

[4] Razminia A，Baleanu D. Complete synchronization of commensurate fractional order chaotic systems using sliding mode control[J]. Mechatronics，2013，23：873-879.

[5] Xu Y，Wang H，Li Y，et al. Image encryption based on synchronization of fractional chaotic systems[J]. Communications in Nonlinear Science and Numerical Simulation，2014，19：3735-3744.

[6] Bechlioulis C P，Rovithakis G A. Robust adaptive control of feedback linearizable MIMO nonlinear systems with prescribed performance[J]. IEEE Transactions on Automatic Control，2008，53：2090-2099.

[7] Bechlioulis C P，Rovithakis G A. Prescribed performance adaptive control for multi-input multi-output affine in the control nonlinear systems[J]. IEEE Transactions on Automatic Control，2010，55：1220-1226.

[8] Bechlioulis C P，Doulgeri Z，Rovithakis G A. Guaranteeing prescribed performance and contact maintenance via an approximation free robot force/position controller[J]. Automatica，2012，48：360-365.

[9] Bechlioulis C P，Rovithakis G A. A low-complexity global approximation-free control scheme with prescribed performance for unknown pure feedback systems[J]. Automatica，2014，50：1217-1226.

[10] Wang M，Wang C，Liu X. Dynamic learning from adaptive neural control with predefined performance for a class of nonlinear systems[J]. Information Sciences，2014，279：874-888.

[11] Lazarevic M P，Debeljkovic D L. Finite time stability analysis of linear autonomous fractional order systems with delayed state[J]. Asian Journal of Control，2005，7：440-447.

第 8 章　具有时滞的分数阶忆阻模糊细胞神经网络的固定时间同步

8.1　概　　述

分数阶微积分是整数阶导数和任意阶积分的一种扩展，其历史可追溯到 300 年前。分数阶微积分有很多种定义，如 Caputo、Riemann-Liouville、Grunwald-Letnikov 等。分数阶微分方程一直被认为是生物、化学、物理、医学、经济学等科学领域的实际问题建模的有力工具。与经典的整数阶系统相比，分数阶系统可以更好地描述现实，原因是分数阶微分考虑了当前状态及其之前状态的所有历史。也就是说，分数阶系统具有记忆性和遗传性。因此，很多学者将分数阶算子应用到神经网络中，构建了分数阶模型。另外，由于细胞神经网络在二次优化、图像处理、模式识别、联想记忆等许多领域的广泛应用，许多学者对细胞神经网络进行了广泛的研究。1996 年，Yang 等在传统细胞神经网络的基础上，首次提出了模糊细胞神经网络。与传统的细胞神经网络相比，模糊细胞神经网络在其结构上增加了模糊逻辑（模糊与和模糊或），并保持了细胞之间的局部连接。研究结果表明，模糊细胞神经网络在模式识别和图像处理方面有较好的应用。

在神经网络聚类行为中，同步是最重要的一种，其表现形式多种多样，如渐近同步、指数同步、鲁棒同步、有限时间同步等。在已有的与模糊细胞神经网络同步相关的文献中，文献[1]研究了基于滑模控制的时变时滞非同混沌模糊细胞神经网络的渐近同步。文献[2]基于 Lyapunov 泛函理论和不等式技术，讨论了利用周期性间歇控制方法实现时滞模糊细胞神经网络的指数滞后同步。文献[3]讨论了具有时变时滞的神经网络的指数滞后同步。基于线性矩阵和 Lyapunov-Krasovskii 稳定性理论，文献[4]研究了具有不同时滞的双向联想记忆模糊神经网络的同步问题。文献[5]讨论了时变时滞模糊细胞神经网络的有限时间同步问题。文献[6]研究了分数阶记忆模糊细胞神经网络的有限时间稳定性和同步性。文献[7]研究了具有不连续激活函数的时滞模糊细胞神经网络的有限时间同步问题。文献[8]研究了一类具有比例延迟和时变系数的模糊细胞神经网络的有限时间同步问题。文献[9]考虑了一类具有比例时滞的分数阶模糊神经网络的有限时间稳定性，基于微分不等式和有限时间定性理论推导了模糊神经网络有限时间稳定性的充分条件。文献[10]

考虑了具有马尔可夫切换拓扑、不连续激活函数、比例泄漏和时变无界延迟的耦合模糊细胞神经网络的有限时间聚类同步。

综上分析不难发现，目前模糊细胞神经网络的同步要么是渐近同步的，要么是有限时间同步的，这使得其在实际应用中存在很大的缺陷。一方面，被控对象的寿命是有限的，渐近同步明显不合理。另一方面，虽然在有限的时间内实现了有限时间同步，但同步时间取决于系统的初始状态。也就是说，必须先给出系统的初始条件。然而，实际系统的初始条件往往难以估计，甚至无法得到。

最近，文献[11]在 Filippov 解理论的框架下，讨论了具有非线性和不连续激活函数的耦合神经网络的定时稳定性和定时同步。文献[12]在 Lyapunov 稳定性理论的基础上，利用非线性反馈控制研究了具有时变时滞的记忆模糊双向联想记忆细胞神经网络的定时同步问题，得到了一些新的准则，使驱动-响应记忆模糊双向联想记忆细胞神经网络实现定时同步。文献[13]讨论了延迟记忆模糊细胞神经网络的定时同步问题。文献[14]主要研究了具有不连续激活函数的模糊 Cohen-Grossberg 神经网络的有限时间和定时鲁棒同步，推导出了使驱动-响应系统在定时内实现同步的一些代数准则。在 Filippov 解理论的框架下，文献[15]研究了具有不连续激活函数和时变时滞的模糊细胞神经网络的定时同步问题，建立了一些有用的定时同步新准则。

据我们所知，具有时变时滞的 FMFCNN 的固定时间同步控制尚未被完全研究，基于此，本章旨在为具有时变时滞的 FMFCNN 建立一些新的定时同步准则。主要贡献总结如下。

（1）首次研究时变 FMFCNN 的固定时间同步问题。在实际应用中，固定时间同步比有限时间同步和渐近同步更具有通用性和实用性。

（2）通过构造一个非线性反馈控制器，选择一个简单的 Lyapunov 函数，得到了一些易于验证的充分条件，以保证 FMFCNN 的定时稳定性和驱动响应 FMFCNN 系统的定时同步。

（3）得到的理论结果更加一般化，可以有效地改进或补充以前的结果。此外，现有的没有模糊逻辑、没有时变延迟或者没有忆阻器的 FMFCNN 模型都可以被视为我们模型的特例。

（4）本章中的固定时间很容易估算。此外，与经典结果相比，本章给出的稳定时间估计界更准确有效。数值仿真验证了所提方法的有效性。

8.2 问题模型和相关知识

分数阶积分-微分可视为整数积分-微分的延伸。分数阶微积分最常见的定义是 Caputo、Riemann-Liouville 和 Grünwald-Letnikov。在实际的工程应用中，我们一般使用 Caputo 导数而不是 Riemann-Liouville 导数。原因是 Caputo 导数的拉普拉斯变换只需要整数阶导数，而 Riemann-Liouville 的拉普拉斯变换涉及的分数阶导数在物理上很难解释。本章考虑的是 Caputo 的导数。设分数阶微积分的下限为 0。那么具有分数阶 α 的分数阶积分可以定义为

$$ {}_0I_t^{-\alpha} f(t) = \frac{1}{\Gamma(\alpha)} \int_0^t \frac{f(\tau)}{(t-\tau)^{1-\alpha}} \mathrm{d}\tau $$

其中，$\Gamma(\cdot)$ 为欧拉 Gamma 函数。对应的 Caputo 分数阶导数可以表示为

$$ {}_0D_t^{\alpha} f(t) = \frac{1}{\Gamma(n-\alpha)} \int_0^t \frac{f^{(n)}(\tau)}{(t-\tau)^{\alpha+1-n}} \mathrm{d}\tau $$

其中，α 为分数阶；n 为整数满足 $n-1 \leqslant \alpha < n$。

8.2.1　FMFCNN 模型

本章中讨论的分数阶忆阻的具有时变延迟的模糊细胞神经网络如下：

$$ \begin{cases} {}_0D_t^{\alpha} x_i(t) = -c_i x_i(t) + \sum\limits_{j=1}^{n} \tilde{a}_{ij}(x_j(t)) f_j(x_j(t)) \\ \qquad + \sum\limits_{j=1}^{n} \tilde{b}_{ij}(x_j(t-\tau_j(t))) g_j(x_j(t-\tau_j(t))) \\ \qquad + \sum\limits_{j=1}^{n} d_{ij} v_j + \bigwedge\limits_{j=1}^{n} T_{ij} v_j + \bigwedge\limits_{j=1}^{n} \alpha_{ij} g_j(x_j(t-\tau_j(t))) \\ \qquad + \bigvee\limits_{j=1}^{n} S_{ij} v_j + \bigvee\limits_{j=1}^{n} \beta_{ij} g_j(x_j(t-\tau_j(t))) + I_i \\ x_i(t) = \phi_i(t), \quad t \in [-\tau, 0], \quad i = 1, 2, \cdots, n \end{cases} \tag{8.1} $$

其中，$x_i(t)$ 为第 i 个神经元在 t 时刻的状态；$0 < \alpha \leqslant 1$ 为分数阶次；c_i 表示第 i 个神经元的被动衰减率；I_i 和 v_j 分别表示神经元的偏置值和输入；T_{ij} 和 S_{ij} 分别为模糊前馈最小和最大模板元素；α_{ij} 和 β_{ij} 分别为模糊反馈的最小和最大模板的元素；$\bigvee$ 、$\bigwedge$ 分别表示模糊 AND 运算和模糊 OR 运算；$\phi_i(t) \in C([-\tau, 0], R)$ 是初值，其中 $\tau = \max_j(\tau_j(t)), C([-\tau, 0], R)$ 表示从区间 $[-\tau, 0]$ 到 R 的连续函数集；$\tilde{a}_{ij}(x_j(t))$ 和 $\tilde{b}_{ij}(x_j(t-\tau_j(t)))$ 分别表示基于非延迟忆阻和延迟忆阻的突触连接权重，具体描述如下。

$$ \tilde{a}_{ij}(x_j(t)) = \begin{cases} \tilde{a}_{ij}^1, & |x_j(t)| \leqslant T_j \\ \tilde{a}_{ij}^2, & |x_j(t)| > T_j \end{cases} $$

$$ \tilde{b}_{ij}(x_j(t-\tau_j(t))) = \begin{cases} \tilde{b}_{ij}^1, & |x_j(t-\tau_j(t))| \leqslant T_j \\ \tilde{b}_{ij}^2, & |x_j(t-\tau_j(t))| > T_j \end{cases} $$

其中，T_j 是切换跳转；$\tilde{a}_{ij}^1$、$\tilde{a}_{ij}^2$、$\tilde{b}_{ij}^1$、$\tilde{b}_{ij}^2$，$i, j = 1, 2, \cdots, n$ 都是常数。

注 1 FMFCNN 的权重中包含一个忆阻器，忆阻器的电阻可以根据系统状态改变。因此，FMFCNN 可以看作一种特殊的开关神经网络。

根据 $\tilde{a}_{ij}(x_j(t))$ 和 $\tilde{b}_{ij}(x_j(t-\tau_j(t)))$ 的定义，模型（8.1）是一个右侧不连续的切换微分方程。对于这类方程，Filippov 给出了有效的处理方法。为了简化这类方程的处理，我们定义了以下集值映射：

$$K(\tilde{a}_{ij}(x_j(t)))=\begin{cases}\tilde{a}_{ij}^1, & |x_j(t)|<T_j\\ \overline{c_0}\{\underline{a}_{ij},\overline{a}_{ij}\}, & |x_j(t)|=T_j\\ \tilde{a}_{ij}^2, & |x_j(t)|>T_j\end{cases}$$

$$K(\tilde{b}_{ij}(x_j(t-\tau_j(t))))=\begin{cases}\tilde{b}_{ij}^1, & |x_j(t-\tau_j(t))|<T_j\\ \overline{c_0}\{\underline{b}_{ij},\overline{b}_{ij}\}, & |x_j(t-\tau_j(t))|=T_j\\ \tilde{b}_{ij}^2, & |x_j(t-\tau_j(t))|>T_j\end{cases}$$

其中，$\underline{a}_{ij}=\min(\tilde{a}_{ij}^1,\tilde{a}_{ij}^2)$；$\overline{a}_{ij}=\max(\tilde{a}_{ij}^1,\tilde{a}_{ij}^2)$；$\underline{b}_{ij}=\min(\tilde{b}_{ij}^1,\tilde{b}_{ij}^2)$；$\overline{b}_{ij}=\max(\tilde{b}_{ij}^1,\tilde{b}_{ij}^2)$；$\overline{c_0}$ 表示集合的凸闭包；$K(\tilde{a}_{ij}(x_j(t)))$、$K(\tilde{b}_{ij}(x_j(t-\tau_j(t)))$ 关于 $x_j(t)$、$x_j(t-\tau_j(t))$ 都是闭的、凸的和紧的。

基于微分包含理论，模型（8.1）可以重写成

$$\begin{aligned}{}_0D_t^{\alpha}x_i(t)\in&-c_ix_i(t)+\sum_{j=1}^{n}\tilde{a}_{ij}(x_j(t))f_j(x_j(t))\\&+\sum_{j=1}^{n}\tilde{b}_{ij}(x_j(t-\tau_j(t)))g_j(x_j(t-\tau_j(t)))\\&+\sum_{j=1}^{n}d_{ij}v_j+\bigwedge_{j=1}^{n}T_{ij}v_j+\bigwedge_{j=1}^{n}\alpha_{ij}g_j(x_j(t-\tau_j(t)))\\&+\bigvee_{j=1}^{n}S_{ij}v_j+\bigvee_{j=1}^{n}\beta_{ij}g_j(x_j(t-\tau_j(t)))+I_i\end{aligned}\tag{8.2}$$

根据可测选择定理，对于 $\forall t\geqslant 0$，存在可测函数 $\hat{a}_{ij}\in K(\hat{a}_{ij}(x_j(t))),\hat{b}_{ij}\in K(\tilde{b}_{ij}(x_j(t-\tau_j(t)))$ 使得

$$\begin{aligned}{}_0D_t^{\alpha}x_i(t)=&-c_ix_i(t)+\sum_{j=1}^{n}\hat{a}_{ij}(t)f_j(x_j(t))\\&+\sum_{j=1}^{n}\hat{b}_{ij}(t)g_j(x_j(t-\tau_j(t)))\\&+\sum_{j=1}^{n}d_{ij}v_j+\bigwedge_{j=1}^{n}T_{ij}v_j+\bigwedge_{j=1}^{n}\alpha_{ij}g_j(x_j(t-\tau_j(t)))\\&+\bigvee_{j=1}^{n}s_{ij}v_j+\bigvee_{j=1}^{n}\beta_{ij}g_j(x_j(t-\tau_j(t)))+I_i\end{aligned}\tag{8.3}$$

假设 FMFCNN(1)是驱动系统。对应的响应系统选择如下：

$$
\begin{cases}
{}_0D_t^{\alpha} y_i(t) = -c_i y_i(t) + \sum_{j=1}^{n} \tilde{a}_{ij}(y_j(t)) f_j(x_j(t)) \\
\quad + \sum_{j=1}^{n} \tilde{b}_{ij}(y_j(t-\tau_j(t))) g_j(y_j(t-\tau_j(t))) \\
\quad + \sum_{j=1}^{n} d_{ij} v_j + \bigwedge_{j=1}^{n} T_{ij} v_j + \bigwedge_{j=1}^{n} \alpha_{ij} g_j(x_j(t-\tau_j(t))) \\
\quad + \bigvee_{j=1}^{n} S_{ij} v_j + \bigvee_{j=1}^{n} \beta_{ij} g_j(y_j(t-\tau_j(t))) + I_i + u_i(t) \\
y_i(t) = \psi_i(t), \quad t \in [-\tau, 0], \quad i = 1, 2, \cdots, n
\end{cases}
\tag{8.4}
$$

其中，$u_i(t)$ 是要设计的固定时间同步控制器；$\tilde{a}_{ij}$ 和 $\tilde{b}_{ij}$ 表示如下：

$$
\tilde{a}_{ij}(y_j(t)) = \begin{cases} \tilde{a}_{ij}^1, & |y_j(t)| \leqslant T_j \\ \tilde{a}_{ij}^2, & |y_j(t)| > T_j \end{cases}
$$

$$
\tilde{b}_{ij}(y_j(t-\tau_j(t))) = \begin{cases} \tilde{b}_{ij}^1, & |y_j(t-\tau_j(t))| \leqslant T_j \\ \tilde{b}_{ij}^2, & |y_j(t-\tau_j(t))| > T_j \end{cases}
$$

类似地

$$
K(\tilde{a}_{ij}(y_j(t))) = \begin{cases} \tilde{a}_{ij}^1, & |y_j(t)| < T_j \\ \overline{C}_0\{\underline{a}_{ij}, \overline{a}_{ij}\}, & |y_j(t)| = T_j \\ \tilde{a}_{ij}^2, & |y_j(t)| > T_j \end{cases}
$$

$$
K(\tilde{b}_{ij}(y_j(t-\tau_j(t)))) = \begin{cases} \tilde{b}_{ij}^1, & |y_j(t-\tau_j(t))| < T_j \\ \overline{c}_0\{\underline{b}_{ij}, \overline{b}_{ij}\}, & |y_j(t-\tau_j(t))| = T_j \\ \tilde{b}_{ij}^2, & |y_j(t-\tau_j(t))| > T_j \end{cases}
$$

其中，$K(\tilde{a}_{ij}(y_j(t)))$、$K(\tilde{b}_{ij}(y_j(t-\tau_j(t))))$ 分别关于 $y_j(t)$ 和 $y_j(t-\tau_j(t))$ 是闭的、凸的和紧的。

类似地，a.e. $t \geqslant 0$，存在可测函数 $\breve{a}_{ij} \in K(\tilde{a}_{ij}(y_j(t))), \breve{b}_{ij} \in K(\tilde{b}_{ij}(y_j(t-\tau_j(t))))$，例如：

$$
\begin{aligned}
{}_0D_t^{\alpha} y_i(t) = & -c_i y_i(t) + \sum_{j=1}^{n} \breve{a}_{ij}(t) f_j(y_j(t)) \\
& + \sum_{j=1}^{n} \breve{b}_{ij}(t) g_j(y_j(t-\tau_j(t))) \\
& + \sum_{j=1}^{n} d_{ij} v_j + \bigwedge_{j=1}^{n} T_{ij} v_j + \bigwedge_{j=1}^{n} \alpha_{ij} g_j(y_j(t-\tau_j(t))) \\
& + \bigvee_{j=1}^{n} s_{ij} v_j + \bigvee_{j=1}^{n} \beta_{ij} g_j(y_j(t-\tau_j(t))) + I_i + u_i(t)
\end{aligned} \tag{8.5}
$$

对于驱动-响应系统（8.1）和（8.4），我们有以下假设。

假设 8.1　激活函数 $f_i(x)$ 和 $g_i(x)$ 在 R 上是 Lipschitz 连续的，即存在正常数 l_i、m_i，使得下面的不等式成立：

$$
\begin{aligned}
& |f_i(y) - f_i(x)| \leqslant l_i |y - x| \\
& |g_i(y) - g_i(x)| \leqslant m_i |y - x|, \quad i = 1, 2, \cdots, n
\end{aligned}
$$

假设 8.2　$T_i, i = 1, 2, \cdots, n$，激活 $f_i(x)$ 和 $g_i(x)$ 满足下列条件：

$$
f_i(\pm T_i) = g_i(\pm T_i) = 0, \quad i = 1, 2, \cdots, n
$$

注 2　一般来说，为了研究忆阻神经网络的稳定性或同步控制，我们必须首先对忆阻神经网络的激活函数提出相关假设。

8.2.2　固定时间同步定义

本节给出了定时同步的定义和一些有用的引理。根据驱动系统（8.3）和响应系统（8.5），我们给出误差系统的定义如下：

$$
\begin{cases}
{}_0D_t^{\alpha} e_i(t) = {}_0D_t^{\alpha} y_i(t) - {}_0D_t^{\alpha} x_i, & t \in (0, T] \\
{}_0D_t^{\alpha} e_i(t) = {}_0D_t^{\alpha} \psi_i(t) - {}_0D_t^{\alpha} \phi_i(t), & t \in [-\tau, 0], \quad i = 1, 2, \cdots, n
\end{cases} \tag{8.6}
$$

定义 8.1　如果误差系统（8.6）是全局一致有限时间稳定的，且稳定时间 T 是全局有界的，则称其原点是全局定时稳定的，即 $\exists T_{\max} \in R_+$ 使 $T(e_0) \leqslant T_{\max}, \forall e_0 \in R^n$。

注 3　从上面的定义可以看出，定时稳定性实际上是一种特殊的有限时间稳定性，但是对应的稳定时间 T 有一定的上界，这个上界不依赖于系统的初值，只与系统参数和控制器参数有关。

根据定时稳定性的定义，给出如下定义。

定义 8.2　如果在某个有限时间内存在 $T(e_0(t))$，则称驱动-响应系统（8.1）和（8.4）实现固定时间同步，使得

$$\begin{cases}\lim\limits_{t\to T(e_0(t))}\|e(t)\|=0\\ e(t)=0, & \forall t\geqslant T(e_0(t))\\ T(e_0(t))\leqslant T_{\max}, & \forall e_0(t)\in C^n[-\tau,0]\end{cases} \tag{8.7}$$

其中，$T_{\max}$ 为稳定时间；$\|\cdot\|$ 代表欧氏范数。

注 4 为了研究驱动系统（8.1）与响应系统（8.4）之间的定时同步问题，我们将固定时间同步问题转化为误差系统（8.6）的定时稳定性问题。

引理 8.1[11] 如果存在正则、正定、径向无界函数 $V(x):R^n\to\mathcal{R}$ 与常数 $V(x):R^n\to\mathcal{R}$ 和 $\delta k>1$ 满足

$$\dot V(e(t))\leqslant-(aV^{\delta}(e(t))+b)^k,\quad e(t)\in R^n\setminus 0 \tag{8.8}$$

则原点是定时稳定的，并且通过以下公式估计稳定时间 $T_{\max}$：

$$T(e(t_0))\leqslant T_{\max}=\frac{1}{b^k}\left(\frac{b}{a}\right)^{\frac{1}{\delta}}\left(1+\frac{1}{\delta k-1}\right) \tag{8.9}$$

引理 8.2[16] $x_j(t)$ 和 $y_j(t)$ 是系统（8.6）的两种状态，则以下不等式成立：

$$\left|\bigwedge_{j=1}^{n}\alpha_{ij}f_j(x_j)-\bigwedge_{j=1}^{n}\alpha_{ij}f_j(y_j)\right|\leqslant\sum_{j=1}^{n}|\alpha_{ij}\|f_j(x_j)-f_j(y_j)|$$

$$\left|\bigvee_{j=1}^{n}\beta_{ij}f_j(x_j)-\bigvee_{j=1}^{n}\beta_{ij}f_j(y_j)\right|\leqslant\sum_{j=1}^{n}|\beta_{ij}\|f_j(x_j)-f_j(y_j)|$$

引理 8.3[17] $b_1,b_2,\cdots,b_N\geqslant 0,q\geqslant 1$，则以下不等式成立：

$$\sum_{i=1}^{N}b_i^q\geqslant N^{1-q}\left(\sum_{i=1}^{N}b_i\right)^q$$

引理 8.4[18] 如果假设 8.1 和假设 8.2 成立，则

$$|K(a_{ij}(y_j(t)))f_j(y_j)-K(a_{ij}(x_j(t)))f_j(x_j)|\leqslant a_{ij}^m l_j\,|y_j(t)-x_j(t)|$$

$$|K(b_{ij}(y_j(t)))g_j(y_j)-K(b_{ij}(x_j(t)))g_j(x_j)|\leqslant b_{ij}^m m_j\,|y_j(t)-x_j(t)|$$

即 $v_{ij}(x_j(t))\in K(a_{ij}(x_j(t))),\omega_{ij}(y_j(t))\in K(a_{ij}(y_j(t)))$，$i=1,2,\cdots,n$，此外

$$|\omega(y_j(t))f_j(y_j)-v(x_j(t))f_j(x_j)|\leqslant a_{ij}^m l_j\,|y_j(t)-x_j(t)|$$

$$|\omega(y_j(t))g_j(y_j)-v(x_j(t))g_j(x_j)|\leqslant b_{ij}^m m_j\,|y_j(t)-x_j(t)|$$

其中，$a_{ij}^m=\max(|\tilde a_{ij}^1|,|\tilde a_{ij}^2|)$；$b_{ij}^m=\max(|\tilde b_{ij}^1|,|\tilde b_{ij}^2|)$。

引理 8.5[9] 设 $x(t)\in C^1[0,T]$，其中 T 为正常数，则

$${}_0D_t^{\alpha_1}\,0_0^{\alpha_2}\,x(t)={}_0D_t^{\alpha_1+\alpha_2}x(t)$$

其中，$\alpha_1,\alpha_2>0$ 且 $\alpha_1+\alpha_2\leqslant 1$。

引理 8.6[9] 设 $x(t)\in C^1[0,T]$，其中 T 为正常数，分数阶 α 位于 $(0,1]$，则下列方程成立：

$$ {}_0I_t^{-\alpha}\,{}_0D_t^{\alpha}x(t)=x(t)-x(0) $$

和

$$ {}_0D_t^{\alpha}I_t^{-\alpha}x(t)=x(t) $$

注 5 文献[11]～[15]中研究了 FCNN 的定时同步。我们的结果至少在两个方面有所不同。首先，本章所采用的同步控制器比较复杂，推导过程也比较复杂。其次，我们的研究对象是分数阶神经网络，它在描述复杂的输入输出信号关系和神经网络的动力学方面具有优势。

8.3 FMFCNN 固定时间同步

本节将给出驱动响应 FMFCNN 的固定时间同步的充分条件。为了获得这些同步条件，同步控制器 $u_i(t)$ 设计如下：

$$ \begin{aligned} u_i(t)=&-k_ie_i(t)-\mathrm{sign}(e_i(t))(\gamma_i+\mu_i\,|\,e_i(t-\tau_i(t))\,| \\ &+\rho_i({}_0D_t^{\alpha-1}\,|\,e_i(t)\,|)^l),\quad i=1,2,\cdots,n \end{aligned} \tag{8.10} $$

其中，$k_i\geqslant 0,\gamma_i>0,\rho_i>0$ 且 $l>1$；$\mathrm{sign}(\cdot)$ 是符号函数。

为了便于讨论，我们首先简化了误差系统（8.6），由式（8.3）和式（8.5），得

$$ \begin{aligned} {}_0D_t^{\alpha}e_i(t)=&\ {}_0D_t^{\alpha}y_i(t)-{}_0D_t^{\alpha}x_i(t) \\ =&-c_iy_i(t)+\sum_{j=1}^{n}\breve{a}_{ij}(t)f_j(y_j(t)) \\ &+\sum_{j=1}^{n}\breve{b}_{ij}(t)g_j(y_j(t-\tau_j(t)))+\sum_{j=1}^{n}d_{ij}v_j \\ &+\bigwedge_{j=1}^{n}T_{ij}v_j+\bigwedge_{j=1}^{n}\alpha_{ij}g_j(x_j(t-\tau_j(t))) \\ &+\bigwedge_{j=1}^{n}T_{ij}v_j+\bigwedge_{j=1}^{n}\alpha_{ij}g_j(x_j(t-\tau_j(t))) \\ &+I_i+u_i(t)-\Bigg(-c_ix_i(t)+\sum_{j=1}^{n}\hat{a}_{ij}(t)f_j(x_j(t)) \\ &+\sum_{j=1}^{n}\hat{b}_{ij}(t)g_j(x_j(t-\tau_j(t)))+\sum_{j=1}^{n}d_{ij}v_j \\ &+\bigwedge_{j=1}^{n}T_{ij}v_j+\bigwedge_{j=1}^{n}\alpha_{ij}g_j(x_j(t-\tau_j(t))) \\ &+\bigvee_{j=1}^{n}s_{ij}v_j+\bigvee_{j=1}^{n}\beta_{ij}g_j(x_j(t-\tau_j(t)))+I_i\Bigg) \end{aligned} \tag{8.11} $$

将控制器（8.10）代入式（8.11），得

$$
\begin{aligned}
{}_0D_t^{\alpha} e_i(t) = & -c_i e_i(t) + \sum_{j=1}^{n} \breve{a}_{ij}(t) f_j(y_j(t)) \\
& - \sum_{j=1}^{n} \hat{a}_{ij}(t) f_j(x_j(t)) \\
& + \sum_{j=1}^{n} \breve{b}_{ij}(t) g_j(y_j(t-\tau_j(t))) \\
& - \sum_{j=1}^{n} \hat{b}_{ij}(t) g_j(x_j(t-\tau_j(t))) \\
& + \bigwedge_{j=1}^{n} \alpha_{ij} g_j(y_j(t-\tau_j(t))) \\
& - \bigwedge_{j=1}^{n} \alpha_{ij} g_j(x_j(t-\tau_j(t))) \\
& + \bigvee_{j=1}^{n} \beta_{ij} g_j(y_j(t-\tau_j(t))) \\
& - \bigvee_{j=1}^{n} \beta_{ij} g_j(x_j(t-\tau_j(t))) \\
& - k_i e_i(t) - \operatorname{sign}(e_i(t))(\gamma_i \\
& + \mu_i |e_i(t-\tau_i(t))| + \rho_i (0D_t^{\alpha-1} |e_i(t)|)^l)
\end{aligned} \tag{8.12}
$$

根据假设 8.1，以及引理 8.2 和引理 8.4，得

$$
\begin{aligned}
{}_0D_t^{\alpha} e_i(t) \leqslant & (-c_i - k_i) e_i(t) \\
& + \sum_{j=1}^{n} a_{ij}^{m} l_j |e_i(t)| + \sum_{j=1}^{n} b_{ij}^{m} m_j |e_j(t-\tau_j(t)| \\
& + \sum_{j=1}^{n} |\alpha_{ij}| \cdot |g_j(y_j(t-\tau_j(t))) - g_j(x_j(t-\tau_j(t)))| \\
& + \sum_{j=1}^{n} |\beta_{ij}| \cdot |g_j(y_j(t-\tau_j(t))) - g_j(x_j(t-\tau_j(t)))| \\
& - \operatorname{sign}(e_i(t))\gamma_i - \mu_i \operatorname{sign}(e_i(t)) |e_i(t-\tau_i(t))| \\
& - \rho_i \operatorname{sign}(e_i(t)) ({}_0D_t^{\alpha-1} |e_i(t)|)^l \\
\leqslant & (-c_i - k_i) e_i(t) + \sum_{j=1}^{n} a_{ij}^{m} l_j |e_i(t)| \\
& + \sum_{j=1}^{n} b_{ij}^{m} m_j |e_j(t-\tau_j(t))| + \sum_{j=1}^{n} |\alpha_{ij}| m_j |e_j(t-\tau_j(t))| \\
& + \sum_{j=1}^{n} |\beta_{ij}| m_j |e_j(t-\tau_j(t))| - \operatorname{sign}(e_i(t))\gamma_i
\end{aligned}
$$

$$
\begin{aligned}
&-\mu_i \operatorname{sign}(e_i(t))\,|\,e_i(t-\tau_i(t))\,| \\
&-\rho_i \operatorname{sign}(e_i(t))({}_0D_t^{\alpha-1}\,|\,e_i(t)\,|)^l
\end{aligned} \tag{8.13}
$$

定理 8.1　假定假设 8.1 和假设 8.2 成立，如果设计参数选择如下：

$$
\begin{cases}
\sum_{j=1}^{n} a_{ji}^{m} l_i - c_i - k_i < 0 \\
\sum_{j=1}^{n} (b_{ji}^{m} + |\,\alpha_{ji}\,| + |\,\beta_{ji}\,|) m_i - \mu_i < 0
\end{cases} \tag{8.14}
$$

则基于控制器（8.10）的误差系统（8.6）是固定时间稳定的。其稳定时间可由式（8.15）计算：

$$
T_s \leqslant T_{\max} = \frac{1}{\theta(l-1)} \left(\frac{\theta}{\lambda n^{1-l}} \right)^{\frac{1}{T}} \tag{8.15}
$$

其中，$\lambda = \min\limits_{1 \leqslant i \leqslant n} \rho_i$；$\theta = \sum_{i=1}^{n} \gamma_i$ 。

证明　选择 Lyapunov 函数：

$$
V(e(t)) = \sum_{i=1}^{n} {}_0D_t^{\alpha-1}\,|\,e_i(t)\,| \tag{8.16}
$$

显然，$V(e(t)) \geqslant 0$ 且 $V(e(t)) = 0$，并且仅当 $e(t) = 0$ 。$V(e(t))$ 是正定且径向无界的。根据引理 8.5 和引理 8.6，得

$$
\begin{aligned}
\dot V(e(t)) &= {}_0D_t^{\alpha}({}_0D_t^{1-\alpha} V(e(t))) \\
&= {}_0D_t^{\alpha}\left({}_0D_t^{1-\alpha} \sum_{i=1}^{n} {}_0D_t^{\alpha-1}\,|\,e_i(t)\,| \right) \\
&= {}_0D_t^{\alpha}\left({}_0D_t^{1-\alpha} \left({}_0D_t^{\alpha-1} \sum_{i=1}^{n} |\,e_i(t)\,| \right) \right) \\
&= \sum_{i=1}^{n} {}_0D_t^{\alpha}\,|\,e_i(t)\,| \leqslant \sum_{i=1}^{n} \operatorname{sign}(e_i(t))\ {}_0D_t^{\alpha} e_i(t)
\end{aligned}
$$

将式（8.13）代入上面公式，则

$$
\begin{aligned}
\dot V(e(t)) &\leqslant \sum_{i=1}^{n} \operatorname{sign}(e_i(t))\ {}_0D_t^{\alpha} e_i(t) \\
&\leqslant \sum_{i=1}^{n} ((-c_i - k_i) e_i(t)) + \sum_{i=1}^{n}\sum_{j=1}^{n} a_{ij}^{m} l_j\,|\,e_i(t)\,| \\
&\quad + \sum_{i=1}^{n}\sum_{j=1}^{n} b_{ij}^{m} m_j\,|\,e_j(t-\tau_j(t))\,| \\
&\quad + \sum_{i=1}^{n}\sum_{j=1}^{n} |\,\alpha_{ij}\,|\, m_j\,|\,e_j(t-\tau_j(t))\,|
\end{aligned}
$$

$$
\begin{aligned}
&+\sum_{i=1}^{n}\sum_{j=1}^{n}|\beta_{ij}|m_j|e_j(t-\tau_j(t))| \\
&-\sum_{i=1}^{n}v_i-\sum_{i=1}^{n}\mu_i|e_i(t-\tau_i(t))| \\
&+\sum_{i=1}^{n}\rho_i({}_0D_t^{\alpha-1}|e_i(t)|)^l \\
=&\sum_{i=1}^{n}\left(\sum_{j=1}^{n}a_{ji}^{m}l_i-c_i-k_i\right)|e_i(t)| \\
&+\sum_{i=1}^{n}\left(\sum_{j=1}^{n}(b_{ji}^{m}+|\alpha_{ji}|+|\beta_{ji}|)m_i-\mu_i\right) \\
&\times|e_i(t-\tau_j(t))|-\sum_{i=1}^{n}\gamma_i-\sum_{i=1}^{n}\rho_i({}_0D_t^{\alpha-1}|e_i(t)|)^l
\end{aligned}
$$

在选择合适的控制器参数满足条件（8.14）时，我们有如下不等式：

$$
\dot{V}(e(t))\leqslant-\sum_{i=1}^{n}\gamma_i-\sum_{i=1}^{n}\rho_i({}_0D_t^{\alpha-1}|e_i(t)|)^l
$$

令 $\lambda=\min\limits_{1\leqslant i\leqslant n}\rho_i$； $\theta=\sum\limits_{i=1}^{n}\gamma_i$ ，由引理 8.3，可得

$$
\dot{V}(e(t))\leqslant-\theta-\lambda n^{1-l}(V(e_i(t)))^l
$$

令引理 8.1 中的 $k=1$，我们知道该时间点系统达到稳定，其最大稳定时间为 $T_{\max}$ 。

$$
T_s\leqslant T_{\max}=\frac{1}{\theta(l-1)}\left(\frac{\theta}{\lambda n^{1-l}}\right)^{\frac{1}{l}}
$$

注 6　在文献[5]～[10]中，研究了模糊细胞神经网络的有限时间同步问题。与有限时间同步相比，定时同步问题的稳定时间与初始同步误差无关，并且可以提前给出稳定时间的上界。从这个角度来看，固定时间同步更有利，也更适用。

注 7　本章的稳定时间基于引理 8.1，引理 8.1 中稳定时间的算法本身是一个优化的结果。实际上，在引理 8.1 的证明中，对稳定时间的估计由下面公式给出：

$$
\begin{aligned}
T_s&\leqslant\int_0^{+\infty}\frac{1}{(a\omega^{\delta}+b)^k}\mathrm{d}\omega=\int_0^{r}\frac{1}{(a\omega^{\delta}+b)^k}\mathrm{d}\omega \\
&\quad+\int_r^{+\infty}\frac{1}{(a\omega^{\delta}+b)^k}\mathrm{d}\omega \\
&\leqslant\int_0^{r}\frac{1}{b^k}\mathrm{d}\omega+\int_r^{+\infty}\frac{1}{a^k\omega^{\delta k}}\mathrm{d}\omega \\
&=\frac{r}{b^k}+\frac{1}{a^k(\delta k-1)}r^{1-\delta k}
\end{aligned}
$$

其中，r 为任意正数。给出一个不那么保守但更准确的 T_s 估计，令

$$\varphi(r)=\frac{r}{b^k}+\frac{1}{a^k(\delta k-1)}r^{1-\delta k}$$

然后

$$\dot{\varphi}(r)=\frac{1}{b^k}+\frac{1}{a^k(\delta k-1)}r^{-\delta k}$$

这表明 $\varphi(r)$ 达到其最小值 $\hat{\varphi}$ 由下面公式给出：

$$\hat{\varphi}=\frac{1}{b^k}\left(\frac{b}{a}\right)^{\frac{1}{\delta}}\left(1+\frac{1}{\delta k-1}\right)$$

另外，我们可以通过在应用中选择合适的参数 a、b、k、δ 来优化稳定时间的估计。事实上，如果 $a>b$ 且 $\delta=\dfrac{\ln\frac{b}{a}}{\ln\frac{b}{a}+1}$，则稳定时间函数 T_s 的保守估计值可通过下面公式获得：

$$T_s\leqslant T_{\max}=\frac{\ln\frac{b}{a}}{b}\left(\frac{b}{a}\right)^{1+\frac{1}{\ln\frac{b}{a}}}$$

推论 8.1　当条件（8.14）成立时，可实现系统（8.1）与（8.4）的固定时间同步，固定时间可由式（8.15）计算。

如果系统（8.1）中没有模糊反馈最大项、模糊反馈最小项和延迟反馈项，即 $\beta_{ij}=\alpha_{ij}=\tilde{b}_{ij}=0$，则相应的驱动-响应系统可改写如下：

$$\begin{cases}{}_0D_t^{\alpha}x_i(t)=-c_ix_i(t)+\sum\limits_{j=1}^{n}\hat{a}_{ij}(t)f_j(x_j(t))\\ \qquad\qquad+\sum\limits_{j=1}^{n}d_{ij}v_j+\bigwedge\limits_{j=1}^{n}T_{ij}v_j+\bigvee\limits_{j=1}^{n}S_{ij}v_j+I_i\\ {}_0D_t^{\alpha}y_i(t)=-c_iy_i(t)+\sum\limits_{j=1}^{n}\breve{a}_{ij}(t)f_j(y_j(t))\\ \qquad\qquad+\sum\limits_{j=1}^{n}d_{ij}v_j+\bigwedge\limits_{j=1}^{n}T_{ij}v_j+\bigvee\limits_{j=1}^{n}S_{ij}v_j+I_i\\ \qquad\qquad+u_i(t),\quad i=1,2,\cdots,n\end{cases}\tag{8.17}$$

这里，固定时间同步控制器（8.12）也可以简化为以下形式：

$$u_i(t)=-k_ie_i(t)-\operatorname{sign}(e_i(t))(\gamma_i+\rho_i({}_0D_t^{\alpha-1}|e_i(t)|)^l),\quad i=1,2,\cdots,n\tag{8.18}$$

推论 8.2　在假设 8.1 和假设 8.2，以及控制器（8.18）的条件下，如果满足式（8.19），则驱动-响应系统（8.17）可以实现定时同步。

$$\sum_{j=1}^{n} a_{ji}^{m} l_i - c_i - k_i < 0, \quad i = 1,2,\cdots,n \tag{8.19}$$

其最大稳定时间 $T_{\max}$ 可由式（8.15）计算得到。

8.4　数 值 仿 真

本节给出两个系统实例，以验证定理 8.1 和推论 8.2 理论结果的有效性。

例 8.1　考虑以下三维分数阶忆阻模糊细胞神经网络，驱动系统和响应系统分别如下：

$$\begin{aligned}
{}_0D_t^{\alpha} x_i(t) = & -c_i x_i(t) + \sum_{j=1}^{3} \tilde{a}_{ij}(x_j(t)) f_j(x_j(t)) \\
& + \sum_{j=1}^{3} \tilde{b}_{ij}(x_j(t-\tau_j(t))) g_j(x_j(t-\tau_j(t))) \\
& + \sum_{j=1}^{3} d_{ij} v_j + \bigwedge_{j=1}^{3} T_{ij} v_j \\
& + \bigwedge_{j=1}^{3} \alpha_{ij} g_j(x_j(t-\tau_j(t))) + \bigvee_{j=1}^{3} S_{ij} v_j \\
& + \bigvee_{j=1}^{3} \beta_{ij} g_j(x_j(t-\tau_j(t))) + I_i
\end{aligned}$$

$$\begin{aligned}
{}_0D_t^{\alpha} y_i(t) = & -c_i y_i(t) + \sum_{j=1}^{3} \tilde{a}_{ij}(y_j(t)) f_j(y_j(t)) \\
& + \sum_{j=1}^{3} \tilde{b}_{ij}(y_j(t-\tau_j(t))) g_j(y_j(t-\tau_j(t))) \\
& + \sum_{j=1}^{3} d_{ij} v_j + \bigwedge_{j=1}^{3} T_{ij} v_j \\
& + \bigwedge_{j=1}^{3} \alpha_{ij} g_j(y_j(t-\tau_j(t))) + \bigvee_{j=1}^{3} s_{ij} v_j \\
& + \bigvee_{j=1}^{3} \beta_{ij} g_j(y_j(t-\tau_j(t))) + I_i + u_i(t), \quad i = 1,2,3
\end{aligned} \tag{8.20}$$

其中，非延迟忆阻和延迟忆阻的突触连接权重分别如下：

$$\tilde{a}_{11}(x_1(t)) = \begin{cases} -0.8, & |x_1(t)| \leqslant 1 \\ -1, & |x_1(t)| > 1 \end{cases}$$

$$\tilde{a}_{12}(x_1(t)) = \begin{cases} 2.2, & |x_1(t)| \leqslant 1 \\ 2, & |x_1(t)| > 1 \end{cases}$$

$$\tilde{a}_{13}(x_1(t))=\begin{cases}1.2, & |x_1(t)|\leqslant 1\\ 1.8, & |x_1(t)|>1\end{cases}$$

$$\tilde{a}_{21}(x_2(t))=\begin{cases}1, & |x_2(t)|\leqslant 1\\ 0.8, & |x_2(t)|>1\end{cases}$$

$$\tilde{a}_{22}(x_2(t))=\begin{cases}-1, & |x_2(t)|\leqslant 1\\ -0.8, & |x_2(t)|>1\end{cases}$$

$$\tilde{a}_{23}(x_2(t))=\begin{cases}-2.4, & |x_2(t)|\leqslant 1\\ -2, & |x_2(t)|>1\end{cases}$$

$$\tilde{a}_{31}(x_3(t))=\begin{cases}0.2, & |x_3(t)|\leqslant 1\\ 0.4, & |x_3(t)|>1\end{cases}$$

$$\tilde{a}_{32}(x_3(t))=\begin{cases}-0.6, & |x_3(t)|\leqslant 1\\ -0.4, & |x_3(t)|>1\end{cases}$$

$$\tilde{a}_{33}(x_3(t))=\begin{cases}1.8, & |x_3(t)|\leqslant 1\\ 1.2, & |x_3(t)|>1\end{cases}$$

模糊反馈 Min、模糊反馈 Max、模糊前馈 Min 和模糊前馈 Max 的要素选择如下：

$$A=(\alpha_{ij})_{3\times 3}=\begin{bmatrix}-0.1 & -0.01 & 0.2\\ -0.2 & -0.1 & 0.1\\ -0.04 & -0.2 & 0.4\end{bmatrix}$$

$$B=(\beta_{ij})_{3\times 3}=\begin{bmatrix}-0.1 & -0.01 & 0.3\\ -0.1 & -0.2 & 0.2\\ -0.1 & -0.2 & 0.3\end{bmatrix}$$

$$D=(d_{ij})_{3\times 3}=\begin{bmatrix}0.5 & 0.1 & -0.4\\ 0.1 & 0.5 & -0.2\\ 0.2 & 0.4 & 0.5\end{bmatrix}$$

$$T=(T_{ij})_{3\times 3}=\begin{bmatrix}0.2 & 0.1 & 0.4\\ 0.2 & 0.2 & 0.6\\ 0.5 & 0.3 & 0.2\end{bmatrix}$$

$$S=(S_{ij})_{3\times 3}=\begin{bmatrix}0.2 & 0.1 & 0.2\\ 0.2 & 0.2 & 0.4\\ 0.8 & 0.1 & 0.2\end{bmatrix}$$

第 i 个神经元的分数阶 α 、被动衰减率 c_i 、输入 v_i 、偏置值 I_i 分别取 $\alpha=0.9$, $[c_1,c_2,c_3]=[1,1.5,2],[v_1,v_2,v_3]=[1,2,1]$ ， $[I_1,I_2,I_3]=[0,0,0]$ 。

系统（8.20）的激活函数 $f_i(x)$、$g_i(x)$ ，初始值 $\phi_i(s)$ 、 $\psi_i(s)$ 和时变 $\tau_i(t)$ 由

下面公式给出：

$$\begin{cases} f_i(x)=g_i(x)=0.5\,|\,x+1\,|-|\,x-1\,|-1 \\ \phi_1(t)=0.2+0.1\sin t, \quad \phi_2(t)=-0.4+0.1\cos t \\ \phi_3(t)=0.6+0.1\sin t, \quad t\in[-\tau,0] \\ \psi_1(t)=1.2-0.1\sin t, \quad \psi_2(t)=-0.6-0.1\cos t \\ \psi_3(t)=1.0-0.1\sin t, \quad t\in[-\tau,0] \\ \tau_i(t)=\mathrm{e}^t/(1+\mathrm{e}^t) \end{cases}$$

控制器 $u_i(t)$ 设计如下：

$$\begin{aligned} u_i(t)=&-k_ie_i(t)-\mathrm{sign}(e_i(t))(\gamma_i+\mu_i\,|\,e_i(t-\tau_i(t))\,| \\ &+\rho_i({}_0D_t^{\alpha-1}\,|\,e_i(t)\,|)^l), \quad i=1,2,3 \end{aligned} \tag{8.21}$$

控制器参数值所选如下：

$$\begin{cases} k_1=2, \quad k_2=3, \quad k_3=4 \\ \gamma_1=1, \quad \gamma_2=2, \quad \gamma_3=1 \\ \mu_1=8, \quad \mu_2=8, \quad \mu_3=8 \\ \rho_1=4, \quad \rho_2=4, \quad \rho_3=4 \\ l=1.5 \end{cases}$$

图 8.1 为式（8.20）中无控制器下驱动-响应系统的相位图。图 8.2（a）、图 8.3（a）和图 8.4（a）为上述同一系统的轨迹图。图 8.1 表明驱动-响应系统具有电流参数的极限环。图 8.2（a）、图 8.3（a）、图 8.4（a）表示驱动-响应系统无法实现同步。

条件（8.14）很容易被满足，当满足条件后，系统可以在预定时间内实现同步。图 8.5 和图 8.2（b）、图 8.3（b）、图 8.4（b）分别显示了带控制器的系统的相位图和轨迹。

驱动-响应系统（8.20）的误差如图 8.6 所示。对于控制器（8.21）下的各个系统初始点，最终会达到相同的极限环。与图 8.2（a）、图 8.3（a）、图 8.4（a）不同的是，从图 8.2（b）、图 8.3（b）、图 8.4（b）可以看出式（8.20）的状态轨迹曲线在时间 $T_{\max}=0.7211\mathrm{s}$ 内实现了同步，由图 8.6 中的误差系统曲线也可以确认。

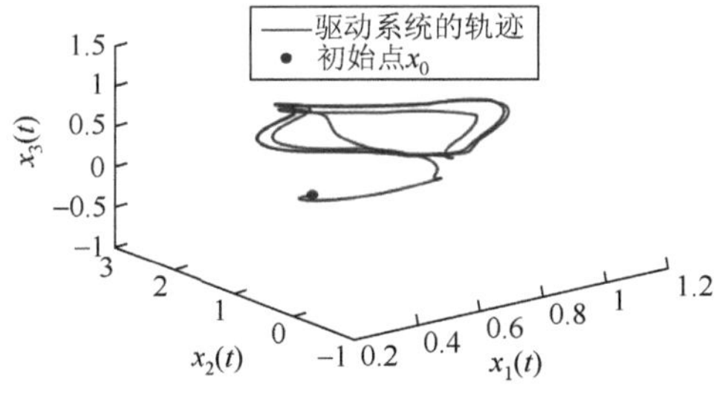

(a) 驱动系统

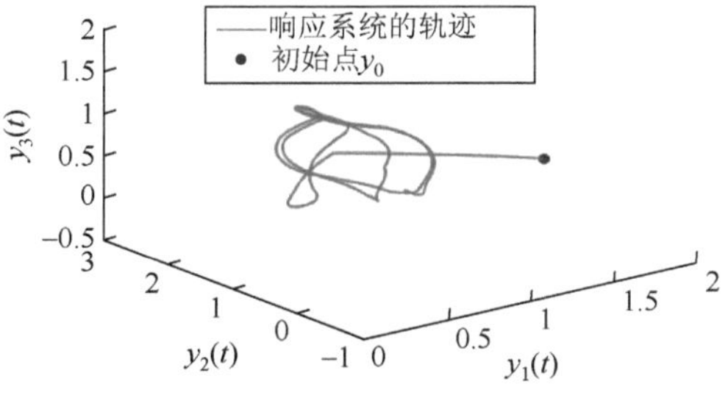

(b) 响应系统

图 8.1　驱动系统与响应系统的相位图（一）

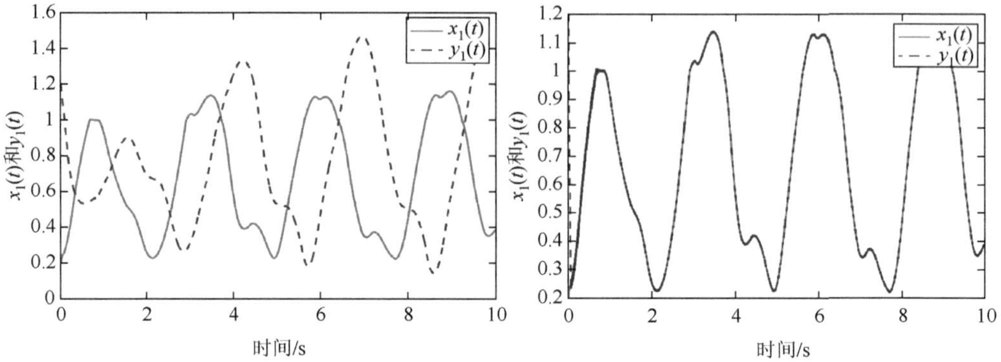

(a) 无控制器　　(b) 有控制器

图 8.2　驱动系统和响应系统的轨迹（一）

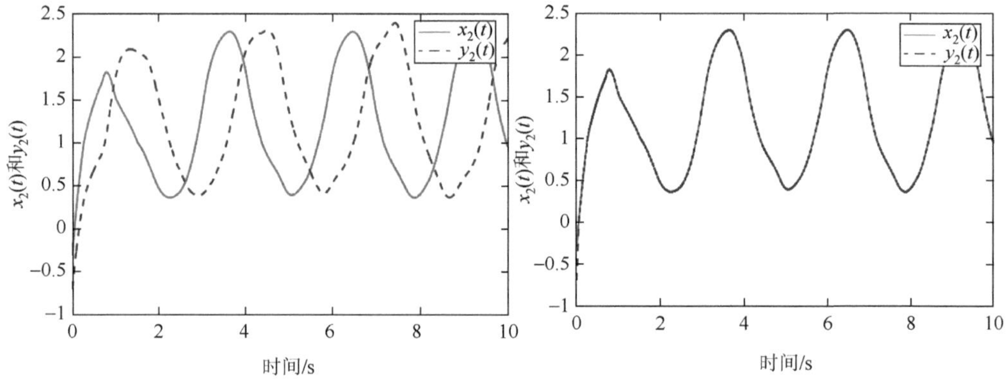

(a) 无控制器　　(b) 有控制器

图 8.3　驱动系统和响应系统的轨迹（二）

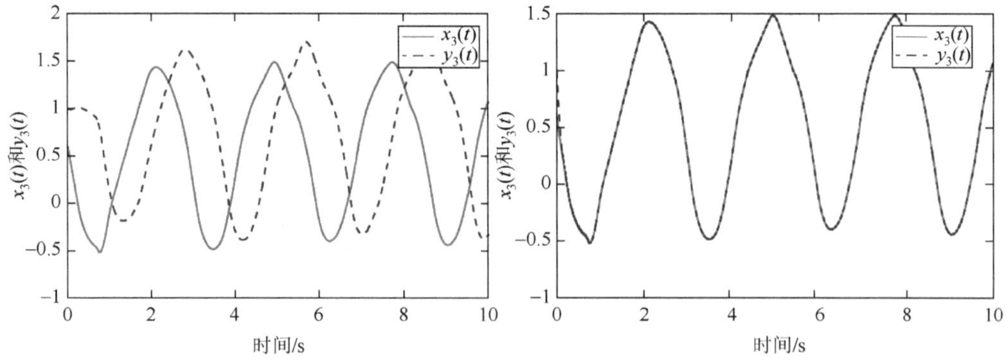

(a) 无控制器　　(b) 有控制器

图 8.4　驱动系统和响应系统的轨迹（三）

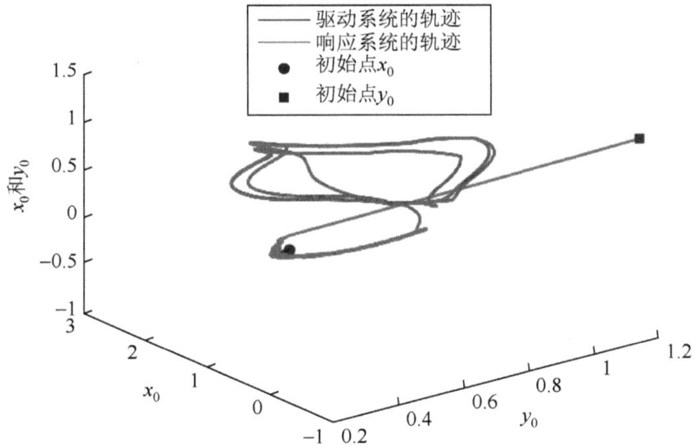

图 8.5　带控制器的驱动-响应系统相位图（一）

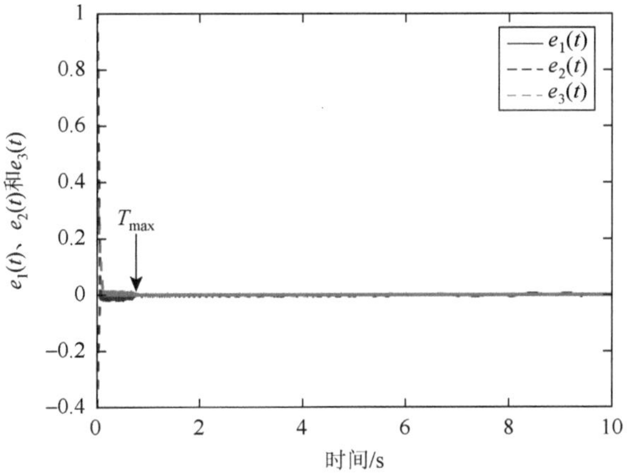

图 8.6　同步误差随控制器的演化（一）

例 8.2　考虑以下三维无延迟项的分数阶忆阻模糊细胞神经网络。驱动-响应系统如下：

$$
\begin{aligned}
{}_0D_t^{\alpha} x_i(t) = & -c_i x_i(t) + \sum_{j=1}^{3} \tilde{a}_j(t) f_j(x_j(t)) + \sum_{j=1}^{3} d_{ij} v_j \\
& + \bigwedge_{j=1}^{3} T_{ij} v_j + \bigvee_{j=1}^{3} S_{ij} v_j + I_i \\
{}_0D_t^{\alpha} y_i(t) = & -c_i y_i(t) + \sum_{j=1}^{n} \tilde{a}_j(t) f_j(y_j(t)) + \sum_{j=1}^{3} d_{ij} v_j \\
& + \bigwedge_{j=1}^{3} T_{ij} v_j + \bigvee_{j=1}^{3} S_{ij} v_j + I_i + u_i(t), \quad i = 1,2,3
\end{aligned} \tag{8.22}
$$

式（8.22）的权重参数如下：

$$\tilde{a}_{11}(x_1(t))=\begin{cases}2.5, & |x_1(t)|\leqslant 1\\ 2.6, & |x_1(t)|>1\end{cases}$$

$$\tilde{a}_{12}(x_2(t))=\begin{cases}-2.0, & |x_2(t)|\leqslant 1\\ -2.2, & |x_2(t)|>1\end{cases}$$

$$\tilde{a}_{13}(x_3(t))=\begin{cases}-3.0, & |x_3(t)|\leqslant 1\\ -3.4, & |x_3(t)|>1\end{cases}$$

$$\tilde{a}_{21}(x_1(t))=\begin{cases}2.2, & |x_1(t)|\leqslant 1\\ 2.6, & |x_1(t)|>1\end{cases}$$

$$\tilde{a}_{22}(x_2(t))=\begin{cases}-1.8, & |x_2(t)|\leqslant 1\\ -2.2, & |x_2(t)|>1\end{cases}$$

$$\tilde{a}_{23}(x_3(t))=\begin{cases}2.4, & |x_3(t)|\leqslant 1\\ 2.2, & |x_3(t)|>1\end{cases}$$

$$\tilde{a}_{31}(x_1(t))=\begin{cases}2.2, & |x_1(t)|\leqslant 1\\ 2.8, & |x_1(t)|>1\end{cases}$$

$$\tilde{a}_{32}(x_2(t))=\begin{cases}-2.4, & |x_2(t)|\leqslant 1\\ -2.2, & |x_2(t)|>1\end{cases}$$

$$\tilde{a}_{33}(x_3(t))=\begin{cases}3.6, & |x_3(t)|\leqslant 1\\ 3.2, & |x_3(t)|>1\end{cases}$$

分数阶 α 被选择为 0.95，并且参数 c_i、d_{ij}、S_{ij}、I_i 与例 8.1 相同。激活函数 $f_i(x)$、$g_i(x)$ 和初始值 x_0、y_0 由下面公式给出：

$$\begin{cases}f_i(x)=g_i(x)=0.5|x+1|-|x-1|-1\\ x_0=[0.2,-0.4,0.6]\\ y_0=[-0.2,0.4,-0.6]\end{cases}$$

为了保证驱动-响应系统的定时同步，我们将控制器方案应用于推论 8.2，选择的控制器参数值如下：

$$\begin{cases}k_1=4.3, & k_2=5.0, & k_3=6.8\\ \gamma_1=1, & \gamma_2=1, & \gamma_3=1\\ \rho_1=8, & \rho_2=8, & \rho_3=8\\ l=1.5\end{cases}$$

图 8.7 所示为在无控制器驱动系统和响应系统的相位图。图 8.8～图 8.10 给出了有控制器的驱动-响应系统的状态轨迹。图 8.11 和图 8.12 分别描述了具有

控制器（8.18）的驱动-响应系统的相位图和误差轨迹。数值模拟表明，在稳定时间 $T_{\max} = 0.5000\text{s}$，驱动-响应系统实现了固定时间同步。

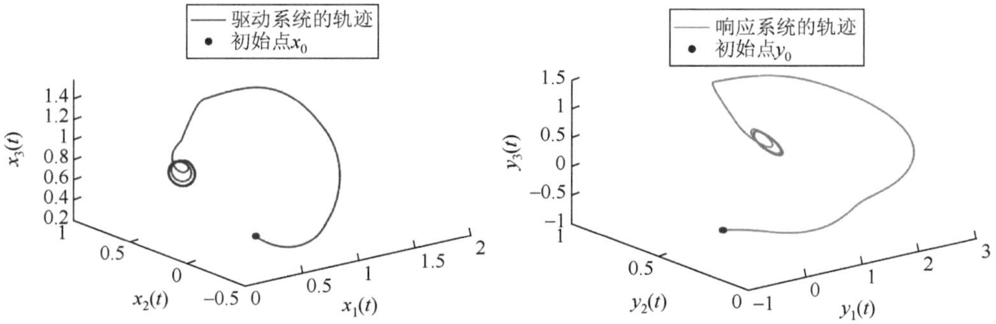

(a) 驱动系统　　(b) 响应系统

图 8.7　驱动系统与响应系统的相位图（二）

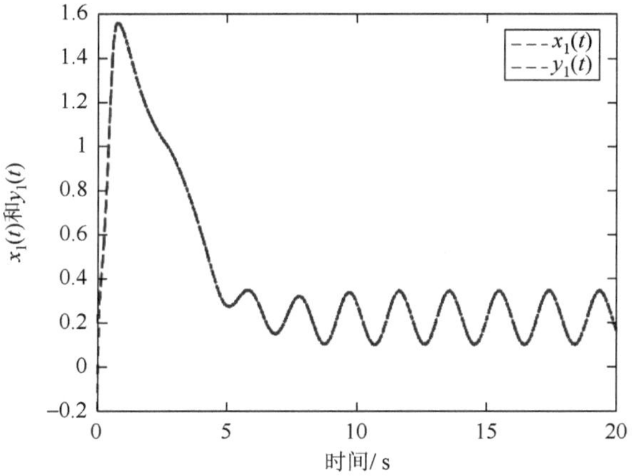

图 8.8　驱动系统和响应系统的轨迹（四）

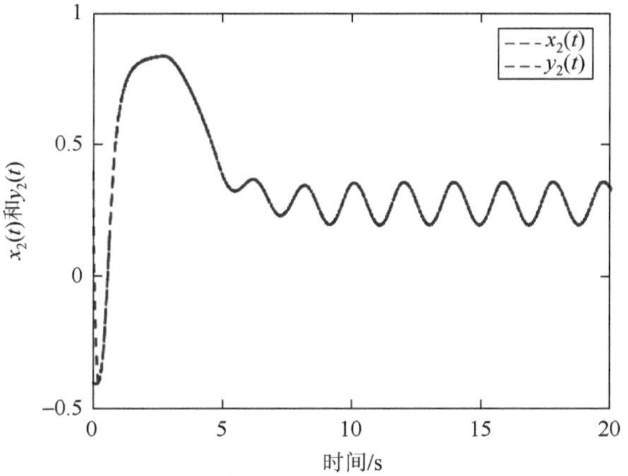

图 8.9　驱动系统和响应系统的轨迹（五）

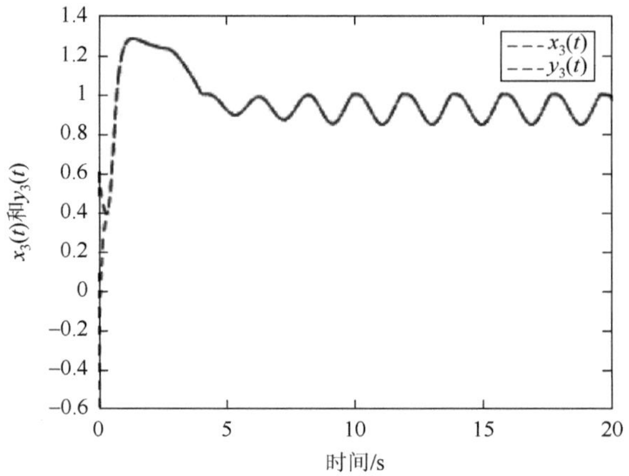

图 8.10　驱动系统和响应系统的轨迹（六）

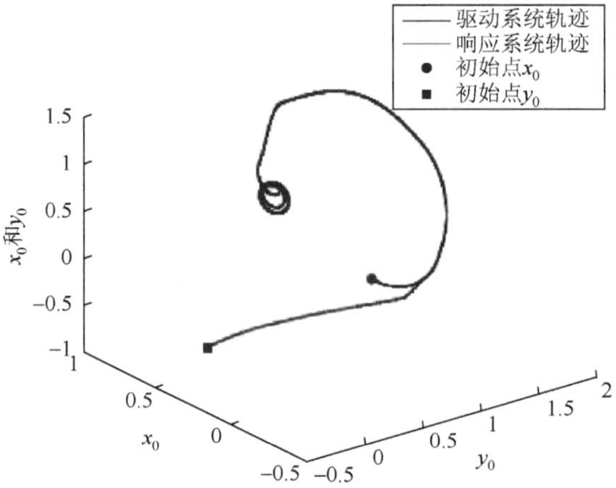

图 8.11　带控制器的驱动-响应系统相位图（二）

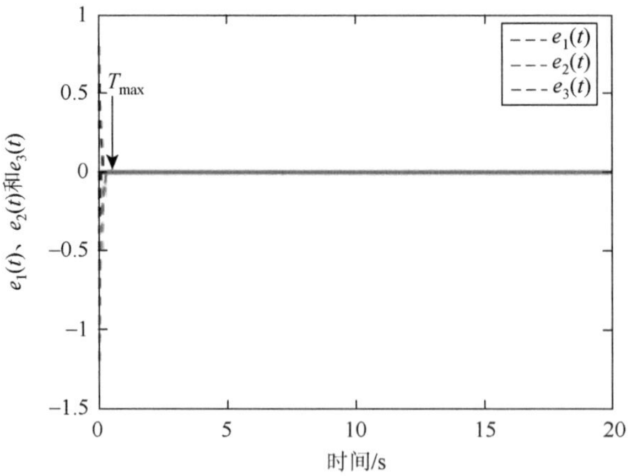

图 8.12　同步误差随控制器的演化（二）

8.5　本 章 小 结

本章对时变时滞的分数阶忆阻模糊细胞神经网络（FMFCNN）的固定时间同步控制问题进行了广泛的研究。基于定时稳定性理论和 Lyapunov 方法，设计了合适的状态反馈控制器，给出了时变时滞 FMFCNN 的一些新的、有用的固定时间同步准则。最后，仿真结果验证了所提出的定时同步控制方案的有效性。需要指出的是，现有的大多数定时同步结果都是基于神经元激活函数是 Lipschitz 连续的假设的。然而，这个假设在实际环境中并不一定是正确的。因此，在未来的工作中，我们将在本章研究成果的基础上，进一步研究具有不连续激活函数的 FMFCNN 的定时同步问题。

参 考 文 献

[1] Gan Q，Xu R，Yang P. Synchronization of non-identical chaotic delayed fuzzy cellular neural networks based on sliding mode control[J]. Communications in Nonlinear Science and Numerical Simulation，2012，17（1）：433-443.

[2] Yu J，Hu C，Jiang H，et al. Exponential lag synchronization for delayed fuzzy cellular neural networks via periodically intermittent control[J]. Mathematics and Computers in Simulation，2012，82（5）：895-908.

[3] Xing Z，Peng J. Exponential lag synchronization of fuzzy cellular neural networks with time-varying delays[J]. Journal of the Franklin Institute，2012，349（3）：1074-1086.

[4] Ratnavelu K，Manikandan M，Balasubramaniam P. Synchronization of fuzzy bidirectional associative memory neural networks with various time delays[J]. Applied Mathematics and Computation，2015，270：582-605.

[5] Abdurahman A，Jiang H，Teng Z. Finite-time synchronization for fuzzy cellular neural networks with time-varying delays[J]. Fuzzy Sets and Systems，2016，297：96-111.

[6] Zheng M，Li L，Peng H，et al. Finite-time stability and synchronization of memristor-based fractional-order fuzzy cellular neural networks[J]. Communications in Nonlinear Science and Numerical Simulation，2018，59：272-291.

[7] Duan L，Wei H，Huang L. Finite-time synchronization of delayed fuzzy cellular neural networks with discontinuous activations[J]. Fuzzy Sets and Systems，2019，361：56-70.

[8] Wang W. Finite-time synchronization for a class of fuzzy cellular neural networks with time-varying coefficients and proportional delays[J]. Fuzzy Sets and Systems，2018，338：40-49.

[9] Tang R，Yang X，Wan X. Finite-time cluster synchronization for a class of fuzzy cellular neural networks via non-chattering quantized controllers[J]. Neural Networks，2019，113：79-90.

[10] Hu C，Yu J，Chen Z，et al. Fixed-time stability of dynamical systems and fixed-time synchronization of coupled discontinuous neural networks[J]. Neural Networks，2017，89：74-83.

[11] Zheng M，Li L，Peng H，et al. Fixed-time synchronization of memristive fuzzy BAM cellular neural networks with time-varying delays based on feedback controllers[J]. IEEE Access，2018，6：12085-12102.

[12] Zheng M，Li L，Peng H，et al. Fixed-time synchronization of memristor-based fuzzy cellular neural network with time-varying delay[J]. Journal of the Franklin Institute，2018，355（14）：6780-6809.

[13] Kong F，Zhu Q，Sakthivel R. Finite-time and fixed-time synchronization control of fuzzy Cohen-Grossberg neural networks[J]. Fuzzy Sets and Systems，2020，394：87-109.

[14] Liu Y，Sun Y. Fixed-time synchronization of fuzzy cellular neural networks with time-varying delays and discontinuous activations[J]. IEEE Access，2020，8：65801-65811.

[15] Yang T，Yang L B. The global stability of fuzzy cellular neural network[J]. IEEE Transactions On Circuits And Systems I：Fundamental Theory And Applications，1996，43（10）：880-883.

[16] Khalil H K，Grizzle J. Nonlinear Systems[M]. Upper Saddle River：Prentice-Hall，2002.

[17] Chen J，Zeng Z，Jiang P. Global Mittag-Leffler stability and synchronization of memristor-based fractional-order neural networks[J]. Neural Networks，2014，51：1-8.

[18] Liu H，Li S，Cao J，et al. Adaptive fuzzy prescribed performance controller design for a class of uncertain fractional-order nonlinear systems with external disturbances[J]. Neurocomputing，2017，219：422-430.

第 9 章　具有时变时滞的分数阶混沌神经网络的自适应同步控制与参数辨识

9.1　概　　述

随着分数阶微积分从纯粹的数学理论研究发展到实际应用，它逐渐成为建模和分析的有力工具，特别是在描述事物的记忆和遗传特征方面[1]。现实世界中有很多模型，如黏弹性模型、动力系统模型、物理学中的粒子运动和波动模型等。分数动力学建模可以更接近真实的物理模型[2]。作为整数阶神经网络的一种广义形式，结合分数阶微积分的神经网络模型，简称分数阶神经网络，逐渐成为研究热点[3-7]。

同步是指两个或多个混沌或周期系统具有相同的动态行为特征，经过研究发现，同步现象可以通过耦合或外力来实现[8]。在复杂系统同步控制的研究过程中，先后出现了多种同步控制方法和同步类型[9]。同步控制方法有很多。按控制方式分，有间歇控制、脉冲控制和遏制控制。根据控制器类型，主要分为自适应控制器和反馈控制器。在控制器的作用下，网络系统可以实现多种类型的同步。按同步时间分，主要有渐近同步、有限时间同步和固定时间同步。按同步方式分为完全同步、投影同步、滞后同步、反同步、指数同步、相位同步、准同步、簇同步等。在实际应用中，可以根据具体需要采用不同的控制策略来实现不同类型的同步。例如，文献[10]提出了一种基于特殊矩阵结构的混沌系统直接控制器设计方法。文献[11]采用线性反馈控制研究了两个相同分数阶混沌系统的同步。文献[12]通过使用主动钉扎控制器提出了不确定分数阶混沌系统的反同步和同步。文献[13]提出了一种同步相同分数阶混沌系统的非线性观测器。文献[14]研究了分数复值忆阻神经网络的同步。不可避免的是，驱动系统和响应系统之间的系数矩阵和激活函数是不相同的。文献[15]提出了分数异同神经网络的全局投影同步。文献[16]研究了非相同分数神经网络的有限时间全局投影同步。文献[2]研究了非相同 Riemann-Liouville 分数神经网络的全局渐近同步问题。

许多网络区域不可避免地存在时变延迟。由于硬件操作的网络参数波动以及网络中传输的有限切换速度[17]，现实的神经网络具有延迟。时变延迟通常会导致系统的不稳定和振荡行为。目前为止，已经获得了很多关于分数延迟神经网络的研究结论。文献[18]研究了基于分数延迟忆阻器的神经网络的准均匀同步控制。文献[19]研究了非相同分数阶延迟神经网络的全局投影同步控制。根据非光滑分析和 Razumikhin-type 稳定性定理，文献[20]研究了存在不连续激活函数的情况下时变延迟分数神经网络的驱动-响应同步。Riemann-Liouville 分数延迟惯性神经网络的稳定性和同步控制方法在文献[21]中提出。

另外，在一些神经网络的建模过程中，网络结构或一些参数信息可能是未知的或部分未知的，这就要求我们根据所考虑的神经网络的观测数据有效地识别这些未知信息。神经网络的结构识别和参数识别都可以归结为神经网络系统识别的研究内容。借助驱动-响应系统的各种同步控制，利用被控对象的输出信息估计系统的结构和参数信息。目前，已经出现了借助各种神经网络或复杂网络同步策略进行结构和参数识别的研究成果[22-26]。文献[27]考虑了不确定混沌神经网络同步的自适应控制方法，通过同步的方式识别不确定参数。基因调控时变延迟网络的参数识别方法在文献[28]中进行了讨论。文献[29]研究了不确定复杂分数动力网络的有限时间同步控制和参数识别问题。文献[30]研究了分数神经网络的同步参数估计。文献[31]通过 Lyapunov 直接法讨论了基于分数忆阻器的不确定神经网络的同步控制和参数识别。文献[32]给出了一种基于演化的微分参数估计方法，用来识别具有时不变延迟的异构非线性不确定分数多代理系统的未知参数。文献[33]给出了一种基于演化的微分参数估计方法，用来识别具有时不变延迟的异构非线性不确定分数多代理系统的未知参数。文献[34]研究了分数延迟神经网络参数的同步和识别。

尽管文献中已经报道了大量关于混沌分数阶神经网络同步问题的工作，但仍然缺乏涉及参数不确定性和时变延迟的研究，这成为我们研究的出发点。基于自适应控制理论，本章使用同步控制方法解决了一类具有不确定系统参数的分数阶时变时滞神经网络的参数辨识问题。本章的主要创新点总结如下。

（1）现有的基于同步的参数辨识方法大多基于整数阶模型，因此我们考虑的模型更具通用性。另外，对于分数阶模型，现有的工作大多是关于已知参数、无延迟或具有时不变延迟的情况。

（2）构造了一个合适的包含分数阶微分项的 Lyapunov-Krasovskii 函数，可以避免计算 Lyapunov-Krasovskii 函数延迟项的分数阶导数。

（3）给出了一种新的自适应控制器。由于自适应控制方法不仅可以实现不确定系统的同步，而且可以在实现系统同步的同时准确识别不确定系统参数，因此本章提出的控制方案比传统的非线性控制方法更具实用性。

（4）通过选择适当的控制参数，可以调整同步和参数估计的速度。此外，该方法对外部干扰具有抵抗性，可以快速地处理混沌系统工作参数的变化。

9.2 问题模型和相关知识

分数阶微积分不仅是指分数阶的微积分，实际上是指任何阶的微积分。在一定范围内，它是整数阶微积分的推广。在分数阶微积分的发展史上，一些学者从不同的角度获得了几种不同的微积分定义。基础数学研究和工程应用研究中最常用的微积分定义如下：G-L 型微积分、R-L 型微积分和 C(Caputo)型微积分。G-L 型微积分定义目前主要用于数值计算，也可以看作积分阶微积分差分定义极限的扩展。R-L 型分数阶导数具有超奇异性，不便于工程和物理建模。因此，本章主要研究 C 型微积分，它是分数阶微积分的弱奇异定义。Caputo 分数阶积分和微分的定义如下所述。

定义 9.1 对于任何 $\alpha \in R^{+}$，我们定义函数 $f(t)$ 的 α 阶积分如下：

$$I^{\alpha} f(t)=\frac{1}{\Gamma(\alpha)}\int_{t_0}^{t}(t-\tau)^{\alpha-1} f(\tau)\mathrm{d}\tau \tag{9.1}$$

其中，$\Gamma(\cdot)$ 为欧拉 Gamma 函数；$t > t_0$。

定义 9.2 对于任何 $n-1 \leqslant \alpha < n$ 且 $n \in N^{+}$，我们将函数 $f(t)$ 的 α 阶导数定义如下：

$$D^{\alpha} f(t)=\frac{1}{\Gamma(n-\alpha)}\int_{t_0}^{t}(t-\tau)^{n-\alpha-1} f^{(n)}(\tau)\mathrm{d}\tau \tag{9.2}$$

在本章中，我们考虑时变延迟分数混沌神经网络如下：

$$D^{\alpha} x_i(t)=-c_i x_i(t)+\sum_{j=1}^{n} a_{ij} f_j(x_j(t))+\sum_{j=1}^{n} b_{ij} g_j(x_j(t-\tau(t)))+I_i, \quad i=1,2,\cdots,n \tag{9.3}$$

可以改写为以下简化形式：

$$D^{\alpha} x(t)=-Cx(t)+Af(x(t))+Bg(x(t-\tau(t)))+I \tag{9.4}$$

其中，$\alpha \in (0,1]$ 是分数阶；n 是神经元个数；$x(t) \in R^{n}$ 表示与神经元相关的系统状态；$f(x(t))$ 和 $g(x(t))$ 分别是神经元的激活函数；$\tau(t)$ 是时变网络传输延迟；A、B 是连接权重矩阵；C 是适当对角矩阵，对角线元素大于零；I 是恒定的外部干扰向量。

因此，我们有以下假设。

假设 9.1 对于所有 $t > 0$，我们假设时变网络传输延迟函数 $\tau(t)$ 是可微的，传输延迟 $\tau(t)$ 的导数满足条件 $0 \leqslant \dot{\tau}(t) \leqslant k < 1$。

假设 9.2 激活函数 $f_i(\cdot)$、$g_i(\cdot)(i=1,2,\cdots,n)$ 分别满足如下条件：

$$0 \leqslant \frac{f_i(\zeta)-f_i(\eta)}{\zeta-\eta} \leqslant \mu_i, \quad 0 \leqslant \frac{g_i(\zeta)-g_i(\eta)}{\zeta-\eta} \leqslant \nu_i, \quad \forall \zeta \neq \eta \in R \tag{9.5}$$

其中，μ_i 和 v_i 为正常数。

注 1　应该指出，假设 9.1 和假设 9.2 不是限制性的。分数神经网络有很多种，例如，文献[34]中的神经网络模型都满足假设 9.1 和假设 9.2。

接下来，我们将给出一些本章需要使用的引理。

引理 9.1[35]　如果连续函数 $x(t)$ 是可导的，则

$$\frac{1}{2}D^{\alpha}x^{\mathrm{T}}(t)Px(t)\leqslant x^{\mathrm{T}}(t)PD^{\alpha}x(t) \tag{9.6}$$

其中，常数矩阵 $P\in R^{n\times n}$ 是正定的。

引理 9.2[36]　如果函数 $g(t)$ 在区间 $[t_0,\infty)$ 内可微且不减，则对于 $t\in[t_0,\infty)$ 和任何常数 σ，以下公式成立：

$$D^{\alpha}(g(t)-\sigma)^2\leqslant 2(g(t)-\sigma)D^{\alpha}g(t) \tag{9.7}$$

其中，$0<\alpha<1$。

引理 9.3[37]　如果函数 $x(t)$ 的一阶导数在区间[0, T]内连续且对于某个常数 $T>0$，则

$$D^{\alpha_1}D^{\alpha_2}x(t)=D^{\alpha_1+\alpha_2}x(t) \tag{9.8}$$

其中，正分数阶 α_1 和 α_2 满足条件 $\alpha_1+\alpha_2\leqslant 1$。

引理 9.4[27]　如果 $\varSigma_1$、$\varSigma_2$ 和 $\varSigma_3$ 是适当维数实矩阵，且 $\varSigma_3>0$，那么对于任何适当维数向量 a 和 b，我们有

$$2a^{\mathrm{T}}\varSigma_1^{\mathrm{T}}\varSigma_2 b\leqslant a^{\mathrm{T}}\varSigma_1^{\mathrm{T}}\varSigma_3\varSigma_1 a+b^{\mathrm{T}}\varSigma_2^{\mathrm{T}}\varSigma_3^{-1}\varSigma_2 b \tag{9.9}$$

引理 9.5[37]　如果函数 $z(t)$ 的一阶导数在区间[0, T]内连续且对于某个常数 $T>0$，则

$$\begin{aligned}&D^{\alpha}I^{\alpha}z(t)=z(t),\quad 0<t<T\\&I^{\alpha}D^{\alpha}z(t)=z(t)-z(0),\quad 0<t<T\end{aligned} \tag{9.10}$$

其中，分数阶 α 满足条件 $0<\alpha<1$。

引理 9.6[33]　对于任何已知的实函数 $\alpha(t)$ 和 $\beta(t)$，如果 $\varepsilon(t)$ 满足不等式 $\varepsilon(t)\leqslant\int_0^t\alpha(\tau)\varepsilon(\tau)\mathrm{d}\tau+\beta(t)$，则

$$\varepsilon(t)\leqslant\int_0^t\alpha(\tau)\beta(\tau)\exp\left(\int_\tau^t\alpha(r)\mathrm{d}r\right)\mathrm{d}\tau+\beta(t) \tag{9.11}$$

如果函数 $\beta(t)$ 是可微的，则

$$\varepsilon(t)\leqslant\beta(0)\exp\left(\int_0^t\alpha(\tau)\mathrm{d}\tau\right)+\int_0^t\dot{\beta}(\tau)\exp\left(\int_\tau^t\alpha(r)\mathrm{d}r\right)\mathrm{d}\tau \tag{9.12}$$

特别地，如果函数 $\beta(t)$ 是一个常数，我们可以很容易地得出以下结论：

$$\varepsilon(t)\leqslant\beta(0)\exp\left(\int_0^t\alpha(\tau)\mathrm{d}\tau\right) \tag{9.13}$$

基于模型描述，下面将讨论连接权重参数完全已知的两个时变延迟分数混沌神经网络的自适应同步控制问题。

9.3　确定系统的自适应同步

本节研究了确定分数延迟神经网络，这意味着所有系统参数都是已知的。提出了一种自适应同步控制策略，并基于自适应同步控制理论设计了一种简单新颖的同步控制器。

假设式（9.4）为驱动系统，对应的响应系统为

$$D^{\alpha} y_i(t) = -c_i y_i(t) + \sum_{j=1}^{n} a_{ij} f_j(y_j(t)) + \sum_{j=1}^{n} b_{ij} g_j(y_j(t-\tau(t))) + I_i + u_i(t), \quad i = 1,2,\cdots,n \tag{9.14}$$

也可以改写为如下简化形式：

$$D^{\alpha} y(t) = -Cy(t) + Af(y(t)) + Bg(y(t-\tau(t))) + I + u(t) \tag{9.15}$$

其中，$u(t)$ 为系统控制器。

定义的同步误差向量为

$$e(t) = y(t) - x(t) \tag{9.16}$$

我们的最终目标是设计一个合适的控制器，使响应系统轨迹在所设计的控制器下逐渐逼近驱动系统轨迹，从而最终实现驱动-响应系统的同步，即

$$\lim_{t\to\infty} \| e(t) \| = \lim_{t\to\infty} \| y(t) - x(t) \| = 0 \tag{9.17}$$

其中，$\|\cdot\|$ 表示 l^2 范数。

从式（9.15）中减去式（9.4）得到误差分数系统：

$$D^{\alpha} e(t_v) = -Ce(t) + A\tilde{f}(e(t)) + B\tilde{g}(e(t-\tau(t))) + u(t) \tag{9.18}$$

其中

$$\tilde{g}(e(t-\tau(t))) = g(e(t-\tau(t)) + x(t-\tau(t))) - g(x(t-\tau(t)))$$

$$\tilde{f}(e(t)) = f(e(t) + x(t)) - f(x(t))$$

定理 9.1　在假设 9.1 和假设 9.2 下，自适应同步控制器设计如下：

$$u_i(t) = -k_i(t) e_i(t), \quad i = 1,2,\cdots,n \tag{9.19}$$

以及反馈增益控制强度 $k_i(t)(i = 1,2,\cdots,n)$。根据更新规律自适应调整率为

$$D^{\alpha} k_i(t) = \lambda_i e_i^2(t), \quad i = 1,2,\cdots,n \tag{9.20}$$

其中，$\lambda_i (i = 1,2,\cdots,n)$ 为任意正常数。则驱动系统（9.4）和响应系统（9.15）可以实现同步。

证明　根据误差动力系统，Lyapunov-Krasovskii 泛函构造如下：

$$V(t)=\frac{1}{2}e^{\mathrm{T}}(t)e(t)+\frac{1}{2}\sum_{i=1}^{n}\frac{1}{\lambda_i}(k_i(t)-\rho)^2 +\frac{1}{2(1-\kappa)}D^{1-\alpha}\int_{t-\tau(t)}^{t}\tilde{g}^{\mathrm{T}}(e(s))\tilde{g}(e(s))\mathrm{d}s \tag{9.21}$$

其中，ρ 是一个常数。

通过使用引理 9.1～引理 9.3，并沿式（9.18）的解，对时间微分 $V(t)$ 给出

$$\begin{aligned}D^{\alpha}V(t)\leqslant{}& e^{\mathrm{T}}(t)(-Ce(t)+A\tilde{f}(e(t))+B\tilde{g}(e(t-\tau(t)))-k(t)e(t))\\&+\sum_{i=1}^{n}(k_i(t)-\rho)e_i^2(t)\\&+\frac{1}{2(1-\kappa)}\tilde{g}^{\mathrm{T}}(e(t))\tilde{g}(e(t))-\frac{1-\dot{\tau}(t)}{2(1-\kappa)}\tilde{g}^{\mathrm{T}}(e(t-\tau(t)))\tilde{g}(e(t-\tau(t)))\\={}&-e^{\mathrm{T}}(t)Ce(t)+e^{\mathrm{T}}(t)A\tilde{f}(e(t))+e^{\mathrm{T}}(t)B\tilde{g}(e(t-\tau(t)))-e^{\mathrm{T}}(t)k(t)e(t)\\&+\sum_{i=1}^{n}(k_i(t)-\rho)e_i^2(t)+\frac{1}{2(1-\kappa)}\tilde{g}^{\mathrm{T}}(e(t))\tilde{g}(e(t))\\&-\frac{1-\dot{\tau}(t)}{2(1-\kappa)}\tilde{g}^{\mathrm{T}}(e(t-\tau(t)))\tilde{g}(e(t-\tau(t)))\end{aligned} \tag{9.22}$$

使用假设 9.1，得

$$-\frac{1-\dot{\tau}(t)}{2(1-\kappa)}\leqslant-\frac{1}{2} \tag{9.23}$$

根据引理 9.4 的结论，得

$$\begin{aligned}D^{\alpha}V(t)\leqslant{}&-e^{\mathrm{T}}(t)Ce(t)+\frac{1}{2}e^{\mathrm{T}}(t)AA^{\mathrm{T}}e(t)+\frac{1}{2}\tilde{f}^{\mathrm{T}}(e(t))\tilde{f}(e(t))\\&+\frac{1}{2}e^{\mathrm{T}}(t)BB^{\mathrm{T}}e(t)+\frac{1}{2}\tilde{g}^{\mathrm{T}}(e(t-\tau(t)))\tilde{g}(e(t-\tau(t)))-\rho e^{\mathrm{T}}(t)e(t)\\&+\frac{1}{2(1-\kappa)}\tilde{g}^{\mathrm{T}}(e(t))\tilde{g}(e(t))-\frac{1}{2}\tilde{g}^{\mathrm{T}}(e(t-\tau(t)))\tilde{g}(e(t-\tau(t)))\\={}&-e^{\mathrm{T}}(t)Ce(t)+\frac{1}{2}e^{\mathrm{T}}(t)AA^{\mathrm{T}}e(t)+\frac{1}{2}\tilde{f}^{\mathrm{T}}(e(t))\tilde{f}(e(t))\\&+\frac{1}{2}e^{\mathrm{T}}(t)BB^{\mathrm{T}}e(t)+\frac{1}{2(1-\kappa)}\tilde{g}^{\mathrm{T}}(e(t))\tilde{g}(e(t))-\rho e^{\mathrm{T}}(t)e(t)\end{aligned} \tag{9.24}$$

在假设 9.2 的基础上，我们可以很容易地得到以下不等式：

$$\begin{cases}\tilde{f}^{\mathrm{T}}(e(t))\tilde{f}(e(t))\leqslant\mu e^{\mathrm{T}}(t)e(t)\\\tilde{g}^{\mathrm{T}}(e(t))\tilde{g}(e(t))\leqslant\nu e^{\mathrm{T}}(t)e(t)\end{cases} \tag{9.25}$$

其中

$$\mu=\max(\mu_i^2\mid i=1,2,\cdots,n),\quad \nu=\max(\nu_i^2\mid i=1,2,\cdots,n)$$

将上述两个不等式代入式（9.24），得出

$$\begin{aligned}D^{\alpha}V(t)&\leqslant -e^{\mathrm{T}}(t)Ce(t)+\frac{1}{2}e^{\mathrm{T}}(t)AA^{\mathrm{T}}e(t)\\&\quad+\frac{1}{2}e^{\mathrm{T}}(t)BB^{\mathrm{T}}e(t)+\left(\frac{1}{2}\mu+\frac{\nu}{2(1-\kappa)}-\rho\right)e^{\mathrm{T}}(t)e(t)\\&\leqslant e^{\mathrm{T}}(t)\left(-\min_{0\leqslant i\leqslant n}c_i+\lambda_{\max}\left(\frac{1}{2}AA^{\mathrm{T}}+\frac{1}{2}BB^{\mathrm{T}}\right)+\frac{1}{2}\mu+\frac{\nu}{2(1-\kappa)}-\rho\right)e(t)\end{aligned}\tag{9.26}$$

其中，$\lambda_{\max}(\cdot)$ 是对称矩阵的最大特征值。

选择 ρ 如下：

$$\rho=-\min_{0\leqslant i\leqslant n}c_i+\lambda_{\max}\left(\frac{1}{2}AA^{\mathrm{T}}+\frac{1}{2}BB^{\mathrm{T}}\right)+\frac{1}{2}\mu+\frac{\nu}{2(1-\kappa)}+1\tag{9.27}$$

然后有

$$D^{\alpha}V(t)\leqslant -e^{\mathrm{T}}(t)e(t)\tag{9.28}$$

对上述不等式两边从 0 到 t 进行积分得到

$$I^{\alpha}D^{\alpha}V(t)\leqslant -I^{\alpha}(e^{\mathrm{T}}(t)e(t))$$

根据引理 9.5 和定义 9.1，则

$$V(t)-V(0)\leqslant -\frac{1}{\Gamma(\alpha)}\int_0^t(t-\tau)^{\alpha-1}e^{\mathrm{T}}(\tau)e(\tau)\mathrm{d}\tau$$

其中

$$V(t)\geqslant\frac{1}{2}e^{\mathrm{T}}(t)e(t)$$

得

$$\frac{1}{2}e^{\mathrm{T}}(t)e(t)-V(0)\leqslant -\frac{1}{\Gamma(\alpha)}\int_0^t(t-\tau)^{\alpha-1}e^{\mathrm{T}}(\tau)e(\tau)\mathrm{d}\tau$$

根据引理 9.6，得

$$\begin{aligned}e^{\mathrm{T}}(t)e(t)&\leqslant 2V(0)\exp\left(-\frac{2}{\Gamma(\alpha)}\int_0^t(t-\tau)^{\alpha-1}\mathrm{d}\tau\right)\\&=2V(0)\exp\left(\frac{2}{\Gamma(\alpha)}\int_0^t(t-\tau)^{\alpha-1}\mathrm{d}(t-\tau)\right)\\&=2V(0)\exp\left(-\frac{2t^{\alpha}}{\Gamma(\alpha+1)}\right)\end{aligned}$$

这表明误差分数系统（9.18）的状态是渐近稳定的。也就是说，驱动-响应系统的同步误差逐渐接近零，即

$$\lim_{t\to\infty}\|e(t)\|=\lim_{t\to\infty}\|y(t)-x(t)\|=0 \tag{9.29}$$

证明完毕。

众所周知，在一些神经网络的建模过程中，网络结构或一些参数信息可能是未知的或部分未知的，这就需要我们有效地识别这些未知信息。我们将在 9.4 节介绍基于上述自适应同步控制方法研究连接权重参数完全未知的分数时变延迟神经网络的参数识别问题。

9.4 不确定系统的参数辨识

通常，在许多实际应用中，神经网络系统参数往往是未知的。本节重点讨论分数延迟混沌神经网络的参数识别问题。根据微分方程的不变性理论，采用自适应同步控制方法来实现这种神经网络的自适应完全同步。此外，在实现同步的过程中，所考虑的神经网络的所有不确定参数也可以被准确识别。

驱动系统结构选择与式（9.4）相同，但系统参数 A 和 B 完全未知，对应的响应系统描述如下：

$$D^{\alpha}y(t)=-Cy(t)+\hat{A}f(y(t))+\hat{B}g(y(t-\tau(t)))+I+u(t) \tag{9.30}$$

其中，参数 $\hat{A}$ 和 $\hat{B}$ 是完全不确定的或未知的。

我们的思路是设计一个合适的控制增益强度 $k_i(t)$ 自适应更新律和系统不确定参数 $\hat{A}$ 和 $\hat{B}$ 的自适应估计律，以实现两个分数混沌神经网络的同步，这意味着所有的系统未知参数 $\hat{a}_{ij}\to a_{ij}$ 和 $\hat{b}_{ij}\to b_{ij}$， $t\to\infty$ 。

定理 9.2 在假设 9.1 和假设 9.2 下，自适应律和控制器选择如下：

$$\begin{cases}u_i(t)=-k_i(t)e_i(t)\\ D^{\alpha}\hat{a}_{ij}=-\xi_{ij}e_i(t)f_j(y_j(t))\\ D^{\alpha}\hat{b}_{ij}=-\eta_{ij}e_i(t)g_j(y_j(t-\tau(t)))\end{cases} \tag{9.31}$$

反馈增益控制强度 $k_i(t)$ 根据更新律自适应调整，设计如下：

$$D^{\alpha}k_i(t)=\lambda_i e_i^2(t) \tag{9.32}$$

其中，ξ_{ij}、η_{ij}、λ_i 是任意正常数。那么，驱动系统（9.4）和响应系统（9.30）可以实现同步。

证明 由式（9.4）和式（9.30），得到误差系统：

$$\begin{aligned}D^{\alpha}e(t)=&-Ce(t)+A\tilde{f}(e(t))+B\tilde{g}(e(t-\tau(t)))+(\hat{A}-A)f(y(t))\\&+(\hat{B}-B)g(y(t-\tau(t)))+u(t)\end{aligned} \tag{9.33}$$

Lyapunov-Krasovskii 泛函构造如下：

$$V(t)=\frac{1}{2}e^{\mathrm{T}}(t)e(t)+\frac{1}{2(1-\kappa)}D^{1-\alpha}\int_{t-\tau(t)}^{t}\tilde{g}^{\mathrm{T}}(e(s))\tilde{g}(e(s))\mathrm{d}s$$
$$+\frac{1}{2}\sum_{i=1}^{n}\left(\frac{1}{\lambda_i}(k_i(t)-\rho)^2+\sum_{j=1}^{n}\frac{1}{\xi_{ij}}(\hat{a}_{ij}-a_{ij})^2+\sum_{j=1}^{n}\frac{1}{\eta_{ij}}(\hat{b}_{ij}-b_{ij})^2\right) \quad (9.34)$$

其中，ρ 是一个常数。

通过使用引理 9.1～引理 9.3，对 $V(t)$ 进行微分，得到

$$D^{\alpha}V(t)=D^{\alpha}\left(\frac{1}{2}e^{\mathrm{T}}(t)e(t)\right)+D^{\alpha}\left(\frac{1}{2(1-\kappa)}D^{1-\alpha}\int_{t-\tau(t)}^{t}\tilde{g}^{\mathrm{T}}(e(s))\tilde{g}(e(s))\mathrm{d}s\right)$$
$$+D^{\alpha}\left(\frac{1}{2}\sum_{i=1}^{n}\left(\frac{1}{\lambda_i}(k_i(t)-\rho)^2+\sum_{j=1}^{n}\frac{1}{\xi_{ij}}(\hat{a}_{ij}-a_{ij})^2+\sum_{j=1}^{n}\frac{1}{\eta_{ij}}(\hat{b}_{ij}-b_{ij})^2\right)\right)$$
$$\leqslant e^{\mathrm{T}}(t)D^{\alpha}e(t)+\frac{1}{2(1-\kappa)}\tilde{g}^{\mathrm{T}}(e(t))\tilde{g}(e(t))$$
$$-\frac{1-\dot{\tau}(t)}{2(1-\kappa)}\tilde{g}^{\mathrm{T}}(e(t-\tau(t)))\tilde{g}(e(t-\tau(t)))$$
$$+\sum_{i=1}^{n}\left(\frac{1}{\lambda_i}(k_i(t)-\rho)D^{\alpha}k_i(t)+\sum_{j=1}^{n}\frac{1}{\xi_{ij}}(\hat{a}_{ij}-a_{ij})D^{\alpha}\hat{a}_{ij}\right.$$
$$\left.+\sum_{j=1}^{n}\frac{1}{\eta_{ij}}(\hat{b}_{ij}-b_{ij})D^{\alpha}\hat{b}_{ij}\right)$$
$$=-e^{\mathrm{T}}(t)Ce(t)+e^{\mathrm{T}}(t)A\tilde{f}(e(t))+e^{\mathrm{T}}(t)B\tilde{g}(e(t-\tau(t)))-\rho e^{\mathrm{T}}(t)e(t)$$
$$+\frac{1}{2(1-\kappa)}\tilde{g}^{\mathrm{T}}(e(t))\tilde{g}(e(t))-\frac{1-\dot{\tau}(t)}{2(1-\kappa)}\tilde{g}^{\mathrm{T}}(e(t-\tau(t)))\tilde{g}(e(t-\tau(t)))$$
$$(9.35)$$

与定理 9.1 类似，可以得出结论：

$$D^{\alpha}V(t)\leqslant -e^{\mathrm{T}}(t)Ce(t)+\frac{1}{2}e^{\mathrm{T}}(t)AA^{\mathrm{T}}e(t)+\frac{1}{2}\tilde{f}^{\mathrm{T}}(e(t))\tilde{f}(e(t))$$
$$+\frac{1}{2}e^{\mathrm{T}}(t)BB^{\mathrm{T}}e(t)+\frac{1}{2(1-\kappa)}\tilde{g}^{\mathrm{T}}(e(t))\tilde{g}(e(t))-\rho e^{\mathrm{T}}(t)e(t)$$
$$\leqslant e^{\mathrm{T}}(t)\left(-\min_{0\leqslant i\leqslant n}c_i+\lambda_{\max}\left(\frac{1}{2}AA^{\mathrm{T}}+\frac{1}{2}BB^{\mathrm{T}}\right)+\frac{1}{2}\mu+\frac{\nu}{2(1-\kappa)}-\rho\right)e(t)$$
$$(9.36)$$

选择 ρ 如下：

$$\rho = -\min_{0 \leqslant i \leqslant n} c_i + \lambda \max\left(\frac{1}{2}AA^{\mathrm{T}} + \frac{1}{2}BB^{\mathrm{T}}\right) + \frac{1}{2}\mu + \frac{v}{2(1-\kappa)} + 1 \tag{9.37}$$

则

$$D^{\alpha}V(t) \leqslant -e^{\mathrm{T}}(t)e(t) \tag{9.38}$$

对上述不等式两边从 0 到 t 积分，则

$$V(t) \leqslant -I^{\alpha}(e^{\mathrm{T}}(t)e(t))$$

与定理 9.1 类似，我们可以证明误差分数系统（9.33）的状态也是渐近稳定的，即

$$\lim_{t\to\infty} \| e(t) \| = \lim_{t\to\infty} \| y(t) - x(t) \| = 0 \tag{9.39}$$

这表明实现了延迟分数混沌神经网络（9.4）和（9.30）的渐近同步。

我们注意到，定理 9.2 中的时变反馈增益 $k_i(t)$ 可以根据分数混沌神经网络的初始状态自适应调整到合适的强度，这与普通的线性反馈控制完全不同。尽管如此，我们也可以通过设计合适的自适应速率来实现基于普通线性反馈的未知参数估计。接下来，我们给出一个推论来证实上述事实。为方便起见，所有符号与上述一致。

推论 9.1　若假设 9.1 和假设 9.2 为真，并且参数 $\hat{A}$ 和 $\hat{B}$ 通过以下自适应率自适应调整：

$$\begin{cases} D^{\alpha}\hat{a}_{ij} = -\xi_{ij}e_i(t)f_j(y_j(t)) \\ D^{\alpha}\hat{b}_{ij} = -\eta_{ij}e_i(t)g_j(y_j(t-\tau(t))) \end{cases} \tag{9.40}$$

那么，对于足够大的恒定反馈增益 $k = (k_1, k_2, \cdots, k_n)^{\mathrm{T}}$，分数驱动响应复杂混沌神经网络（9.4）和（9.30）可以实现同步。

证明　构造另一个 Lyapunov 泛函如下：

$$\begin{aligned} V(t) = & \frac{1}{2}e^{\mathrm{T}}(t)e(t) \\ & + \frac{1}{2(1-\kappa)}D^{1-\alpha}\int_{t-\tau(t)}^{t} \tilde{g}^{\mathrm{T}}(e(s))\tilde{g}(e(s))\mathrm{d}s \\ & + \frac{1}{2}\sum_{i=1}^{n}\left(\sum_{j=1}^{n}\frac{1}{\xi_{ij}}(\hat{a}_{ij} - a_{ij})^2 + \sum_{j=1}^{n}\frac{1}{\eta_{ij}}(\hat{b}_{ij} - b_{ij})^2\right) \end{aligned} \tag{9.41}$$

由于证明与定理 9.2 类似，容易得出结论，故在此省略。

注 2　需要强调的是，推论 9.1 和定理 9.2 得出的结论只能表明分数误差系统（9.33）是局部稳定的，而不是全局稳定的。因此，为了准确识别系统的未知参数，我们必须添加一些其他的必要条件。当驱动-响应系统同步时，即 $x(t) = y(t)$，当 $t \to \infty$ 时，分数误差系统（9.33）将简化为以下形式：

$$(\hat{A}-A)f(y(t))+(\hat{B}-B)g(y(t-\tau(t)))=0$$

也就是说

$$\sum_{j=1}^{n}(\hat{a}_{ij}-a_{ij})f_j(x_j(t))+\sum_{j=1}^{n}(\hat{b}_{ij}-b_{ij})g_j(x_j(t-\tau(t)))=0,\quad i=1,2,\cdots,n$$

根据线性独立理论[38]，如果激活函数的所有元素都是线性独立的[33]，则可以得到未知估计参数 $\hat{a}_{ij}$ 和 $\hat{b}_{ij}$ 的准确识别结果。

注 3 值得一提的是，本章讨论了具有时变延迟和未知参数的分数神经网络的同步问题，而现有的基于同步的参数识别方法的大部分工作都是针对整数阶模型的。另外，对于分数阶模型，现有的工作要么具有已知参数[5, 10-16]，要么没有时间延迟[29, 30]，或者具有时不变延迟[31, 32]。

注 4 需要指出的是，本章提出的参数识别方法可以识别混沌系统的不确定参数，但不能识别稳定系统的参数。事实上，对于任何具有相同稳定点的稳定系统，即使系统参数和结构不同，也很容易实现同步。另外，本章的 Lyapunov 直接法只能证明系统是 Lyapunov 稳定的，而不是渐近稳定的，所以得到的结果应该基于 LaSalle 不变原理。

注 5 通过选择合适的控制参数 λ_i 可以达到调节系统同步速度的目的。事实上，从微分方程的理论来看，系数 λ_i、ξ_i、η_{ij} 决定了更新规律状态的增减速率。也就是说，自适应增益越大，更新规律状态的振荡次数就越少。因此，自适应增益 λ_i、ξ_{ij} 和 η_{ij} 越大，系统同步和参数识别越快。如果自适应增益小，实现同步和参数识别的时间会更长。

注 6 需要强调的是，本章的研究成果可以很容易地推广到 Cohen-Grossberg 神经网络、循环神经网络、BAM 神经网络和其他时延神经网络的参数识别。同时，本章提出的同步控制和参数识别方案的条件非常宽松，在实际应用中容易实现。此外，同步控制策略对外部干扰具有很强的抵抗性。

9.5 仿真结果

本节通过数值模拟实例说明本章提出的自适应同步方法的理论严谨性和正确性，以及在实践中的有效性和可操作性。考虑以下分数非线性混沌神经网络[33]：

$$D^{\alpha}x(t)=-Cx(t)+Af(x(t))+Bg(x(t-\tau(t)))\tag{9.42}$$

其中

$$A=\begin{bmatrix}2 & 0.3\\ 5 & 3\end{bmatrix},\quad B=\begin{bmatrix}-2 & 0.2\\ 0.3 & -2.5\end{bmatrix},\quad C=\begin{bmatrix}1 & 0\\ 0 & 1\end{bmatrix}\tag{9.43}$$

且

$$\alpha = 0.995, \quad f(x(t)) = [\tanh(x_1(t)), \tanh(x_2(t))]^{\mathrm{T}}, \quad g(x(t)) = f(x(t)) \tag{9.44}$$

时变延迟 $\tau(t)$ 选择如下：

$$\tau(t) = \frac{\mathrm{e}^{t-0.5}}{1+\mathrm{e}^{t-0.5}} \tag{9.45}$$

我们为分数混沌神经网络选择以下初始条件：

$$x(s) = [x_1(s), x_2(s)]^{\mathrm{T}} = [-0.4, -2]^{\mathrm{T}}, \quad \forall s \in [-1, 0) \tag{9.46}$$

显然，假设 9.1 和假设 9.2 得到满足。在仿真过程中，控制参数和系统状态的初始值选择如下：

$$\begin{cases} x_1(0) = 0.4, \quad x_2(0) = 0.6 \\ y_1(0) = 1, \quad y_2(0) = 1 \\ k_1(0) = 1, \quad k_2(0) = 1 \\ \hat{a}_{11}(0) = \hat{b}_{11}(0) = 1, \quad \hat{a}_{12}(0) = \hat{b}_{12}(0) = 1 \\ \hat{a}_{21}(0) = \hat{b}_{21}(0) = 1, \quad \hat{a}_{22}(0) = \hat{b}_{22}(0) = 1 \end{cases} \tag{9.47}$$

仿真结果如图 9.1～图 9.6 所示。图 9.1 表明分数阶神经网络模型（9.42）确实是混沌的。

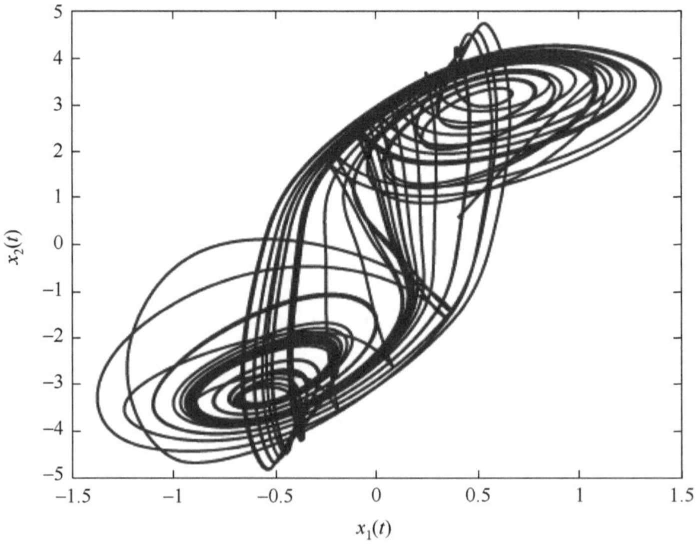

图 9.1　混沌系统（9.42）

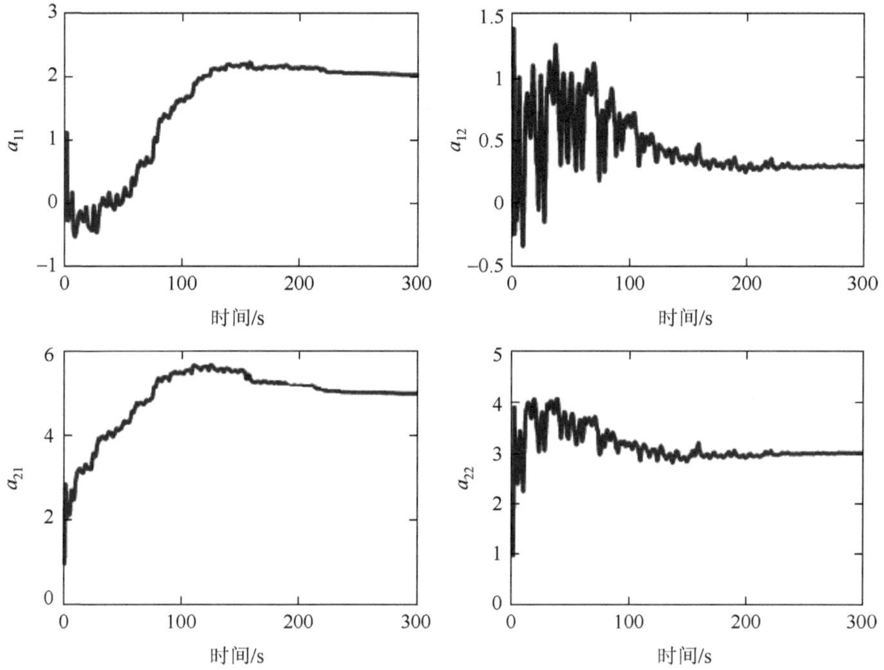

图 9.2　不确定的参数 $\hat{A}$

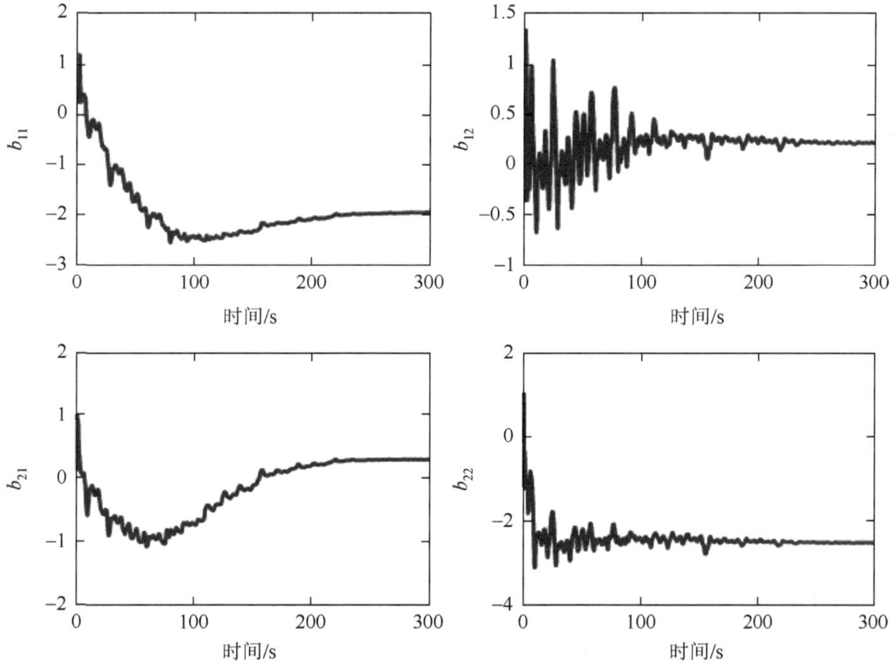

图 9.3　不确定的参数 $\hat{B}$

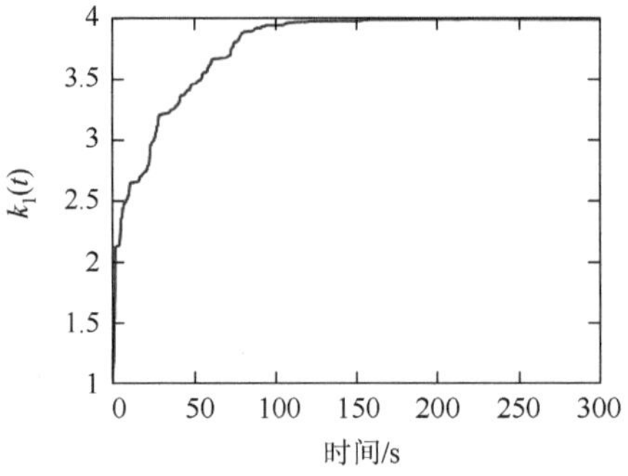

图 9.4　控制增益强度的时间演化

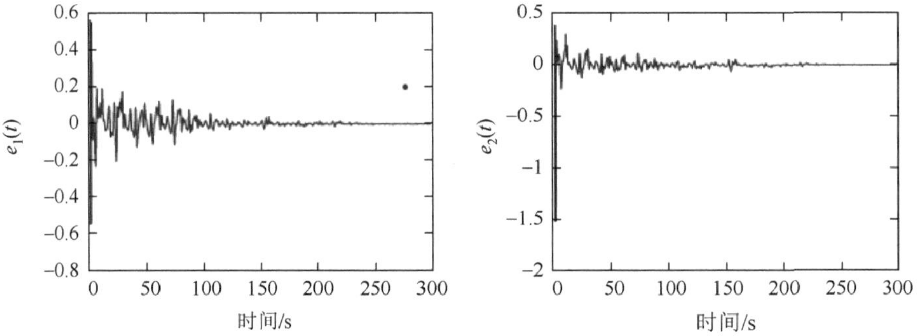

图 9.5　同步误差的时间演化

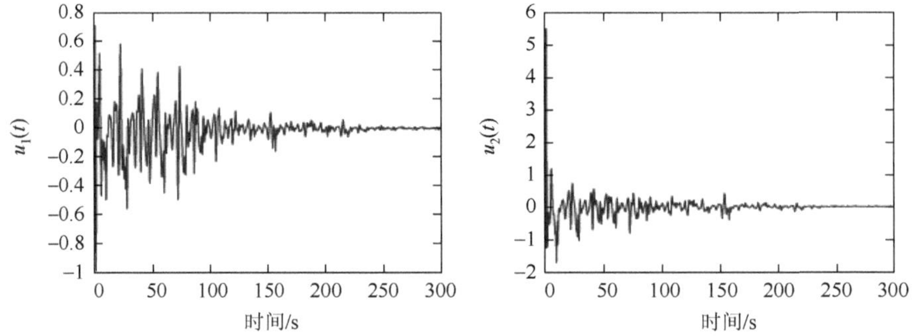

图 9.6　控制输入的时间演化

从图 9.2 和图 9.3 中可以看出，本章提出的基于自适应同步的参数估计方法能够成功识别出不确定分数混沌系统的所有未知参数 $\hat{a}_{ij}$ 和 $\hat{b}_{ij}$ 。数值模拟结果表明所提出的方法是正确有效的。这将证明上述两个耦合系统同步和不确定系统参数是通过自适应控制策略（9.31）和（9.32）实现的。

从图 9.4 中可以看出， $k_1(t)$ 和 $k_2(t)$ 渐近地逼近两个特定常数。此外，我们还可以从图 9.4 中发现，控制增益强度 $k_1(t)$ 和 $k_2(t)$ 在短时间内自适应地调整为两个固定值。图 9.5 显示了驱动响应同步误差。从图 9.5 中可以看出，误差渐近收敛到零，这表明它们在所提出的自适应控制器（9.31）和（9.32）的作用下已经实现了渐近同步。图 9.6 描述了系统控制输入的状态轨迹。仿真结果表明，所提出的自适应控制理论和方法取得了良好的控制效果。

9.6　本 章 小 结

本章主要解决分数时变延迟混沌神经网络的自适应同步控制问题。在实际应用中，该方法具有简单、易于实现、抗外界干扰能力强等优点。另外，考虑到实际系统参数往往未知，我们提出了一种基于同步控制方法的不确定混沌系统参数识别方法。本章的研究成果可以推广到其他分数阶神经网络的同步和参数辨识，例如，分数阶 BAM 神经网络和 Cohen-Grossberg 神经网络的自适应同步控制和参数辨识方法。这些将是我们下一步的研究工作。

参 考 文 献

[1] Diethelm K，Ford N J. The analysis of fractional differential equations[J]. Lecture Notes in Mathematics，2010，2004：1-5.

[2] Hu T，Zhang X，Zhong S. Global asymptotic synchronization of nonidentical fractional-order neural networks[J]. Neurocomputing，2018，313：39-46.

[3] Huang C，Liu H，Shi X，et al. Bifurcations in a fractional-order neural network with multiple leakage delays[J]. Neural Networks，2020，131：115-126.

[4] Huang C，Nie X，Zhao X，et al. Novel bifurcation results for a delayed fractional-order quaternion-valued neural network[J]. Neural Networks，2019，117：67-93.

[5] Huang C，Zhao X，Wang X，et al. Disparate delays-induced bifurcations in a fractional-order neural network[J]. Journal of the Franklin Institute，2019，356（5）：2825-2846.

[6] Huang C，Li H，Li T，et al. Stability and bifurcation control in a fractional predator-prey model via extended delay feedback[J]. International Journal of Bifurcation and Chaos，2019，29（11）：1950150.

[7] Huang C，Cao J. Bifurcation mechanisation of a fractional-order neural network with unequal delays[J]. Neural Processing Letters，2020，52：1171-1187.

[8] Huang C，Lu J，Ho D W C，et al. Stabilization of probabilistic Boolean networks via pinning control strategy[J]. Information Sciences，2020，510：205-217.

[9] Huang C，Lu J，Zhai G，et al. Stability and stabilization in probability of probabilistic Boolean networks[J]. IEEE Transactions on Neural Networks and Learning Systems，2020，32（1）：241-251.

[10] Hu J，Han Y. Synchronizing chaotic systems using control based on a special matrix structure and extending to fractional chaotic systems[J]. Communications in Nonlinear Science and Numerical Simulation，2010，15：115-123.

[11] Peng G. Synchronization of fractional order chaotic systems[J]. Physics Letters A，2011，363：426-432.

[12] Pan L，Zhou W. Synchronization and anti-synchronization of new uncertain fractional-order modified unified

chaotic systems[J]. Communications in Nonlinear Science and Numerical Simulation，2010，15：3754-3762.

[13] Lu J. Nonlinear observer design to synchronize fractional-order chaotic systems via a scalar transmitted signal[J]. Physica A：Statistical Mechanics and Its Applications，2006，359：107-118.

[14] Yang X，Li C. Synchronization of fractional-order memristor-based complex-valued neural networks with uncertain parameters and time delays[J]. Chaos，Solitons and Fractals，2018，110：105-123.

[15] Ding Z，Shen Y. Projective synchronization of nonidentical fractional-order neural networks based on sliding mode controller[J]. Neurocomputing，2016，76：97-105.

[16] Wu H，Wang L. Global projective synchronization in finite time of nonidentical fractional-order neural networks based on sliding mode control strategy[J]. Neurocomputing，2017，235：264-273.

[17] Liao C，Lu C. Design of delay-dependent state estimator for discrete-time recurrent neural networks with interval discrete and infinite-distributed time-varying delays[J]. Cognitive Neurodynamics，2011，5：133-143.

[18] Yang X，Li C. Quasi-uniform synchronization of fractional-order memristor-based neural networks with delay[J]. Neurocomputing，2017，234：205-215.

[19] Chen J，Li C. GlobalMittag-Leffler projective synchronization of nonidentical fractional-order neural networks with delay via sliding mode control[J]. Neurocomputing，2018，313：324-332.

[20] Zhang L，Yang Y. Synchronization analysis of fractional-order neural networks with time varying delays via discontinuous neuron activations[J]. Neurocomputing，2018，275：40-49.

[21] Gu Y，Wang H. Stability and synchronization for Riemann-Liouville fractional-order time delayed inertial neural networks[J]. Neurocomputing，2019，340：270-280.

[22] Parlitz U. Estimating model parameters from time series by auto synchronization[J]. Physical Review Letters，1996，76：1232-1236.

[23] Zhao H，Li L. Impulsive control for synchronization and parameters identification of uncertain multi-links complex network[J]. Nonlinear Dynamics，2016，83：1437-1451.

[24] Zhao H，Li L. Parameters tracking identification based on finite-time synchronization for multi-links complex network via periodically switch control[J]. Chaos，Solitons and Fractals，2017，104：268-281.

[25] Ren H，Tian K. Local time-varying topology identification of network with unknown parameters based on adaptive synchronization[J]. Automatika，2018，59：391-399.

[26] Wang X，Gu H，Li C. et al. Identifying topologies and system parameters of uncertaintime-varying delayed complex networks[J]. Science China-technological Sciences，2019，62：94-105.

[27] He W，Cao J. Adaptive synchronization of a class of chaotic neural networks with known or unknown parameters[J]. Physics Letters A，2008，372：408-416.

[28] Liu C，Wang F. Parameter identification of genetic regulatory network with time-varying delays via adaptive synchronization method[J]. Advances in Differential Equations，2020：127.

[29] Li H，Cao J，Hu C，et al. Finite-time synchronization and parameter identification of uncertain fractionalorder complex networks[J]. Physica A：Statistical Mechanics and Its Applications，2019，533：122027.

[30] Gu Y，Yu Y，Wang H，et al. Synchronization-based parameter estimation of fractional-order neural networks[J]. Physica A，2017，483：351-361.

[31] Gu Y，Wang H，Yu Y，et al. Synchronization for commensurate Riemann-Liouville fractional-order memristor-based neural networks with unknown parameters[J]. Journal of the Franklin Institute，2020，357：8870-8898.

[32] Hu W，Wen G，Yu W，et al. Differential evolution-based parameter estimation and synchronization of heterogeneous uncertain nonlinear delayed fractional-order multi-agent systems with unknown leader[J]. Nonlinear Dynamics，

2019，97：1087-1105.

[33] Ma W，Li C，Wu Y，et al. Adaptive synchronization of fractional neural networks with unknown parameters and time delays[J]. Entropy，2014，16：6286-6299.

[34] Hua C，Wang Y，Guan X，et al. Stability analysis of neural networks with time-varying delay using a new augmented Lyapunov-Krasovskii functional[J]. Neurocomputing，2019，332：1-9.

[35] Li L，Sun Y. Adaptive fuzzy control for nonlinear fractional-order uncertain systems with unknown uncertainties and external disturbance[J]. Entropy，2015，17：5580-5592.

[36] Li H，Cao J，Hu C，et al. Finite-time synchronization of fractional-order complex networks via hybrid feedback control[J]. Neurocomputing，2018，320：69-75.

[37] Li C，Deng W. Remarks on fractional derivatives[J]. Applied Mathematics and Computation，2007，187：777-784.

[38] Andrilli S，Hecker D. Elementary Linear Algebra[M]. 4th ed. Burlington：Academic Press，2010.

第 10 章　具有时变时滞的分数阶惯性神经网络稳定性分析与同步控制

10.1　概　　述

1986 年，Babcock 等[1]首次将电感引入神经网络，揭示了系统的惯性，并构建了二阶惯性神经网络模型，由此诞生了惯性神经网络。基于结构化网络模型，他们分析了模型的混沌、分岔等动力学行为。由于神经元之间的传输速度有限，Babcock 等[2]引入了具有时间延迟的惯性神经网络。实践证明，惯性神经网络在联想记忆、图像处理、信号处理等领域有着广泛的实际应用。然而，神经网络中存在一个惯性项，导致其出现不稳定、混沌、分岔等非常复杂的动力学行为。

整数阶惯性神经网络的研究已取得了许多有意义的成果。Cui 等[3]讨论了一类具有线性比例不等式的惯性神经网络，得到了其全局渐近稳定的条件，并利用线性矩阵不等式给出了系统全局鲁棒稳定的条件。Rakkiyappan 等[4]利用矩阵测度方法和 Halany 不等式技术研究了具有时滞的惯性电阻神经网络的周期性和同步性。此外，Lakshmanan 等[5]提出了一种基于分段线性混沌图和混沌惯性神经网络的图像加密算法。Prakash 等[6]提出了一种马尔可夫跳跃时延迟双向联想记忆惯性神经网络的同步准则及其在保密图像通信中的应用。Alimi 等[7]研究了一类具有多比例时滞的惯性神经网络的有限时间和固定时间同步问题。Zhang 等[8]考虑了具有离散和分布时变时滞的记忆阻惯性神经网络的全局指数耗散。Wang 等[9]导出了保证具有离散和分布时变时滞的惯性神经网络全局 Lagrange 稳定性的几个约束条件，并给出了全局指数吸引集。Dharani 等[10]探索了具有反应扩散项和时变时滞的耦合惯性神经网络的采样数据同步。Li 等[11]在没有通过变量代换将二阶惯性神经网络转化为一阶微分系统的情况下，研究了一类时滞惯性神经网络的渐近稳定性和同步问题。Zhang 等[12]研究了一类时滞惯性神经网络的全局渐近同步，采用构造积分不等式和不等式的方法代替了传统的全局指数和渐近同步的研究方法：线性矩阵不等式方法、矩阵测量策略和稳定性理论方法。Zhang 等[13]提出了一类具有惯性项和分布时滞的状态依赖切换神经网络。Chaouki 等[14]提出了具有时变和分布时滞的惯性神经网络在有限时间和固定时间内的驱动器响应同步。Chen 等[15]考虑了具有离散延迟的惯性忆阻器神经网络的固定时间同步控制。Yotha 等[16]提出了具有离散区间和分布时变时滞的不确定神经网络的时滞依赖无源性分析问题。

分数阶微积分是整数阶到任意阶的扩展，该领域的历史可以追溯到 300 年前。分数阶微分方程被认为是模拟生物学、化学、物理学、医学、经济学和其他科学中实际问题的有力工具。鉴于分数阶微积分的遗传性和记忆性，许多学者将分数阶算子应用到神经网络中，建立了分数阶神经网络模型[17-23]。随着分数阶理论的发展，分数阶神经网络同步控制的研究受到了越来越多的关注，并取得了一些有趣的成果，如渐近同步指数同步、有限时间同步、固定时间同步、鲁棒同步和自适应同步[24-28]。

目前，许多研究主要集中在具有单一分数阶状态导数的分数阶神经网络。引入惯性项是产生复杂分岔行为和混沌的有力工具，也具有重要意义。因此，研究分数阶惯性神经网络的动力学特性是非常有意义和价值的。Li 等[29]研究了具有时滞的分数阶惯性 Cohen-Grossberg 神经网络的有界性和全局 Mittag-Leffler 同步。Ke[30]研究了一类具有时滞的分数阶惯性神经网络的稳定性。Zhang 等[31]研究了具有时滞和两个惯性项的 Riemann-Liouville 型分数阶惯性神经网络的同步问题。Yang 等[32]研究了基于分数阶忆阻器的惯性神经网络的准同步问题。然而，上述文献主要讨论了 Riemann-Liouville 意义下的分数阶惯性神经网络的同步控制或基于忆阻器的分数阶惯性神经网络的准同步问题。需要指出的是，Caputo 意义下的分数阶系统具有更广泛的物理意义。

综上分析，本章研究了 Caputo 分数阶时变时滞惯性神经网络的渐近同步控制和稳定性分析问题。主要贡献概括如下。

（1）建立了 Caputo 分数阶时变时滞惯性神经网络模型。该模型易于实现，在工程应用中具有实际意义。

（2）给出了关于 Caputo 分数阶导数和积分的合成性质的引理，为分数阶系统的研究提供了重要工具。

（3）基于 Caputo 分数阶导数的性质，通过适当的变量替换，将原惯性系统转化为常规系统。

（4）提出了一种分数阶时变时滞惯性神经网络的同步控制策略。此外，还给出了一类分数阶时变时滞惯性神经网络的稳定性条件。

10.2　相关知识和问题模型

10.2.1　相关知识

在分数阶导数和积分的研究和应用中，有三种常见的定义类型：Grunwald-

Letnikov 定义、Riemann-Liouville 定义和 Caputo 定义。其中，Caputo 定义给出的系统初始值与整数阶系统的初始值相同，具有更广泛的物理意义。因此，本章采用 Caputo 分数阶微分来定义模型。

本节将回顾关于分数阶微积分的基本定义，并介绍一些有用的引理。

定义 10.1　函数 $f(t)$ 的分数阶积分定义为

$$ {}_{t_0}^{C}D_t^{-\alpha} f(t) = \frac{1}{\Gamma(\alpha)}\int_{t_0}^{t}(t-\tau)^{\alpha-1}f(\tau)\mathrm{d}\tau \tag{10.1} $$

其中，$t > t_0$；$\alpha > 0$；$\Gamma(\cdot)$ 是 Gamma 函数。

定义 10.2　函数 $f(t)$ 的分数阶导数定义为

$$ {}_{t_0}^{C}D_t^{\alpha} f(t) = \frac{1}{\Gamma(n-\alpha)}\int_{t_0}^{t}(t-\tau)^{n-\alpha-1}f^{(n)}(\tau)\mathrm{d}\tau \tag{10.2} $$

其中，$n-1 \leqslant \alpha < n; n \in \mathbb{Z}^+; t > t_0$。如果 $0 < \alpha < 1$，则

$$ {}_{t_0}^{C}D_t^{\alpha} f(t) = \frac{1}{\Gamma(1-\alpha)}\int_{t_0}^{t}\frac{f'(\tau)}{(t-\tau)^{\alpha}}\mathrm{d}\tau \tag{10.3} $$

为简单起见，我们将用 ${}_{0}^{C}D_t^{\alpha}x(t)$ 表示 $D_t^{\alpha}x(t)$。下面列出分数阶导数和积分的一些重要性质。

引理 10.1　如果 $x(t)$ 对于 $t > t_0$ 是连续的，则由方程（10.1）定义的任意实数阶的积分具有以下重要性质：

$$ D_t^{-\alpha}D_t^{-\beta}x(t) = D_t^{-\beta}D_t^{-\alpha}x(t) = D_t^{-\alpha-\beta}x(t) \tag{10.4} $$

其中，$\alpha, \beta \in R^+$。

引理 10.2　假设 $x(t) \in C^1[0,T]$，其中 T 是正常数，分数阶 $\alpha \in (0,1]$，那么下面的等式成立：

$$ D_t^{\alpha}D_t^{-\alpha}x(t) = x(t) \tag{10.5} $$

引理 10.3[33]　如果 $\lambda, \mu \in R$，且 $\forall \alpha > 0$，则

$$ D_t^{\alpha}(\lambda x_1(t) + \mu x_2(t)) = \lambda D_t^{\alpha}x_1(t) + \mu D_t^{\alpha}x_2(t) \tag{10.6} $$

引理 10.4[34]　如果 $x(t) \in C^1[0,T], T > 0, \alpha_1, \alpha_2 > 0$，且 $\alpha_1 + \alpha_2 \leqslant 1$，则

$$ D_t^{\alpha_1}D_t^{\alpha_2}x(t) = D_t^{\alpha_1+\alpha_2}x(t) \tag{10.7} $$

引理 10.5[34]　如果 $x(t) \in C^m[0,T], T > 0$，则

$$D_t^{\alpha}x(t)=D_t^{\alpha_n}\cdots D_t^{\alpha_2}D_t^{\alpha_1}x(t),\quad t\in[0,T] \tag{10.8}$$

其中，$\alpha=\sum_{i=1}^{n}\alpha_i,\alpha_i\in(0,1]$，且 $m-1\leqslant\alpha<m,m\in\mathbb{Z}^+$，同时存在 $i_k<n$，s.t. $\sum_{j=1}^{i_k}\alpha_j=k(k=1,2,\cdots,m-1)$。

引理 10.6[35]　设 $x(t):[0,+\infty]\to\mathcal{R}^n$ 有界且可微。如果 $0<\alpha\leqslant1$，则

$$D_t^{\alpha}x^{\mathrm{T}}(t)x(t)\leqslant 2x^{\mathrm{T}}(t)D_t^{\alpha}x(t) \tag{10.9}$$

引理 10.7[36]　如果 $z_1,z_2\in R$ 且 $\rho\in R^+$ 是常数，则式（10.10）成立：

$$2z_1z_2\leqslant\rho z_1^2+\rho^{-1}z_2^2 \tag{10.10}$$

引理 10.8[37]　设 $x=0$ 是 $D_t^{\alpha}x(t)=f(x(t))$ 或 $D_t^{\alpha}x(t)=f(t,x(t))$ 的平衡点，且 $D\subset R$ 是包含 $x=0$ 的吸引区域。其中，$f(t,x)$ 是局部 Lipschitz 的 $x(t)$。设 $V(t,x)$：$[0,+\infty)\times D\to\mathcal{R}$ 是一个连续可微的函数，使得 $V(t,x)|_{(x=0)}=0,V(t,x)>0$ 在 $D\setminus\{0\}$ 中，且 $\dot{V}(t,x)\leqslant0$ 在 D 中，则 $x=0$ 是稳定的。此外，如果 D 中 $\dot{V}(t,x)<0$，则 $x=0$ 是渐近稳定的。

在上述引理的基础上，给出以下性质。

引理 10.9　若 $\alpha,\beta\in(0,1]$，$x(t)\in C^1[0,T]$ 且 $T>0$，则式（10.11）成立。

$$D_t^{\alpha}D_t^{-\beta}x(t)=D_t^{\alpha-\beta}x(t) \tag{10.11}$$

证明　考虑三种情况。

（1）当 $0<\alpha<\beta\leqslant1$ 时，根据引理 10.1 和引理 10.2，则

$$\begin{aligned}D_t^{\alpha}D_t^{-\beta}x(t)&=D_t^{\alpha}D_t^{-\alpha-(\beta-\alpha)}x(t)\\&=D_t^{\alpha}D_t^{-\alpha}D_t^{-(\beta-\alpha)}x(t)\\&=D_t^{\alpha-\beta}x(t)\end{aligned}$$

（2）当 $0<\beta<\alpha\leqslant1$ 时，根据引理 10.2 和引理 10.4，则

$$\begin{aligned}D_t^{\alpha}D_t^{-\beta}x(t)&=D_t^{\alpha-\beta+\beta}D_t^{-\beta}x(t)\\&=D_t^{\alpha-\beta}D_t^{\beta}D_t^{-\beta}x(t)\\&=D_t^{\alpha-\beta}x(t)\end{aligned}$$

（3）当 $0<\beta=\alpha\leqslant1$ 时，根据引理 10.2，则

$$D_t^{\alpha}D_t^{-\beta}x(t)=x(t)=D_t^{\alpha-\beta}x(t)$$

证明完毕。

10.2.2　问题模型

本节将给出具有时变时滞的分数阶惯性神经网络的系统模型。驱动系统定义为

$$\begin{cases} D_t^{\alpha} x_i(t) = -a_i D_t^{\beta} x_i(t) - b_i x_i(t) + \sum_{j=1}^{n} c_{ij} f_j(x_j(t)) \\ \qquad + \sum_{j=1}^{n} d_{ij} g_j(x_j(t-\tau_j(t))) + I_i(t) \\ x_i(s) = \varphi_i(s) \\ D_t^{\beta} x_i(s) = \psi_i(s), \quad s \in [-\tau_i(t), 0], \quad i = 1, 2, \cdots, n, \quad t > 0 \end{cases} \tag{10.12}$$

其中，$0 < \beta \leqslant 1, \beta < \alpha \leqslant 1 + \beta$；$n$表示神经网络的神经元数目；$x_i(t)$表示第$i$个神经元的状态；$f_j(\cdot)$和$g_j(\cdot)$分别表示第$j$个神经元在时间$t$和$t-\tau_j(t)$时的输出；$a_i > 0, b_i > 0, c_{ij}$和$d_{ij}$是神经元的连接权重；$\tau_j(t)$是延迟；$I_i(t)$表示网络外部的干扰；$\varphi_i(s)$和$\psi_i(s)$是系统的初始值，它们是连续的有界函数。

注 1　当$\alpha = \beta$时，驱动系统（10.12）以如下方式退化为一般的分数阶神经网络：

$$\begin{aligned} D_t^{\alpha} x_i(t) = &-\frac{b_i}{a_i + 1} x_i(t) + \frac{1}{a_i + 1} \sum_{j=1}^{n} c_{ij} f_j(x_j(t)) \\ &+ \frac{1}{a_i + 1} \sum_{j=1}^{n} d_{ij} g_j(x_j(t-\tau_j(t))) + \frac{1}{a_i + 1} I_i(t) \end{aligned} \tag{10.13}$$

当$\alpha < \beta$时，驱动系统（10.12）转换为

$$\begin{aligned} D_t^{\beta} x_i(t) = &-\frac{1}{a_i} D_t^{\alpha} x_i(t) - \frac{b_i}{a_i} x_i(t) + \frac{1}{a_i} \sum_{j=1}^{n} c_{ij} f_j(x_j(t)) \\ &+ \frac{1}{a_i} \sum_{j=1}^{n} d_{ij} g_j(x_j(t-\tau_j(t))) + \frac{1}{a_i} I_i(t) \end{aligned} \tag{10.14}$$

因此，本章只关注$\alpha < \beta$的情况。相应的响应系统由式（10.15）给出：

$$\begin{cases} D_t^{\alpha} y_i(t) = -a_i D_t^{\beta} y_i(t) - b_i y_i(t) + \sum_{j=1}^{n} c_{ij} f_j(y_j(t)) \\ \qquad + \sum_{j=1}^{n} d_{ij} g_j(y_j(t-\tau_j(t))) + I_i(t) + u_i(t) \\ y_i(s) = \varphi_i'(s) \\ D_t^{\beta} y_i(s) = \psi_i'(s), \quad s \in [-\tau_i(t), 0], \quad i = 1, 2, \cdots, n, \quad t > 0 \end{cases} \tag{10.15}$$

其中，$u_i(t)$ 是所设计的控制器；$\varphi_i'(s)$ 和 $\psi_i'(s)$ 是系统的初始函数。其他参数的含义与系统（10.12）一致。

假设 10.1　激活函数 $f_i(\cdot)$ 和 $g_i(\cdot)$ 满足 Lipschitz 条件，并且存在常数 $l_i, m_i > 0$，下列不等式成立：

$$\begin{aligned}&|f_i(y)-f_i(x)| \leqslant l_i |y-x| \\ &|g_i(y)-g_i(x)| \leqslant m_i |y-x|, \quad i=1,2,\cdots,n\end{aligned} \tag{10.16}$$

注 2　为了保证分数阶时变时滞惯性神经网络的解存在唯一性，必须首先对所考虑的惯性神经网络的激活函数提出相关假设。因此，假设 10.1 是合理的，也可以参见文献[38]。

注 3　许多先前的研究主要集中在具有状态的单一分数阶导数的分数阶神经网络[26-28]。然而，当引入惯性项后，它被认为是产生复杂分岔行为和混沌的有力工具。此外，分数阶惯性神经网络更近似地模拟了神经元的动力学行为。因此，研究分数阶惯性神经网络的动力学特性是非常有意义和价值的。

10.3　主 要 结 果

本节研究驱动系统（10.12）和响应系统（10.15）之间的同步，并且提出了相应的同步控制策略。首先我们将系统等效转换。

设 $p_i(t)=\bar{D}_t^{\beta}x_i(t)+x_i(t)$，根据引理 10.3 和引理 10.5，如果 $0<\beta\leqslant 1$，且 $\beta<\alpha\leqslant 1+\beta$，则

$$\begin{aligned}D_t^{\alpha-\beta}p_i(t) &= D_t^{\alpha-\beta}(D_t^{\beta}x_i(t)+x_i(t)) \\ &= D_t^{\alpha-\beta}D_t^{\beta}x_i(t)+D_t^{\alpha-\beta}x_i(t) \\ &= D_t^{\alpha}x_i(t)+D_t^{\alpha-\beta}x_i(t)\end{aligned} \tag{10.17}$$

然后，可以将驱动系统（10.12）转换为

$$\begin{cases}D_t^{\alpha-\beta}p_i(t) = -a_ip_i(t)-(b_i-a_i)x_i(t) \\ \qquad +\sum\limits_{j=1}^{n}c_{ij}f_j(x_j(t))+\sum\limits_{j=1}^{n}d_{ij}g_j(x_j(t-\tau_j(t))) \\ \qquad +D_t^{\alpha-\beta}x_i(t)+I_i(t) \\ D_t^{\beta}x_i(t)=-x_i(t)+p_i(t), \quad i=1,2,\cdots,n, \quad t>0\end{cases} \tag{10.18}$$

类似地，令 $q_i(t)=D_t^{\beta}y_i(t)+y_i(t)$，且 $0<\beta\leqslant 1$，则响应系统（10.15）转化为

$$
\begin{cases}
D_t^{\alpha-\beta} q_i(t) = -a_i q_i(t) - (b_i - a_i) y_i(t) \\
\qquad + \sum_{j=1}^{n} c_{ij} f_j(y_j(t)) + \sum_{j=1}^{n} d_{ij} g_j(y_j(t-\tau_j(t))) \\
\qquad + D_t^{\alpha-\beta} y_i(t) + I_i(t) + u_i(t) \\
D_t^{\beta} y_i(t) = -y_i(t) + q_i(t), \quad i = 1,2,\cdots,n, \quad t > 0
\end{cases} \tag{10.19}
$$

同步误差表示如下：

$$
\begin{cases}
e_i(t) = y_i(t) - x_i(t) \\
z_i(t) = q_i(t) - p_i(t), \quad i = 1,2,\cdots,n
\end{cases} \tag{10.20}
$$

如果 $\lim_{t\to\infty} e(t) = 0$，并且 $\lim_{t\to\infty} z(t) = 0$，则驱动系统（10.12）或（10.18）和响应系统（10.15）或（10.19）将实现同步。

根据驱动系统（10.18）和响应系统（10.19），我们可以将误差系统重新描述如下：

$$
\begin{cases}
D_t^{\alpha-\beta} z_i(t) = D_t^{\alpha-\beta} q_i(t) - D_t^{\alpha-\beta} p_i(t) \\
\qquad = -a_i z_i(t) - (b_i - a_i) e_i(t) + \sum_{j=1}^{n} c_{ij} \Delta f_j \\
\qquad + \sum_{j=1}^{n} d_{ij} \Delta g_j + D_t^{\alpha-\beta} e_i(t) + u_i(t) \\
D_t^{\beta} e_i(t) = -e_i(t) + z_i(t)
\end{cases} \tag{10.21}
$$

其中，$\Delta f_j = f_j(y_j(t)) - f_j(x_j(t))$；$\Delta g_j = g_j(y_j(t-\tau_j(t))) - g_j(x_j(t-\tau_j(t)))$。

10.3.1　具有时变时滞的网络同步

我们将同步控制器 $u_i(t)$ 设计如下：

$$
u_i(t) = -\rho_i e_i(t) - k_i z_i(t) - D_t^{\alpha-\beta} e_i(t) \tag{10.22}
$$

另外，定义 ρ_i、k_i、γ_i 是控制器的设计参数。

$$
\begin{cases}
-\tilde{\omega}_i + \tilde{\gamma}_i + \dfrac{|\tilde{\omega}_i + a_i - b_i - 1|}{2} + \sum_{j=1}^{n} \dfrac{|c_{ij} \tilde{l}_i|}{2} < 0 \\
-a_i + 1 + \dfrac{|\tilde{\omega}_i + a_i - b_i - 1|}{2} + \sum_{j=1}^{n} \dfrac{|c_{ij} \tilde{l}_j| + |d_{ij} \tilde{m}_j|}{2} < 0 \\
\sum_{j=1}^{n} \dfrac{|d_{ij} \tilde{m}_i|}{2} - \tilde{\gamma}_i (1 - \dot{\tau}_i(t)) < 0
\end{cases} \tag{10.23}
$$

这里，$\dot{\tau}_i(t)$ 表示延迟函数 $\tau_i(t)$ 的导数，并且满足 $\dot{\tau}_i(t) < 1$。

定理 10.1　若满足假设 10.1，在控制器（10.22）下，如果选择控制参数

$\rho_i, k_i, \gamma_i, \omega_i > 0, l_i > 0, m_i > 0$，使得式（10.23）成立，则驱动系统（10.12）或（10.18）与响应系统（10.15）或（10.19）能实现同步。

证明　选择 Lyapunov 泛函如下：

$$V_i(t) = \frac{1}{2} D_t^{\beta-1}(\omega_i e_i^2(t)) + \frac{1}{2} D_t^{\alpha-\beta-1} z_i^2(t) + \int_{t-\tau_i(t)}^{t} \gamma_i e_i^2(s) \mathrm{d}s \tag{10.24}$$

其中，常数 $\omega_i > 0, \gamma_i > 0$。

根据引理 10.6 和引理 10.9，计算 $V_i(t)$ 的导数，得

$$\begin{aligned}
\dot{V}_i(t) &= \frac{1}{2} D_t^{\beta}(\omega_i e_i^2(t)) + \frac{1}{2} D_t^{\alpha-\beta} z_i^2(t) + \gamma_i e_i^2(t) \\
&\quad - \gamma_i (1 - \dot{\tau}_i(t)) e_i^2(t - \tau_i(t)) \\
&\leqslant \omega_i e_i(t) D_t^{\beta} e_i(t) + z_i(t) D_t^{\alpha-\beta} z_i(t) + \gamma_i e_i^2(t) \\
&\quad - \gamma_i (1 - \dot{\tau}_i(t)) e_i^2(t - \tau_i(t)) \\
&= \omega_i e_i(t)(-e_i(t) + z_i(t)) \\
&\quad + z_i(t) \left(-a_i z_i(t) - (b_i - a_i) e_i(t) + \sum_{j=1}^{n} c_{ij} \Delta f_j \right. \\
&\quad \left. + \sum_{j=1}^{n} d_{ij} \Delta g_j + D_t^{\alpha-\beta} e_i(t) + u_i(t) \right) + \gamma_i e_i^2(t) \\
&\quad - \gamma_i (1 - \dot{\tau}_i(t)) e_i^2(t - \tau_i(t)) \\
&= (-\omega_i + \gamma_i) e_i^2(t) - (a_i + k_i) z_i^2(t) \\
&\quad + (\omega_i + a_i - b_i - \rho_i) e_i(t) z_i(t) \\
&\quad + \sum_{j=1}^{n} c_{ij} z_i(t) \Delta f_j + \sum_{j=1}^{n} d_{ij} z_i(t) \Delta g_j \\
&\quad - \gamma_i (1 - \dot{\tau}_i(t)) e_i^2(t - \tau_i(t)) \\
&\leqslant (-\omega_i + \gamma_i) e_i^2(t) - (a_i + k_i) z_i^2(t) \\
&\quad + | \omega_i + a_i - b_i - \rho_i || e_i(t) z_i(t) | \\
&\quad + \sum_{j=1}^{n} | c_{ij} l_j || e_j(t) z_i(t) | \\
&\quad + \sum_{j=1}^{n} | d_{ij} m_j || z_i(t) e_j(t - \tau_j(t)) | \\
&\quad - \gamma_i (1 - \dot{\tau}_i(t)) e_i^2(t - \tau_i(t))
\end{aligned} \tag{10.25}$$

根据引理 10.7，得

$$
\begin{cases}
e_i(t)z_i(t) \leqslant \dfrac{1}{2}e_i^2(t) + \dfrac{1}{2}z_i^2(t) \\
e_j(t)z_i(t) \leqslant \dfrac{1}{2}e_j^2(t) + \dfrac{1}{2}z_i^2(t) \\
e_j(t-\tau_j(t))z_i(t) \leqslant \dfrac{1}{2}e_j^2(t-\tau_j(t)) + \dfrac{1}{2}z_i^2(t) \\
e_i(t-\tau_i(t))z_i(t) \leqslant \dfrac{1}{2}e_i^2(t-\tau_i(t)) + \dfrac{1}{2}z_i^2(t)
\end{cases}
\tag{10.26}
$$

将式（10.26）代入式（10.25），得

$$
\begin{aligned}
\dot{V}_i(t) \leqslant & -(\omega_i - \gamma_i)e_i^2(t) - (a_i + k_i)z_i^2(t) \\
& + \frac{|\omega_i + a_i - b_i - \rho_i|}{2}(e_i^2(t) + z_i^2(t)) \\
& + \sum_{j=1}^{n}\frac{|c_{ij}l_j|}{2}(e_j^2(t) + z_i^2(t)) \\
& + \sum_{j=1}^{n}\frac{|d_{ij}m_j|}{2}(z_i^2(t) + e_j^2(t-\tau_j(t))) \\
& - \gamma_i(1-\dot{\tau}_i(t))e_i^2(t-\tau_i(t)) \\
= & \left(-\omega_i + \gamma_i + \frac{|\omega_i + a_i - b_i - \rho_i|}{2} + \sum_{j=1}^{n}\frac{|c_{ij}l_i|}{2}\right)e_i^2(t) \\
& + \left(-a_i - k_i + \frac{|\omega_i + a_i - b_i - \rho_i|}{2}\right. \\
& \left. + \sum_{j=1}^{n}\frac{|c_{ij}l_j| + |d_{ij}m_j|}{2}\right)z_i^2(t) \\
& + \left(\sum_{j=1}^{n}\frac{|d_{ij}m_i|}{2} - \gamma_i(1-\dot{\tau}_i(t))\right)e_i^2(t-\tau_i(t))
\end{aligned}
\tag{10.27}
$$

选择满足 $\rho_i, k_i, \gamma_i, \omega_i > 0, l_i > 0$ 和 $m_i > 0$ 的参数值以满足式（10.23），则

$$
\dot{V}_i(t) < 0
$$

根据引理 10.8，可以看出同步误差 $e_i(t)$、$z_i(t)$ 渐近地接近 0，即驱动系统（10.12）或（10.18）和响应系统（10.15）或（10.19）可以同步。证明完成。

注 4　当 $\tau_i(t)$ 为常数时，式（10.27）中给出的系统（10.12）退化为具有固定时滞的分数阶惯性神经网络。因此，与文献[30]相比，我们的方法更具通用性。

注 5　本章利用 Caputo 分数阶微积分性质和 Lyapunov 直接法，构造了一个带积分项的 Lyapunov 函数。主要优点是避免了计算 Lyapunov 泛函的分数阶导数来讨论同步稳定性条件。

10.3.2　具有时变时滞的网络稳定性分析

当$0<\beta<1$，且$\alpha=2\beta$时，具有时变时滞的分数阶惯性神经网络系统可以定义如下：

$$D_t^{2\beta}x_i(t)=-a_iD_t^{\beta}x_i(t)-b_ix_i(t)+\sum_{j=1}^{n}c_{ij}f_j(x_j(\tau_j(t)))+I_i(t)$$
$$+\sum_{j=1}^{n}d_{ij}g_j(x_j(t-\tau_j))(1,2,\cdots,n),\quad t>0 \tag{10.28}$$

接下来，我们将讨论由式（10.28）描述的分数阶时滞惯性神经网络的全局一致稳定性。

假设$x_i(t)$和$\hat{x}_i(t)$是系统（10.28）在不同初始值下的两个不同解。$x_i(s)=\varphi_i(s)$, $D_t^{\beta}x_i(s)=\psi_i(s)$和$\hat{x}_i(s)=\varphi_i(s),D_t^{\beta}\hat{x}_i(s)=\psi_i(s),s\in[-\tau_i(t),0]$。

令$\breve{e}_i(t)=\hat{x}_i(t)-x_i(t)$，则

$$\begin{aligned}D_t^{2\beta}\breve{e}_i(t)=&-a_iD_t^{\beta}\breve{e}_i(t)-b_i\breve{e}_i(t)\\&+\sum_{j=1}^{n}c_{ij}(f_j(\hat{x}_j(t))-f_j(x_j(t)))\\&+\sum_{j=1}^{n}d_{ij}(g_j(\hat{x}_j(t-\tau_j(t)))-g_j(x_j(t-\tau_j(t))))\end{aligned} \tag{10.29}$$

令$\breve{z}_i(t)=D_t^{\beta}\breve{e}_i(t)+\breve{e}_i(t)$，则系统（10.29）可以变换如下：

$$\begin{cases}D_t^{\beta}\breve{z}_i(t)=-(a_i-1)\breve{z}_i(t)-(b_i-a_i+1)\breve{e}_i(t)\\\qquad+\sum_{j=1}^{n}c_{ij}(f_j(\hat{x}_j(t))-f_j(x_j(t)))\\\qquad+\sum_{j=1}^{n}d_{ij}(g_j(\hat{x}_j(t-\tau_j(t)))-g_j(x_j(t-\tau_j(t))))\\D_t^{\beta}\breve{e}_i(t)=-\breve{e}_i(t)+\breve{z}_i(t),\quad i=1,2,\cdots,n,\quad t>0\end{cases} \tag{10.30}$$

推论 10.1　如果选择参数$\tilde{\omega}_i,\tilde{\gamma}_i,\tilde{l}_i>0$，$\tilde{m}_i>0$，使得满足以下条件（10.31），则系统（10.28）在没有控制器的情况下对任何不同的初始值都是全局一致稳定的。

$$\begin{cases}-\tilde{\omega}_i+\tilde{\gamma}_i+\dfrac{|\tilde{\omega}_i+a_i-b_i-1|}{2}+\sum_{j=1}^{n}\dfrac{|c_{ij}\tilde{l}_i|}{2}<0\\-a_i+1+\dfrac{|\tilde{\omega}_i+a_i-b_i-1|}{2}+\sum_{j=1}^{n}\dfrac{|c_{ij}\tilde{l}_j|+|d_{ij}\tilde{m}_j|}{2}<0\\\sum_{j=1}^{n}\dfrac{|d_{ij}\tilde{m}_i|}{2}-\tilde{\gamma}_i(1-\dot{\tau}_i(t))<0\end{cases} \tag{10.31}$$

其中，$\dot{\tau}_i(t)$ 表示延迟函数的导数，$\tau_i(t)$ 且满足 $\dot{\tau}_i(t) < 1$。

证明　选择 Lyapunov 泛函如下：

$$\begin{aligned} V_i(t) &= \frac{1}{2}D_t^{\beta-1}(\tilde{\omega}_i \breve{e}_i^2(t)) + \frac{1}{2}D_t^{\beta-1}\breve{z}_i^2(t) \\ &\quad + \int_{t-\tau_i(t)}^{t} \tilde{\gamma}_i \breve{e}_i^2(s)\mathrm{d}s \end{aligned} \tag{10.32}$$

其中，常数 $\tilde{\omega}_i > 0$，$\tilde{\gamma}_i > 0$。

根据引理 10.6 和引理 10.9，计算 $V_i(t)$ 的导数：

$$\begin{aligned} \dot{V}_i(t) &= \frac{1}{2}D_t^{\beta}(\tilde{\omega}_i \breve{e}_i^2(t)) + \frac{1}{2}D_t^{\beta}\breve{z}_i^2(t) + \tilde{\gamma}_i \breve{e}_i^2(t) \\ &\quad - \tilde{\gamma}_i(1-\dot{\tau}_i(t))\breve{e}_i^2(t-\tau_i(t)) \\ &\leqslant \tilde{\omega}_i \breve{e}_i(t) D_t^{\beta} \breve{e}_i(t) + \breve{z}_i(t) D_t^{\beta} \breve{z}_i(t) + \tilde{\gamma}_i \breve{e}_i^2(t) \\ &\quad - \tilde{\gamma}_i(1-\dot{\tau}_i(t))\breve{e}_i^2(t-\tau_i(t)) \\ &= \tilde{\omega}_i \breve{e}_i(t)(-\breve{e}_i(t) + \breve{z}_i(t)) + \breve{z}_i(t)(-(a_i-1)\breve{z}_i(t) \\ &\quad - (b_i - a_i + 1)\breve{e}_i(t) + \sum_{j=1}^{n} c_{ij}(f_j(\hat{x}_j(t)) - f_j(x_j(t))) \\ &\quad + \sum_{j=1}^{n} d_{ij}(g_j(\hat{x}_j(t-\tau_j(t))) - g_j(x_j(t-\tau_j(t))))) \\ &\quad + \tilde{\gamma}_i \breve{e}_i^2(t) - \tilde{\gamma}_i(1-\dot{\tau}_i(t))\breve{e}_i^2(t-\tau_i(t)) \\ &= (-\tilde{\omega}_i + \tilde{\gamma}_i)\breve{e}_i^2(t) - (a_i-1)\breve{z}_i^2(t) \\ &\quad + (\tilde{\omega}_i + a_i - b_i - 1)\breve{e}_i(t)\breve{z}_i(t) \\ &\quad + \sum_{j=1}^{n} c_{ij}(f_j(\hat{x}_j(t)) - f_j(x_j(t))) \\ &\quad + \sum_{j=1}^{n} d_{ij}(g_j(\hat{x}_j(t-\tau_j(t))) - g_j(x_j(t-\tau_j(t)))) \\ &\quad - \tilde{\gamma}_i(1-\dot{\tau}_i(t))\breve{e}_i^2(t-\tau_i(t)) \\ &\leqslant (-\tilde{\omega}_i + \tilde{\gamma}_i)\breve{e}_i^2(t) - (a_i-1)\breve{z}_i^2(t) \\ &\quad + \left|\tilde{\omega}_i + a_i - b_i - 1\right|\left|\breve{e}_i(t)\breve{z}_i(t)\right| \\ &\quad + \sum_{j=1}^{n} \left|c_{ij}\tilde{l}_j\right|\left|\breve{e}_j(t)\breve{z}_i(t)\right| \\ &\quad + \sum_{j=1}^{n} \left|d_{ij}\tilde{m}_j\right|\left|\breve{z}_i(t)\breve{e}_j(t-\tau_j(t))\right| \\ &\quad - \tilde{\gamma}_i(1-\dot{\tau}_i(t))\tilde{e}_i^2(t-\tau_i(t)) \end{aligned} \tag{10.33}$$

类似于定理 10.1 的证明方法，则

$$
\begin{aligned}
\dot{V}_i(t) \leqslant & \left(-\tilde{\omega}_i + \tilde{\gamma}_i + \frac{|\tilde{\omega}_i + a_i - b_i - 1|}{2} + \sum_{j=1}^{n} \frac{|c_{ij}\tilde{l}_i|}{2}\right) e_i^2(t) \\
& + \left(-a_i + 1 + \frac{|\tilde{\omega}_i + a_i - b_i - 1|}{2} + \sum_{j=1}^{n} \frac{|c_{ij}\tilde{l}_j| + |d_{ij}\tilde{m}_j|}{2}\right) z_i^2(t) \\
& + \left(\sum_{j=1}^{n} \frac{|d_{ij}\tilde{m}_i|}{2} - \tilde{\gamma}_i(1 - \dot{\tau}_i(t))\right) e_i^2(t - \tau_i(t))
\end{aligned} \tag{10.34}
$$

选择参数 $\tilde{\gamma}_i > 0, \tilde{\omega}_i > 0, \tilde{l}_i > 0$，且 $\tilde{m}_i > 0$ 的值满足式（10.31），则

$$
\dot{V}_i(t) < 0
$$

根据引理 10.8，系统同步误差 $\breve{e}_i(t)$、$\breve{z}_i(t)$ 渐近地减小到 0，即系统（10.28）是全局稳定的。证明完毕。

注 6　虽然定理 10.1 中包含了 $\alpha = 2\beta$，但需要指出的是，定理 10.1 中需要设计控制器，而推论 10.1 不需要。

注 7　当 $\alpha = 2$，$\beta = 1$ 时，分数阶惯性神经网络将简化为整数阶惯性神经网络。因此，整数阶惯性神经网络可以看作分数阶惯性神经网络的一个特例。本章提出的定理 10.1 和推论 10.1 可以用来解决这类问题，具有很高的通用性。

10.4　数 值 仿 真

本节将给出三个数值例子来验证定理 10.1 和推论 10.1 的结果的有效性。

由于大多数分数阶微分方程没有解析解，因此必须使用近似数值分析。研究者还提出了一种求解分数阶微分方程的数值算法。实际上，该方案是 Adams-Bashforth-Moulton 方法的推广。Caputo 分数阶微分方程如下：

$$
\begin{cases}
D_t^{\alpha} x_i(t) = f(t, x(t)), & 0 \leqslant t \leqslant T \\
x^{(k)}(0) = y_0^{(k)}, & k = 0, 1, 2, \cdots, m-1
\end{cases} \tag{10.35}
$$

式（10.35）等价于下面的 Volterra 积分方程：

$$
x(t) = \sum_{k=0}^{\lceil \alpha \rceil - 1} x_0^{(k)} \frac{t^k}{k!} + \frac{1}{\Gamma(\alpha)} \int_0^t (t-s)^{\alpha-1} f(s, x(s)) \mathrm{d}s \tag{10.36}
$$

其中，$\lceil \alpha \rceil - 1$ 表示不小于 α 的第一整数。另外，$h = \dfrac{T}{N}, t_n = nh, n = 0, 1, 2, \cdots, N \in \mathbb{Z}^+$，则方程（10.36）可写为

$$x_h(t_{n+1}) = \sum_{k=0}^{\lceil\alpha\rceil-1} x_0^{(k)} \frac{t_{n+1}^k}{k!} + \frac{h^\alpha}{\Gamma(\alpha+2)} f(t_{n+1}, x_h^p(t_{n+1}))$$
$$+ \frac{h^\alpha}{\Gamma(\alpha+2)} \sum_{j=0}^{n} a_{j,n+1} f(t_j, x_h^p(t_j)) \tag{10.37}$$

其中

$$a_{j,n+1} = \begin{cases} n^{\alpha+1} - (n-\alpha)(N+1)^a, & j=0 \\ (n-j+2)^{\alpha+1} + (n-j)^{\alpha+1} & \\ -2(n-j+1)^{\alpha+1}, & 1 \leqslant j \leqslant n \\ 1, & j=n+1 \end{cases} \tag{10.38}$$

$$x_h^p(t_{n+1}) = \sum_{k=0}^{\lceil\alpha\rceil-1} x_0^{(k)} \frac{t_{n+1}^k}{k!} + \frac{1}{\Gamma(\alpha)} \sum_{j=0}^{n} b_{j,n+1} f(t_j, x_h(t_j)) \tag{10.39}$$

其中

$$b_{j,n+1} = \frac{h^\alpha}{\alpha}((n+1-j)^\alpha - (n-j)^\alpha) \tag{10.40}$$

估计误差为$e = \max_{j=0,1,2,\cdots,N} |x(t_j) - x_h(t_j)| = O(h^p)$，其中，$p = \min(2, 1+\alpha)$。基于上述方法，我们可以得到分数阶微分方程的离散化和数值解。

例 10.1　考虑一个具有时变时滞的二维分数阶惯性神经网络系统。

驱动系统如下：

$$D_t^\alpha x_i(t) = -a_i D_t^\beta x_i(t) - b_i x_i(t) + \sum_{j=1}^{2} c_{ij} f_j(x_j(t))$$
$$+ \sum_{j=1}^{2} d_{ij} g_j(x_j(t-\tau_j(t))) + I_i(t), \quad i=1,2, \quad t>0 \tag{10.41}$$

响应系统如下：

$$D_t^\alpha y_i(t) = -a_i D_t^\beta y_i(t) - b_i y_i(t) + \sum_{j=1}^{2} c_{ij} f_j(y_j(t))$$
$$+ \sum_{j=1}^{2} d_{ij} g_j(y_j(t-\tau_j(t))) + I_i(t)$$
$$+ u_i(t), \quad i=1,2, \quad t>0 \tag{10.42}$$

其中，$f_j(\cdot) = \tanh(\cdot)$；$g_j(\cdot) = \sin(\cdot)$。

系统参数设置如下：

$$\begin{cases} a_1 = 1.1, a_2 = 0.8; b_1 = 1, b_2 = 1.7 \\ c_{11} = 3, c_{12} = 3, c_{21} = -0.9, c_{22} = -0.9 \\ d_{11} = 3, d_{12} = -1, d_{21} = 1, d_{22} = 2 \\ \alpha = 1.8, \beta = 0.95; I_1 = 0.1, I_2 = 0.2 \end{cases}$$

系统的初始值和时变时延 $\tau_i(t)$ 设置如下：

$$\begin{cases} x_1(s)=5, x_2(s)=-0.3 \\ p_1(s)=0.4, p_2(s)=0.7, s\in[-\tau,0] \\ y_1(s)=-1.1, y_2(s)=1 \\ q_1(s)=1.1, q_2(s)=2, s\in[-\tau,0] \\ \tau_j(t)=\mathrm{e}^t/(1+\mathrm{e}^t) \end{cases}$$

非负常数 l_i 和 m_i 设置如下，且满足式（10.42）：

$$l_1=l_2=1,\quad m_1=m_2=1$$

控制器设计如下：

$$u_i(t)=-\rho_i e_i(t)-k_i z_i(t)-D_t^{\alpha-\beta}e_i(t),\quad i=1,2 \tag{10.43}$$

控制器参数 ρ_i、k_i、ω_i 和 γ_i 选择如下：

$$\begin{cases} \rho_1=4, \rho_2=4; k_1=12, k_2=10 \\ \omega_1=22, \omega_2=22; \gamma_1=8, \gamma_2=12 \end{cases}$$

显然，本节选择的参数满足式（10.23）的条件。图 10.1 显示了驱动系统（10.41）的相位图，这表明系统是混沌的。图 10.2 显示在没有控制器的情况下，驱动系统和

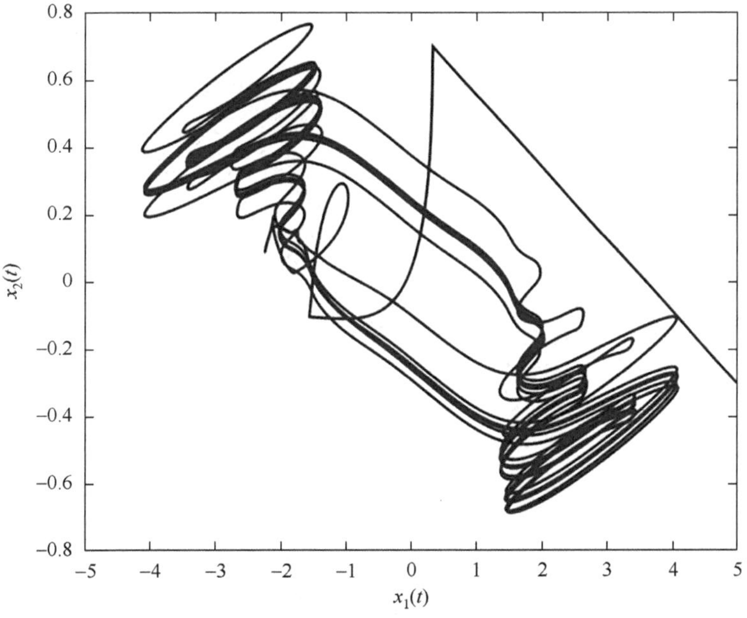

图 10.1　驱动系统（10.41）的相位图

响应系统不同步。图 10.3 和图 10.4 显示出了驱动系统（10.41）和响应系统（10.42）在控制器（10.43）下快速实现同步。图 10.5 显示了误差系统的演化。图 10.3～图 10.5 表明模拟结果与定理 10.1 一致。因此，根据定理 10.1，驱动系统（10.41）和响应系统（10.42）可以同步。

为了证明本章的方法更有效和更准确，我们与文献[34]中给出的结果进行了比较。图 10.6 显示了在文献[34]中给出的控制策略下误差系统的状态轨迹，以及从图 10.6 可以看出，本章提出的控制策略使系统实现更快的同步时间。

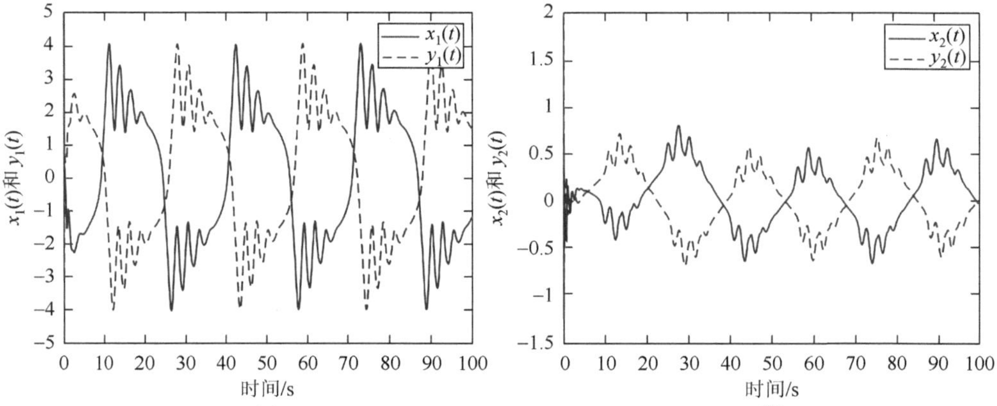

(a) (b)

图 10.2 没有控制器的 x 和 y 的轨迹

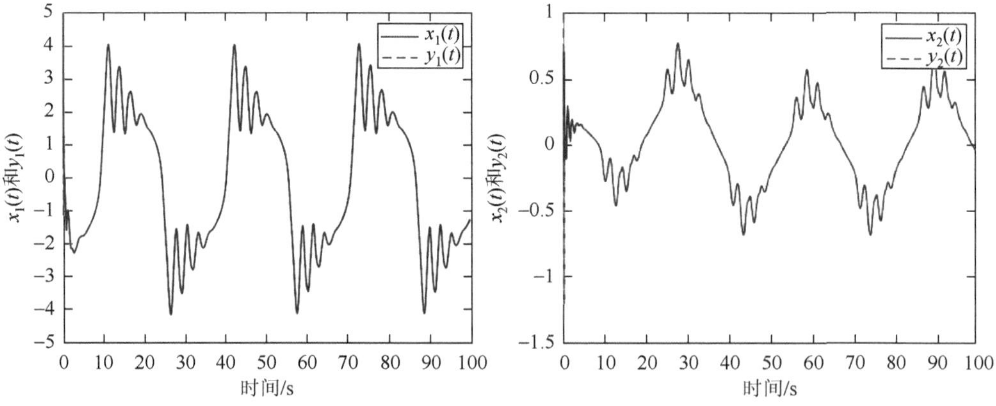

(a) (b)

图 10.3 x 和 y 与控制器的轨迹

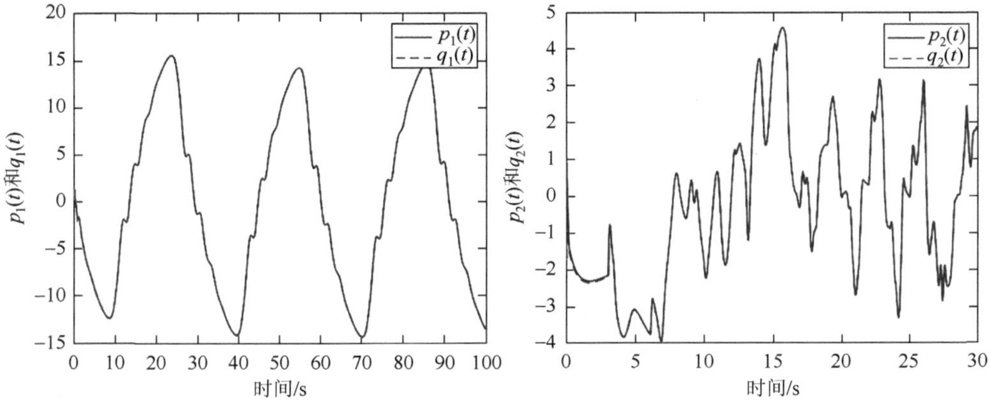

(a)　　　　(b)

图 10.4　p 和 q 与控制器（10.43）的轨迹

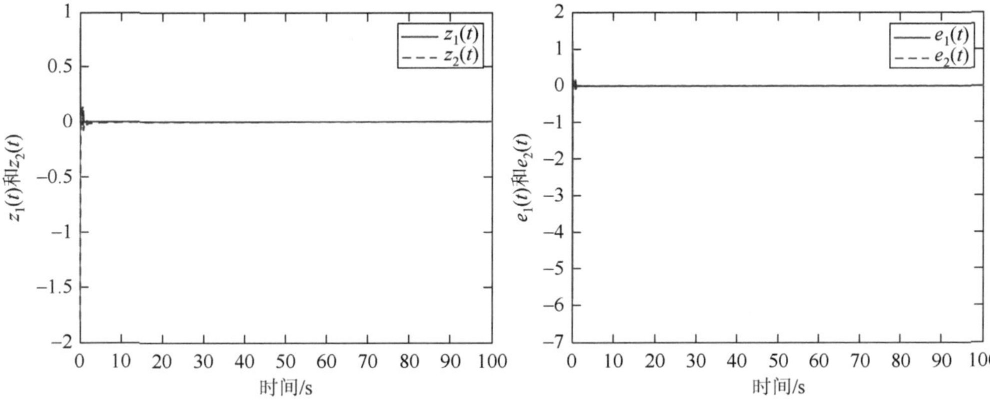

(a)　　　　(b)

图 10.5　z 和 e 的同步误差随控制器（10.43）的变化

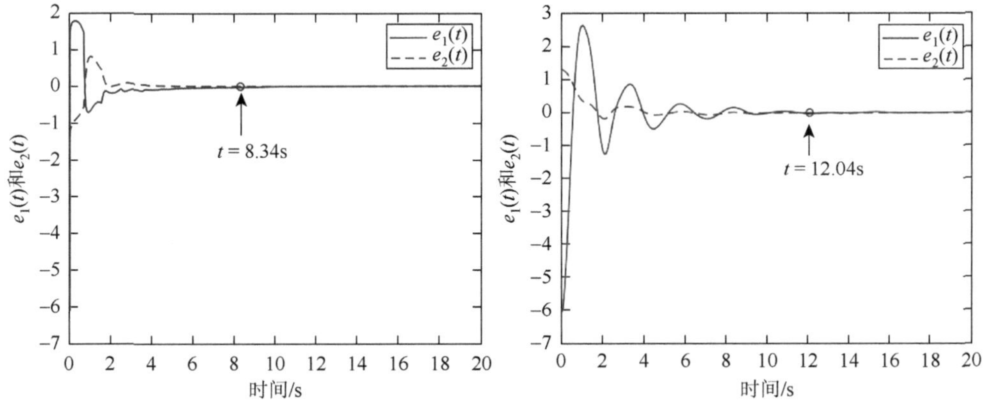

(a) 本章方法　　　　(b) 文献[34]的方法

图 10.6　本章和文献[34]的同步误差的演化

例 10.2　考虑具有时变延迟的三维分数阶惯性神经网络系统。

驱动系统如下：

$$
\begin{aligned}
D_t^{\alpha} x_i(t) = & -a_i D_t^{\beta} x_i(t) - b_i x_i(t) + \sum_{j=1}^{2} c_{ij} f_j(x_j(t)) \\
& + \sum_{j=1}^{2} d_{ij} g_j(x_j(t-\tau_j(t))) \\
& + I_i(t), \quad i=1,2,3, \quad t>0
\end{aligned} \tag{10.44}
$$

响应系统如下：

$$
\begin{aligned}
D_t^{\alpha} y_i(t) = & -a_i D_t^{\beta} y_i(t) - b_i y_i(t) + \sum_{j=1}^{2} c_{ij} f_j(y_j(t)) \\
& + \sum_{j=1}^{2} d_{ij} g_j(y_j(t-\tau_j(t))) + I_i(t) \\
& + u_i(t), \quad i=1,2,3, \quad t>0
\end{aligned} \tag{10.45}
$$

其中，$f_j(\cdot)=\tanh(\cdot)$；$g_j(\cdot)=\sin(\cdot)$。

系统参数设置如下：

$$
\begin{cases}
a_1=2, a_2=3.8, a_3=2.1 \\
b_1=2, b_2=3.9, b_3=2.7 \\
I_1=0.1, I_2=0.2, I_3=0.1 \\
\alpha=1.7, \beta=0.9
\end{cases}
$$

$$
C=(c_{ij})_{3\times 3}=\begin{bmatrix} 11 & -2.5 & 4.2 \\ 3.9 & 3 & -3.2 \\ -6.1 & 8 & 3.3 \end{bmatrix}
$$

$$
D=(d_{ij})_{3\times 3}=\begin{bmatrix} 3 & -1 & 2 \\ -1 & 3 & -3.9 \\ 8 & -2 & 12 \end{bmatrix}
$$

系统的初始值和固定延时 $\tau_i(t)$ 设置如下：

$$
\begin{cases}
x_1(s)=1.1, x_2(s)=-1.3, x_3(s)=1 \\
p_1(s)=-0.8, p_2(s)=0.9, p_3(s)=-1.9, s\in[-\tau,0] \\
y_1(s)=2.1, y_2(s)=-1.5, y_3(s)=2 \\
q_1(s)=0.4, q_2(s)=-1.7, q_3(s)=-0.9, s\in[-\tau,0] \\
\tau_j(t)=3
\end{cases}
$$

非负常数 l_i 和 m_i 设置如下，且满足式（10.42）：

$$
l_1=l_2=l_3=1, \quad m_1=m_2=m_3=1
$$

设计控制器如下：

$$u_i(t) = -\rho_i e_i(t) - k_i z_i(t) - D_t^{\alpha-\beta} e_i(t), \quad i = 1,2,3 \tag{10.46}$$

控制器参数设置如下：

$$\begin{cases} \rho_1 = 18, \rho_2 = 12, \rho_3 = 15; k_1 = 12, k_2 = 10, k_3 = 8 \\ \omega_1 = 20, \omega_2 = 25, \omega_3 = 35; \gamma_1 = 5, \gamma_2 = 6, \gamma_3 = 15 \end{cases}$$

显然，本节选择的参数满足式（10.23）的条件。因此，根据定理 10.1，驱动系统（10.44）和响应系统（10.45）可以同步。图 10.7 显示了驱动系统（10.44）的相位图，其指示这个系统是混乱的。图 10.8 和图 10.9 显示了驱动系统（10.44）和响应系统（10.45）在控制器（10.46）下快速实现同步。图 10.10 显示了误差系统的演化。图 10.11 显示了在文献[32]和本章中给出的控制策略下，误差系统的状态轨迹。

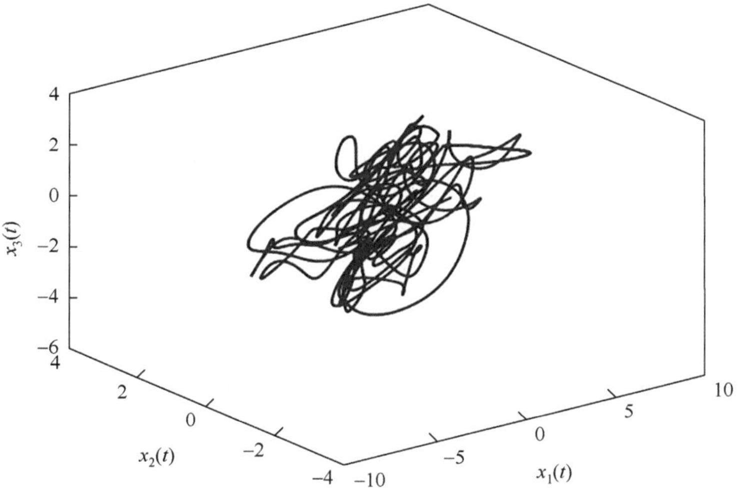

图 10.7　驱动系统（10.44）的相位图

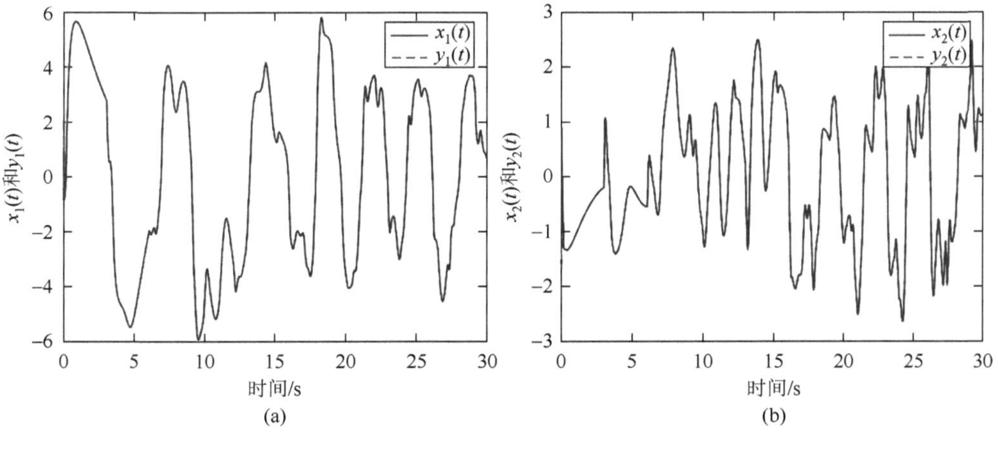

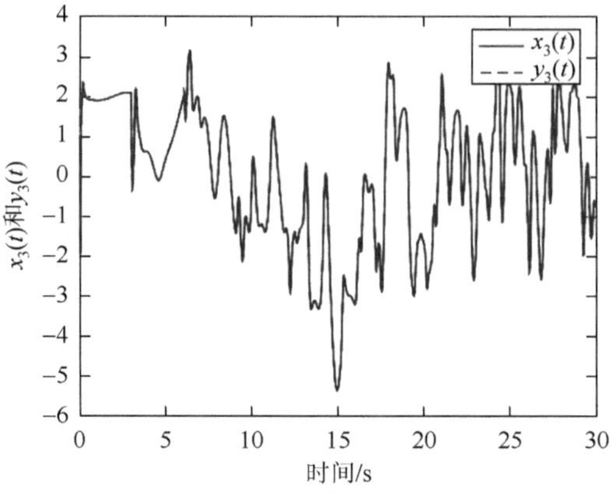

(c)

图 10.8　控制器（10.46）的 x 和 y 轨迹

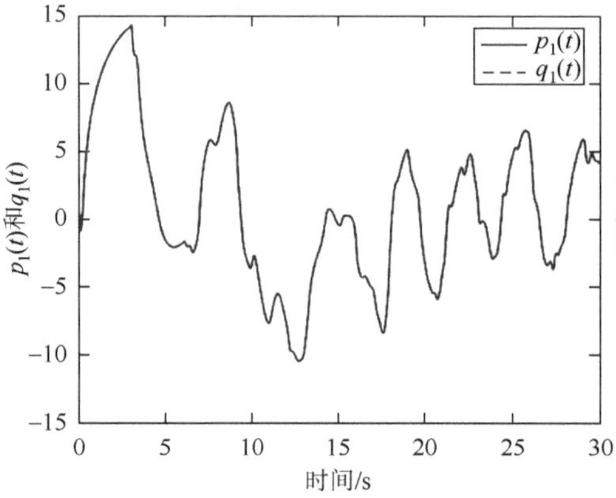

(a)

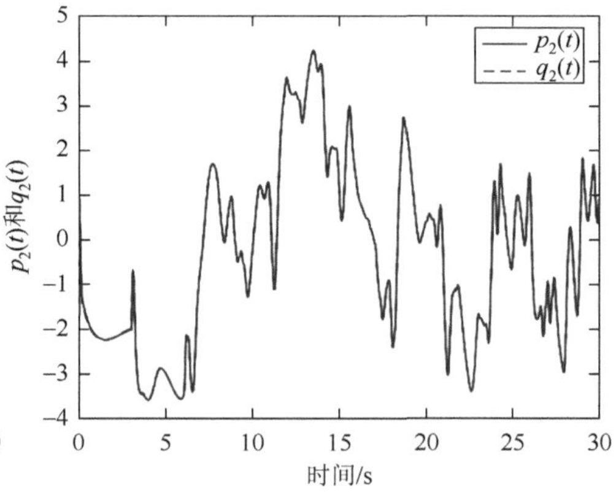

(b)

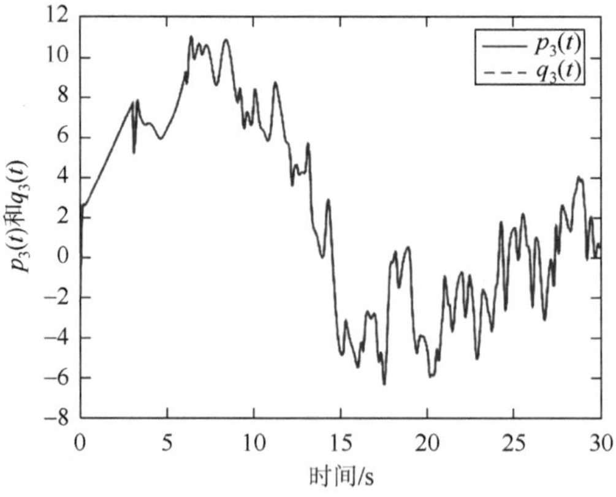

(c)

图 10.9　p 和 q 与控制器（10.46）的轨迹

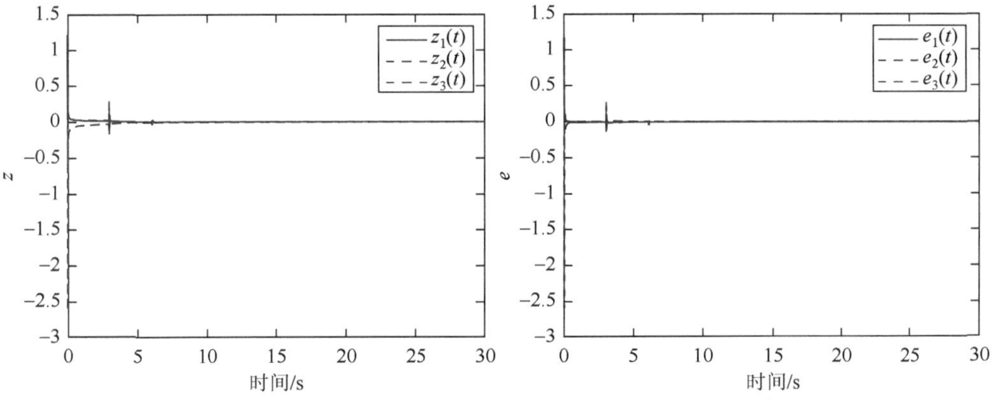

(a)　　(b)

图 10.10　z 和 e 的同步误差随控制器的变化

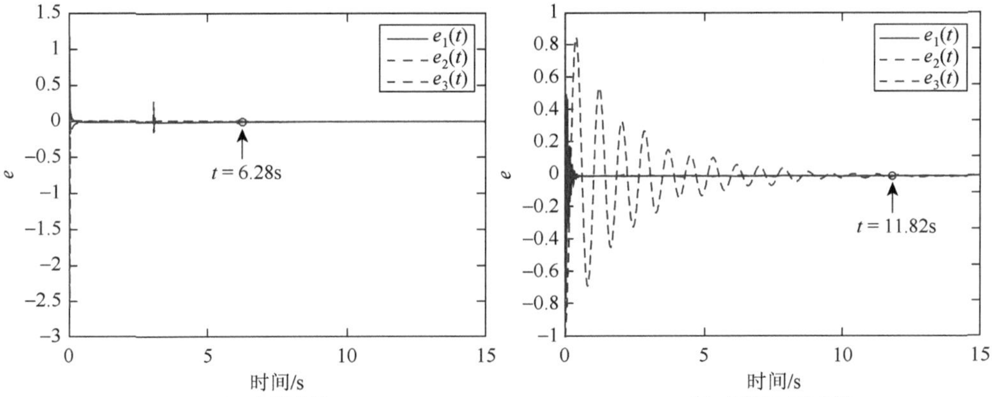

(a) 本章方法　　(b) 文献[32]的方法

图 10.11　本章和文献[32]的同步误差的演化

同样，我们将本章的结果与文献[32]中的结果进行比较，不难发现，本章提出的控制策略使系统达到了较快的同步时间和较小的超调。

注 8　与文献[32]中给出的结果相比，本章提出的控制策略使系统达到更快的同步时间。从理论分析的角度来看，文献[32]中讨论的是准同步，而本章研究的是渐近同步，这意味着文献[32]中可能存在误差。此外，文献[32]中的时滞是常数，而本章中的时滞是时变的。

例 10.3　考虑一个三维分数阶具有时变时滞的惯性神经网络系统：

$$\begin{aligned}D_t^{2\beta}x_i(t)=&-a_iD_t^{\beta}x_i(t)-b_ix_i(t)+\sum_{j=1}^{n}c_{ij}f_j(x_j(t))\\&+\sum_{j=1}^{n}d_{ij}g_j(x_j(t-\tau_j(t)))\\&+I_i(t),\quad i=1,2,3,\quad t>0\end{aligned}\tag{10.47}$$

其中，$f_j(\cdot)=\tanh(\cdot)$；$g_j(\cdot)=\sin(\cdot)$。

系统参数设置如下：

$$\begin{cases}\beta=0.95\\ a_1=8,a_2=9,a_3=7\\ b_1=12,b_2=10,b_3=14\end{cases}$$

$$C=(c_{ij})_{3\times3}=\begin{bmatrix}1 & -1.5 & -2\\ -1.59 & 2 & -0.5\\ -2 & 0.5 & -1\end{bmatrix}$$

$$D=(d_{ij})_{3\times3}=\begin{bmatrix}1 & -0.2 & 0.3\\ -1 & 0.4 & -0.6\\ -1 & -0.6 & 0.9\end{bmatrix}$$

然后，我们随机生成 10 组初始系统值，生成函数定义如下：

$$\begin{cases}x_1(s)=3.1\times(-1)^i\times\text{rand}(\cdot),s\in[-\tau,0],i=1,2,\cdots,10\\ x_2(s)=-1.3\times(-1)^i\times\text{rand}(\cdot),s\in[-\tau,0],i=1,2,\cdots,10\\ x_3(s)=3\times(-1)^i\times\text{rand}(\cdot),s\in[-\tau,0],i=1,2,\cdots,10\end{cases}$$

l_i 和 m_i 的设置如下：

$$l_1=l_2=l_3=1,\quad m_1=m_2=m_3=1$$

$\tau_i(t)$ 值的选择如下：

$$\tau_i(t)=3 \tag{10.48}$$

或

$$\tau_i(t)=\mathrm{e}^t/(1+\mathrm{e}^t) \tag{10.49}$$

参数 I_i 的选择如下：

$$I_1=5.5,\quad I_2=1,\quad I_3=-5 \tag{10.50}$$

或

$$\begin{cases}I_1=-5.5\sin(2t)+2\\ I_2=5\sin(2t)\\ I_3=-4.5\cos(2t)-4\end{cases} \tag{10.51}$$

参数 ω_i 和 γ_i 的选择如下：

$$\begin{cases}\omega_1=5.5,\omega_2=8,\omega_3=8\\ \gamma_1=3,\gamma_2=1.5,\gamma_3=2\end{cases}$$

显然，本节选择的参数满足式（10.31）的条件。图 10.12 显示了系统（10.47）在固定外部扰动和具有不同时间延迟的不同初始值下的一致稳定性演化过程。图 10.13 显示了在给定时变外部扰动、不同初始值和不同时滞的情况下，系统（10.47）的一致稳定性演化过程。数值模拟表明，具有时滞的分数阶惯性神经网络是一致稳定的，运用推论 10.1 的方法是有效的。

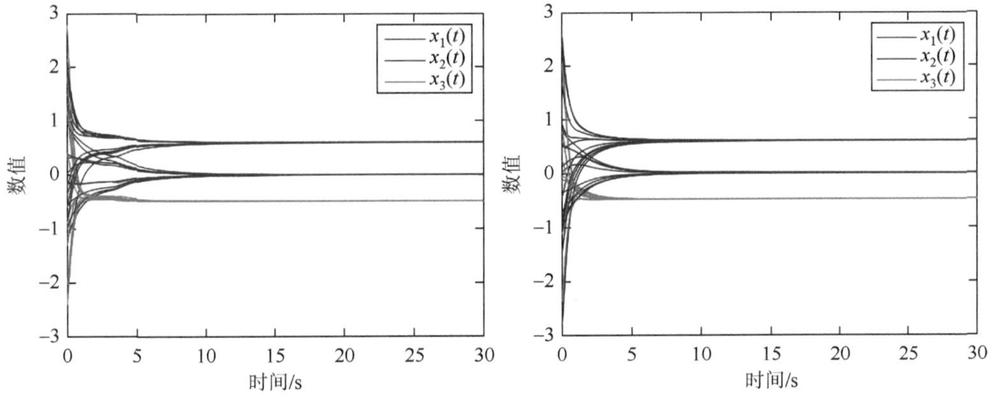

(a) $\tau_i(t)=3$　(b) $\tau_j(t)=e^t/(1+e^t)$

图 10.12　具有固定外部扰动和不同初始值的系统（10.47）的一致稳定性

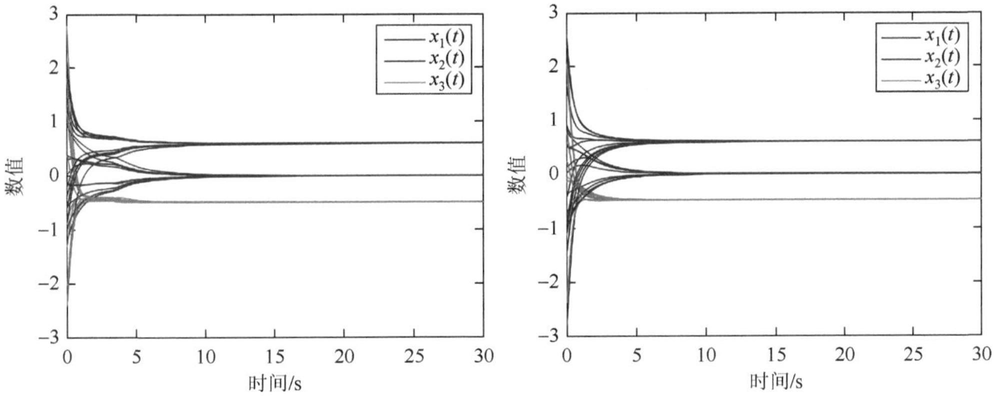

(a) $\tau_i(t)=3$　(b) $\tau_j(t)=e^t/(1+e^t)$

图 10.13　具有时变外部扰动和不同初始值的系统（10.47）的一致稳定性

10.5　本 章 小 结

本章研究了一类具有时变时滞的分数阶惯性神经网络的稳定性分析和同步控制问题。这里我们通过变量替换将原有的惯性神经网络系统改造成常规系统，然后基于 Lyapunov 直接法，通过构造简单的同步控制器和选择适当的 Lyapunov 函数，得到了一些易于验证的充分条件，保证了具有时变时滞的分数阶惯性神经网络实现同步。此外，给出了一类 Caputo 分数阶时滞惯性神经网络的稳定性条件。最后，通过三个数值算例说明了本章方法的可行性和有效性。今后，我们将进一步讨论分数阶惯性神经网络的实际应用。

参 考 文 献

[1] Babcock K，Westervelt R. Stability and dynamics of simple electronic neural networks with added inertia[J]. Physica D：Nonlinear Phenomena，1986，23：464-469.

[2] Babcock K，Westervelt R. Dynamics of simple electronic neural network-s[J]. Physica D：Nonlinear Phenomena，1987，28：305-316.

[3] Cui N，Jiang H，Hu C，et al. Global asymptotic and robust stability of inertial neural networks with proportional delays[J]. Neurocomputing，2018，272：326-333.

[4] Rakkiyappan R，Kumari E，Chandrasekar A. Synchronization and periodicity of coupled inertial memristive neural networks with supremums[J]. Neurocomputing，2016，214：739-749.

[5] Lakshmanan S，Prakash M，Lim C，et al. Synchronization of an inertial neural network with time-varying delays and its application to secure communication[J]. IEEE Transactions on Neural Networks and Learning Systems，2018，29：195-207.

[6] Prakash M，Balasubramaniam P，Lakshmanan S. Synchronization of Markovian jumping inertial neural networks and its applications in image encryption[J]. Neural Networks，2016，83：86-93.

[7] Alimi A，Aouiti C，Assali E. Finite-time and fixed-time synchronization of a class of inertial neural networks with multi-proportional delays and its application to secure communication[J]. Neurocomputing，2019，332：29-43.

[8] Zhang G，Zeng Z，Hu J. New results on global exponential dissipativity analysis of memristive inertial neural networks with distributed time-varying delays[J]. Neural Networks，2018，97：183-191.

[9] Wang J，Tian L. Global lagrange stability for inertial neural networks with mixed time-varying delays[J]. Neurocomputing，2017，235：140-146.

[10] Dharani S，Rakkiyappan R，Park J. Pinning sampled-data synchronization of coupled inertial neural networks with reaction-diffusion terms and time-varying delays[J]. Neurocomputing，2017，235：101-107.

[11] Li X，Hu C. Some new results on stability and synchronization for delayed inertial neural networks based on non-reduced order method[J]. Neural Networks，2017，96：91-100.

[12] Zhang Z，Ren L. New suficient conditions on global asymptotic synchronization of inertial delayed neural networks by using integrating inequality techniques[J]. Nonlinear Dynamics，2019，9：905-917.

[13] Zhang G，Zeng Z，Ning D. Novel results on synchronization for a class of switched inertial neural networks with distributed delays[J]. Information Sciences，2020，511：114-126.

[14] Chaouki A，Abed A E. Finite-time and fixed-time synchronization of inertial neural networks with mixed delays[J]. Journal of Systems Science & Complexity，2021，34：206-235.

[15] Chen C，Li L，Peng H. Fixed-time synchronization of inertial memristor-based neural networks with discrete delay[J]. Neural Networks，2019，109：81-89.

[16] Yotha N，Botmart T，Mukdasai K. Improved delay-dependent approach to passivity analysis for uncertain neural

networks with discrete interval and distributed time-varying delays[J]. Vietnam Journal of Mathematics，2017，45：721-736.

[17] Li Y，Chen Y，Podlubny I. Mittag-leffler stability of fractional order nonlinear dynamic systems[J]. Automatica，2009，45（8）：1965-1969.

[18] Kaslik E，Sivasundaram S. Nonlinear dynamics and chaos in fractional-order neural networks[J]. Neural Networks，2012，32：245-256.

[19] Song C，Cao J. Dynamics in fractional-order neural networks[J]. Neurocomputing，2014，142：494-498.

[20] Wang H，Yu Y，Wen G. Stability analysis of fractional-order hopfield neural networks with time delays[J]. Neural Networks，2014，55：98-109.

[21] Bao H，Cao J. Projective synchronization of fractional-order memristor-based neural networks[J]. Neural Networks，2015，63：1-9.

[22] Hu T，Zhang X，Zhong S. Global asymptotic synchronization of non-identical fractional-order neural networks[J]. Neurocomputing，2018，313：39-46.

[23] Xiu C. Edge Extraction based on memristor cell neural network with fractional order template[J]. IEEE Access，2018，7：90750-90759.

[24] Li L，Liu X，Tang M，et al. Asymptotical synchronization analysis of fractional-order complex neural networks with non-delayed and delayed couplings[J]. Neurocomputing，2021，445：180-193.

[25] Yang S，Jiang H，Hu C，et al. Exponential synchronization of fractional-order reaction-diffusion coupled neural networks with hybrid delay-dependent impulses[J]. Journal of the Franklin Institute，2021，358（6）：3167-3192.

[26] Li H，Hu C，Zhang L，et al. Complete and finite-time synchronization of fractional-order fuzzy neural net-works via nonlinear feedback control[J]. Fuzzy Sets and Systems，2022，435：1-18.

[27] Pratap A，Raja R，Sowmiya C，et al. Robust generalized Mittag-Leffler synchronization of fractional order neural networks with discontinuous activation and impulses[J]. Neural Networks，2018，103：128-141.

[28] Sun Y，Liu Y. Adaptive synchronization control and parameters identification for chaotic fractional neural networks with time-varying delays[J]. Neural Processing Letters，2021，53：2729-2745.

[29] Li Z，Zhang Y. The boundedness and the global mittag-leffler synchronization of fractional-order inertial cohen-grossberg neural net-works with time delays[J]. Neural Processing Letters，2022，54：597-611.

[30] Ke L. Mittag-Leffler stability and asymptotic ω-periodicity of fractional-order inertial neural networks with time-delays[J]. Neurocomputing，2021，465：53-62.

[31] Zhang S，Tang M，Liu X. Synchronization of a Riemann-Liouville fractional time-delayed neural network with two inertial terms[J]. Circuits，Systems，and Signal Processing，2021，40：5280-5308.

[32] Yang X，Lu J. Synchronization of fractional order memristor-based inertial neural networks with time delay[C]. 2020 Chinese Control and Decision Conference，Hefei，2020：3853-3858.

[33] Lakshmikantha V，Leela S，Devi J. Theory of Fractional Dynamic Systems[M]. Cambridge：Cambridge Scientific Publishers，2009.

[34] Li C，Deng W. Remarks on fractional derivatives[J]. Applied Mathematics and Computation，2007，187：777-784.

[35] Aguila C，Duarte-Mermoud M，Gallegos J. Lyapunov function-s for fractional order systems[J]. Communications in Nonlinear Science，Numerical Simulation，2014，19：2951-2957.

[36] Tan M. Asymptotic stability of nonlinear systems with unbounded delays[J]. Journal of the Mathematical Analysis and Applications，2008，337：1010-1021.

[37] Li Y，Zhao D，Chen Y，et al. Finite energy lyapunov function candidate for fractional order general nonlinear systems[J]. Communications in Nonlinear Science and Numerical Simulation，2019，78（104886）：1-16.

[38] Chen C，Li L，Peng H. A new fixed-time stability theorem and its application to the fixed-time synchronization of neural networks[J]. Neural Networks，2020，123：412-419.

第 11 章　具有时变混合延迟的分数阶模糊惯性细胞神经网络的固定时间同步

11.1　概　　述

在过去几年中，Chua 等[1]提出的细胞神经网络（CNN）已被广泛应用于模式识别、图像处理、联想记忆、组合优化和模式分类等许多领域[2-5]。此外，在神经网络的实现中，不能忽视不确定性或模糊性的存在。为了考虑模糊性，Yang 等[6, 7]在传统 CNN 的基础上提出了所谓的模糊细胞神经网络（FCNN）。与之前的 CNN 结构不同，FCNN 在其模板与输入和/或输出之间除了乘积运算的总和之外还具有模糊逻辑。直到现在，FCNN 仍然是一个热门话题。许多研究表明，FCNN 在图像处理和模式识别中提供了有用的范例[8-11]。因此，研究 FCNN 的动力学行为具有重要的理论和现实意义。

1986 年，Babcock 等首次在神经网络中引入了惯性项，指出加入惯性项引起的复杂分岔行为和混沌使得神经元耦合的动态过程非常复杂。在电子神经网络中加入惯性项可能会导致复杂的行为，如不稳定、自发振荡和混沌行为。此外，将惯性项引入神经系统存在重要的生物学背景。例如，鱿鱼轴突具有唯象电感[12]，神经元的准活性膜行为可以通过添加电感来模拟，使膜具有电调谐、过滤行为[13]，鸽子半规管中的毛细胞膜可以通过包含电感的等效电路来实现[14]。

分数阶微积分是整数导数和积分向任意阶微积分的推广，可以追溯到 300 年前。分数阶微分方程被认为是对生物学、化学、物理学、医学、经济学和其他科学领域中的实际问题进行建模的有力工具。其主要优势在于分数阶系统具有无限记忆的特点，因为分数阶微分考虑了当前状态及其先前状态的所有历史。因此，许多学者将分数算子应用于神经网络来构建分数模型[15-21]。值得注意的是，在神经元之间的信号处理和传输中，由于放大器的开关速度有限，延迟时间是不可避免的，这会影响神经网络的稳定性，并可能导致网络系统的发散、不稳定和振荡。事实上，包括恒定延迟、时变延迟和分布式延迟在内的混合延迟被认为在建模网络系统时比单一延迟更有效，因为当网络系统变得更复杂时，这些简单的延迟通常不可行。

同步是耦合系统在同一时间达到相同状态的动态行为。如今，同步因其在安全通信、信息科学、图像处理中的潜在应用而受到了广泛关注[22-24]。现有的同步结果按照收敛时间可以分为两类，即无限时间同步，包括全局渐近同步和指数同步，以及有限时间同步。与神经网络的全局渐近同步相比，有限时间同步具有更好的收敛性能。事实上，我们衷心希望在实际工程应用中，系统能够在一定的设定时间内实现同步。因此，研究神经网络的有限时间同步非常重要。在与延迟惯性神经网络同步相关的现有参考文献中，文献[25]研究了具有恒定延迟的惯性神经网络的渐近同步控制。文献[26]研究了 Riemann-Liouville 分数阶时间延迟惯性神经网络的渐近同步。文献[27]通过钉扎控制讨论了具有混合延迟的耦合惯性神经网络的指数同步控制。文献[28]使用间歇控制研究了具有离散和有限分布式时变延迟的惯性神经网络的指数同步。文献[29]关注具有时间延迟的惯性 Cohen-Grossberg 神经网络的指数同步问题。文献[30]通过自适应控制研究了延迟惯性神经网络的全局指数稳定和滞后同步控制。文献[31]研究了惯性神经网络的有限时间同步。文献[32]关注通过延迟相关控制实现具有时间延迟的惯性忆阻神经网络的有限时间同步。文献[33]研究了具有时变延迟的惯性忆阻神经网络的有限时间同步和固定时间同步问题。文献[34]讨论了具有离散延迟的基于惯性忆阻器的神经网络的固定时间同步控制。文献[35]研究了一类具有多比例延迟的惯性神经网络的有限时间和固定时间同步问题。然而，对于延迟分数阶模糊惯性细胞神经网络的固定时间同步，现有工作中的报道很少。因此，填补这一空白也很重要，也很有意义。

据我们所知，具有时变混合延迟的 FFICNN 的固定时间同步控制尚未完全研究，这激发了我们的研究动机。本章旨在研究一类具有时变混合延迟的 FFICNN 的固定时间同步分析问题。主要贡献总结如下。

（1）首次研究了具有时变混合延迟的 FFICNN 的固定时间同步问题。在实际应用中，固定时间同步比有限时间同步和渐近同步更通用、更实用。

（2）通过构造非线性反馈控制器并选择简单的 Lyapunov 函数，得到了一些易于验证的充分条件，以保证驱动响应 FFICNN 系统的固定时间同步。

（3）本章提出的惯性细胞神经网络模型更加通用和实用。其有四个主要特征，即分数阶、不连续激活函数、模糊逻辑和时变混合延迟。

（4）新给定的充分条件由一些代数不等式表示，与矩阵不等式相比，这些代数不等式实现起来非常简单，可以避免一些复杂的计算。

（5）本章中的稳定时间很容易估算。此外，与经典结果相比，本章给出的稳定时间估计界限更加准确有效。另外给出了数值模拟来证明所提出方法的有效性。

11.2　问题模型和相关知识

关于$\alpha>0$阶的分数微积分存在几个定义，但 Caputo 定义大多数用于工程应用，该定义包含$f(t)$及其整数阶导数的初始条件，在物理意义上更容易解释。

定义 11.1　半轴R^+上的$\alpha\in R^+$分数积分定义如下：

$$D^{-\alpha}f(t)=\frac{1}{\Gamma(\alpha)}\int_{t_0}^{t}(t-\tau)^{\alpha-1}f(\tau)\mathrm{d}\tau$$

其中，$t>t_0$；$\Gamma(\cdot)$是 Gamma 函数。

定义 11.2　半轴R^+上$\alpha\in R^+$阶的 Caputo 分数阶导数定义如下：

$$D^{\alpha}f(t)=\frac{1}{\Gamma(n-\alpha)}\int_{t_0}^{t}(t-\tau)^{n-\alpha-1}f^{(n)}(\tau)\mathrm{d}\tau$$

其中，$n-1\leqslant\alpha<n$。

本章考虑以下具有混合延迟的n维分数阶模糊中性型神经网络：

$$\begin{aligned}D^{\alpha}x_i(t)=&-a_iD^{\beta}x_i(t)-b_ix_i(t)+\sum_{j=1}^{n}c_{ij}f_j(x_j(t))+\sum_{j=1}^{n}d_{ij}\int_{t-\tau_0(t)}^{t}f_j(x_j(s))\mathrm{d}s\\&+\sum_{j=1}^{n}g_{ij}v_j+\bigwedge_{j=1}^{n}T_{ij}v_j+\bigwedge_{j=1}^{n}\alpha_{ij}f_j(x_j(t-\tau_j(t)))+\bigvee_{j=1}^{n}S_{ij}v_j\\&+\bigvee_{j=1}^{n}\beta_{ij}f_j(x_j(t-\tau_j(t)))+I_i,\quad i=1,\cdots,n\end{aligned}\tag{11.1}$$

分别定义：$0\leqslant\beta\leqslant1,\beta<\alpha<\beta+1$；$x_i(t)$表示第$i$个单元在时间$t$的状态；$a_i$、$b_i$表示第$i$个单元状态的被动衰减率；$c_{ij}$、$d_{ij}$表示反馈模板的元素；$g_{ij}$表示前馈模板；$\alpha_{ij}$、$\beta_{ij}$分别为模糊反馈 Min 和 Max 模板的元素；$T_{ij}$、$S_{ij}$分别表示模糊前馈 Min 和 Max 模板的元素；$\bigwedge$和$\bigvee$分别是模糊 And 和 Or 运算；v_i和I_i分别是第i个神经元的输入和偏置；f_i表示激活函数；$\tau_0(t)$和$\tau_i(t)$表示沿第i个单元的轴突的传输延迟。系统（11.1）的初始条件由下面公式给出：

$$x_i(s)=\varphi_i(s),\quad D^{\beta}x_i(s)=\psi_i(s),\quad s\in[-\tau,t_0]$$

其中，$\tau=\max\limits_{0\leqslant j\leqslant n}\left\{\sup\limits_{t\in R^+}\tau_j(t)\right\}$；$\varphi_i(s),\psi_i(s)\in C([-\tau,t_0],R^n)$，$C([-\tau,t_0],R^n)$表示映射$[-\tau,t_0]$到$R^n$的连续函数的 Banach 空间。

注 1　如果$\alpha=\beta$，系统（11.1）将被简化为具有混合延迟的一般分数阶模糊神经网络，描述为

$$
\begin{aligned}
D^{\alpha}x_i(t) = & -\frac{b_i}{a_i+1}x_i(t) + \frac{1}{a_i+1}\sum_{j=1}^{n}c_{ij}f_j(x_j(t)) + \frac{1}{a_i+1}\sum_{j=1}^{n}d_{ij}\int_{t-\tau_0(t)}^{t}f_j(x_j(s))\mathrm{d}s \\
& + \frac{1}{a_i+1}\sum_{j=1}^{n}g_{ij}v_j + \frac{1}{a_i+1}\bigwedge_{j=1}^{n}T_{ij}v_j + \frac{1}{a_i+1}\bigwedge_{j=1}^{n}\alpha_{ij}f_j(x_j(t-\tau_j(t))) \\
& + \frac{1}{a_i+1}\bigvee_{j=1}^{n}S_{ij}v_j + \frac{1}{a_i+1}\bigvee_{j=1}^{n}\beta_{ij}f_j(x_j(t-\tau_j(t))) + \frac{1}{a_i+1}I_i, \quad i=1,\cdots,n
\end{aligned}
\tag{11.2}
$$

如果$\alpha<\beta$，系统（11.1）将被转换为

$$
\begin{aligned}
D^{\beta}x_i(t) = & -\frac{1}{a_i}D^{\alpha}x_i(t) - \frac{b_i}{a_i}x_i(t) + \frac{1}{a_i}\sum_{j=1}^{n}c_{ij}f_j(x_j(t)) + \frac{1}{a_i}\sum_{j=1}^{n}d_{ij}\int_{t-\tau_0(t)}^{t}f_j(x_j(s))\mathrm{d}s \\
& + \frac{1}{a_i}\sum_{j=1}^{n}g_{ij}v_j + \frac{1}{a_i}\bigwedge_{j=1}^{n}T_{ij}v_j + \frac{1}{a_i}\bigwedge_{j=1}^{n}\alpha_{ij}f_j(x_j(t-\tau_j(t))) + \frac{1}{a_i}\bigvee_{j=1}^{n}S_{ij}v_j \\
& + \frac{1}{a_i}\bigvee_{j=1}^{n}\beta_{ij}f_j(x_j(t-\tau_j(t))) + \frac{1}{a_i}I_i, \quad i=1,\cdots,n
\end{aligned}
\tag{11.3}
$$

所以，我们只需调查$\alpha>\beta$的情况。

注 2　在文献[24]中，研究了惯性神经网络的定时同步问题。本章的研究结果至少在两个方面与其他研究不同。首先，本章所使用的同步控制器设计比较复杂，推导过程也比较复杂。其次，我们的研究对象是分数阶神经网络，它在描述复杂的输入输出信号关系和神经网络的动力学方面具有优势。

本章研究满足以下关于激活函数的假设。

假设 11.1　存在非负常数L_i和Q_i使得

$$
|\lambda_i-\zeta_i|\leqslant L_i|x_i-y_i|+Q_i, \quad \forall x_i,y_i\in R, \quad i=1,2,\cdots,n
$$

其中，$\lambda_i\in\overline{c_0}(f_i(x_i))$和$\zeta_i\in\overline{c_0}(f_i(x_i))$；$\overline{c_0}$表示集合的凸闭包。

假设 11.2　$f_i:R\to\mathcal{R}$是连续的，除了对于每个$i=1,2,\cdots,n$的可数集隔离点$\{\varrho_k^i\}$，其中存在有限左极限$f_i(\varrho_k^{i-})$和右极限$f_i(\varrho_k^{i+})$。此外，f_i在R的每个紧区间上至多有有限个跳跃不连续点。为了获得主要结果，我们给出了 Filippov 解的概念，它来自 Filippov 对不连续系统（11.1）的定义。

注 3　假设 11.1 和假设 11.2 不是限制性的。神经网络有很多，如文献[36]和[37]中的神经网络模型，都满足假设 11.1 和假设 11.2。

定义 11.3　如果满足以下条件，则称函数$x=(x_1,x_2,\cdots,x_n)^{\mathrm{T}}$是系统（11.1）在$[-\tau,T)$上的解。

（1）$x=(x_1,x_2,\cdots,x_n)^{\mathrm{T}}$在区间$[0,T)$中绝对连续，在区间$[-\tau,T)$中连续。

（2）有一个可测函数 $\lambda=(\lambda_1,\lambda_2,\cdots,\lambda_n)^{\mathrm{T}}:[-\tau,T)\to\mathcal{R}^n$ 使得 $\lambda_j(t)\in\overline{c_0}(f_j(x_j(t)))$ 对于 $t\in[-\tau,T]$，以及

$$
\begin{aligned}
D^{\alpha}x_i(t)=&-a_iD^{\beta}x_i(t)-b_ix_i(t)+\sum_{j=1}^{n}c_{ij}\lambda_j(t)+\sum_{j=1}^{n}d_{ij}\int_{t-\tau_0(t)}^{t}\lambda_j(s)\mathrm{d}s\\
&+\sum_{j=1}^{n}g_{ij}v_j+\bigwedge_{j=1}^{n}T_{ij}v_j+\bigwedge_{j=1}^{n}\alpha_{ij}\lambda_j(t-\tau_j(t))+\bigvee_{j=1}^{n}S_{ij}v_j\\
&+\bigvee_{j=1}^{n}\beta_{ij}\lambda_j(t-\tau_j(t))+I_i,\quad i=1,\cdots,n
\end{aligned}
\tag{11.4}
$$

接下来，对常数 ξ_i 引入以下变量：

$$y_i(t)=D^{\beta}x_i(t)+\xi_ix_i(t)$$

则系统（11.4）可转化为

$$
\begin{cases}
D^{\beta}x_i(t)=-\xi_ix_i(t)+y_i(t)\\
D^{\alpha-\beta}y_i(t)=-\theta_iy_i(t)+\delta_ix_i(t)+\sum_{j=1}^{n}c_{ij}\lambda_j(t)+\sum_{j=1}^{n}d_{ij}\int_{t-\tau_0(t)}^{t}\lambda_j(s)\mathrm{d}s\\
\qquad+\sum_{j=1}^{n}g_{ij}v_j+\bigwedge_{j=1}^{n}T_{ij}v_j+\bigwedge_{j=1}^{n}\alpha_{ij}\lambda_j(t-\tau_j(t))+\bigvee_{j=1}^{n}S_{ij}v_j\\
\qquad+\bigvee_{j=1}^{n}\beta_{ij}\lambda_j(t-\tau_j(t))+\xi_iD^{\alpha-\beta}x_i(t)+I_i,\quad i=1,2,\cdots,n
\end{cases}
\tag{11.5}
$$

其中，$\theta_i=a_i;\delta_i=\xi_i\theta_i-b_i$。初始条件可写为

$$
\begin{cases}
x_i(s)=\varphi_i(s)\\
y_i(s)=\xi_i\varphi_i(s)+\varphi_i(s)=\phi_i(s),s\in[-\tau,t_0]
\end{cases}
\tag{11.6}
$$

现在选择系统（11.5）作为驱动系统，制定如下响应系统：

$$
\begin{cases}
D^{\beta}p_i(t)=-\xi_ip_i(t)+q_i(t)+u_i(t)\\
D^{\alpha-\beta}q_i(t)=-\theta_iq_i(t)+\delta_ip_i(t)+\sum_{j=1}^{n}c_{ij}\zeta_j(t)+\sum_{j=1}^{n}d_{ij}\int_{t-\tau_0(t)}^{t}\zeta_j(s)\mathrm{d}s\\
\qquad+\sum_{j=1}^{n}g_{ij}v_j+\bigwedge_{j=1}^{n}T_{ij}v_j+\bigwedge_{j=1}^{n}\alpha_{ij}\zeta_j(t-\tau_j(t))+\bigvee_{j=1}^{n}S_{ij}v_j\\
\qquad+\bigvee_{j=1}^{n}\beta_{ij}\zeta_j(t-\tau_j(t))+\xi_iD^{\alpha-\beta}p_i(t)+I_i+\tilde{u}_i(t),\quad i=1,2,\cdots,n
\end{cases}
\tag{11.7}
$$

其中，$p_i(t)$、$q_i(t)$ 对应于响应系统的第 i 个神经元的状态变量；$u_i(t)$、$\tilde{u}_i(t)$ 是稍后设计的控制输入。定义同步误差如下：

$$
\begin{cases}
e_i(t)=p_i(t)-x_i(t)\\
\tilde{e}_i(t)=q_i(t)-y_i(t)
\end{cases}
$$

然后可以得到以下误差系统：

$$\begin{cases} D^{\beta}e_i(t) = -\xi_i e_i(t) + \tilde{e}_i(t) + u_i(t) \\ D^{\alpha-\beta}\tilde{e}_i(t) = -\theta_i \tilde{e}_i(t) + \delta_i e_i(t) + \sum_{j=1}^{n} c_{ij}\zeta_j(t) - \sum_{j=1}^{n} c_{ij}\lambda_j(t) \\ \qquad + \sum_{j=1}^{n} d_{ij}\int_{t-\tau_0(t)}^{t}\zeta_j(s)\mathrm{d}s - \sum_{j=1}^{n} d_{ij}\int_{t-\tau_0(t)}^{t}\lambda_j(s)\mathrm{d}s \\ \qquad + \bigwedge_{j=1}^{n} \alpha_{ij}\zeta_j(t-\tau_j(t)) - \bigwedge_{j=1}^{n} \alpha_{ij}\lambda_j(t-\tau_j(t)) \\ \qquad + \bigvee_{j=1}^{n} \beta_{ij}\zeta_j(t-\tau_j(t)) - \bigvee_{j=1}^{n} \beta_{ij}\lambda_j(t-\tau_j(t)) \\ \qquad + \xi_i D^{\alpha-\beta}e_i(t) + \tilde{u}_i(t), \quad i=1,2,\cdots,n \end{cases} \tag{11.8}$$

定义 11.4　如果在适当设计的反馈控制器 $u_i(t)$、$\tilde{u}_i(t)$ 下存在稳定时间函数 $T(e_0(t)) > t_0$，则驱动-响应系统（11.5）和（11.7）被认为在固定时间 $T_{\max}$ 内同步，使

$$\begin{cases} \lim\limits_{t\to T(e_0(t))} \| p_i(t) - x_i(t) \| = \lim\limits_{t\to T(e_0(t))} \| q_i(t) - y_i(t) \| = 0 \\ \| p_i(t) - x_i(t) \| = \| q_i(t) - y_i(t) \| = 0, \forall t > T(e_0(t)) \\ T(e_0(t)) \leqslant T_{\max}, \forall e_0(t) \in C^n[-\tau, t_0] \end{cases}$$

其中，$i=1,2,\cdots,n$；$\|\cdot\|$表示欧几里得范数。

接下来，给出以下引理，它将用于证明我们的主要结论。

引理 11.1[38]　令 $x_j, y_j, \alpha_{ij}, \beta_{ij} \in R, f_j : R \to \mathcal{R}$ 是 $i, j = 1,2,\cdots,n$ 的连续函数：

$$\left| \bigwedge_{j=1}^{n} \alpha_{ij} f_j(x_j) - \bigwedge_{j=1}^{n} \alpha_{ij} f_j(y_j) \right| = \sum_{j=1}^{n} |\alpha_{ij}| |f_j(x_j) - f_j(y_j)|$$

$$\left| \bigvee_{j=1}^{n} \beta_{ij} f_j(x_j) - \bigvee_{j=1}^{n} \beta_{ij} f_j(y_j) \right| = \sum_{j=1}^{n} |\beta_{ij}| |f_j(x_j) - f_j(y_j)|$$

引理 11.2[38]　如果 $a_1, a_2, \cdots, a_n \geqslant 0, \mu > 1, 0 < v \leqslant 1$，则

$$\sum_{i=1}^{n} a_i^{\mu} \geqslant n^{1-\mu}\left(\sum_{i=1}^{n} a_i\right)^{\mu}, \quad \sum_{i=1}^{n} a_i^{v} \geqslant \left(\sum_{i=1}^{n} a_i\right)^{v}$$

引理 11.3[39]　假设存在常数 $a, b, \mu, q > 0, \mu q > 1$ 和一个正定的径向无界函数 $V(x(t)) : R^n \to \mathcal{R}^+ \cup \{0\}$，使得

$$\dot{V}(x(t)) \leqslant -(aV^{\mu}(x(t)) + b)^q, \quad \forall x(t) \in R^n \setminus 0$$

则 $V(x(t)) = 0, t \geqslant T(x(t_0))$，稳定时间为

$$T(x(t_0)) \leqslant T_{\max} = \frac{1}{b^q}\left(\frac{b}{a}\right)^{\frac{1}{\mu}}\left(1 + \frac{1}{\mu q - 1}\right)$$

引理 11.4[40]　假设 $x(t)\in C^1[0,T]$，其中 T 是一个正常数，得

$$ {}_0D_t^{\alpha_1}\,{}_0D_t^{\alpha_2}x(t)={}_0D_t^{\alpha_1+\alpha_2}x(t) $$

其中，$\alpha_1,\alpha_2>0$ 且 $\alpha_1+\alpha_2\leqslant 1$。

引理 11.5[40]　假设 $x(t)\in C^1[0, T]$，其中 T 是一个正常数，分数 α 阶位于(0, 1]，那么以下等式成立：

$$ \begin{cases} {}_0I_t^{-\alpha}\,{}_0D_t^{\alpha}x(t)=x(t)-x(0) \\ {}_0D_{t0}^{\alpha}I_t^{-\alpha}x(t)=x(t) \end{cases} $$

11.3　FFICNN 的固定时间同步

本节将考虑一些新的标准来获得驱动-响应系统之间的固定时间同步。从定义 11.4 可以看出，驱动系统（11.5）和响应系统（11.7）之间的定时同步问题可以等效为误差系统（11.8）的定时稳定问题。为了实现我们的目标，自适应反馈控制器设计如下：

$$ \begin{cases} u_i(t)=-k_ie_i(t)+\mathrm{sign}(e_i(t))(-\gamma_i+c(D^{\beta-1}\,|\,e_i(t)\,|)^{\mu}+\omega_i\,|\,e_i(t-\tau_i(t))\,|) \\ \tilde{u}_i(t)=-\eta_{i1}\tilde{e}_i(t)+\mathrm{sign}(\tilde{e}_i(t))(\eta_{i2}+c(D^{\alpha-\beta-1}\,|\,\tilde{e}_i(t)\,|)^{\mu}) \\ \qquad -\sum\limits_{j=1}^{n}d_{ij}\int_{t-\tau_0(t)}^{t}\zeta_j(s)\mathrm{d}s+\sum\limits_{j=1}^{n}d_{ij}\int_{t-\tau_0(t)}^{t}\lambda_j(s)\mathrm{d}s \\ \qquad -\xi_iD^{\alpha-\beta}e_i(t),\quad i=1,2,\cdots,n \end{cases} \tag{11.9} $$

其中，k_i、γ_i、ω_i、η_{i1}、η_{i2} 是控制参数。

定理 11.1　在假设 11.1、假设 11.2 和控制器（11.9）下，如果以下条件（11.10）成立，则式（11.5）和式（11.7）可以实现有限时间同步。

$$ \begin{cases} \eta_{i1}\geqslant 1-\theta_i \\ \eta_{i2}\geqslant \sum\limits_{j=1}^{n}(|\,\alpha_{ij}\,|+|\,\beta_{ij}\,|+|\,c_{ij}\,|)Q_j \\ k_i\geqslant \sum\limits_{j=1}^{n}|\,c_{ji}\,|\,L_i+\delta_i+\xi_i \\ \omega_i\geqslant \sum\limits_{j=1}^{n}(|\,\alpha_{ij}\,|+|\,\beta_{ij}\,|)L_i \end{cases} \tag{11.10} $$

此外，稳定时间 $T_{\max}$ 通过式（11.11）进行计算：

$$ T_{\max}=\frac{1}{\varpi}\left(\frac{\varpi}{\rho}\right)^{\frac{1}{\mu}}\left(1+\frac{1}{\mu-1}\right) \tag{11.11} $$

其中，$\rho = cn^{1-\mu}$；$\varpi = \sum_{i=1}^{n} \gamma_i$。

证明 选择一个 Lyapunov 函数如下：

$$V(t) = \sum_{i=1}^{n} D^{\beta-1} |e_i(t)| + \sum_{i=1}^{n} D^{\alpha-\beta-1} |\tilde{e}_i(t)| \tag{11.12}$$

根据引理 11.4 和引理 11.5，得

$$\begin{aligned}
\dot{V}(t) &= \left(\sum_{i=1}^{n} D^{\beta-1} |e_i(t)|\right)' + \left(\sum_{i=1}^{n} D^{\alpha-\beta-1} |\tilde{e}_i(t)|\right)' \\
&= D^{\beta} D^{1-\beta} \left(\sum_{i=1}^{n} D^{\beta-1} |e_i(t)|\right) + D^{\alpha-\beta} D^{1-\beta+\beta} \left(\sum_{i=1}^{n} D^{\alpha-\beta-1} |\tilde{e}_i(t)|\right) \\
&= D^{\beta} \left(\sum_{i=1}^{n} D^{1-\beta} D^{\beta-1} |e_i(t)|\right) + D^{\alpha-\beta} \left(\sum_{i=1}^{n} D^{1-\beta+\beta} D^{\alpha-\beta-1} |\tilde{e}_i(t)|\right) \\
&= \sum_{i=1}^{n} D^{\beta} |e_i(t)| + \sum_{i=1}^{n} D^{\alpha-\beta} |\tilde{e}_i(t)| \\
&\leqslant \sum_{i=1}^{n} \operatorname{sign}(e_i(t)) D^{\beta} e_i(t) + \sum_{i=1}^{n} \operatorname{sign}(\tilde{e}_i(t)) D^{\alpha-\beta} \tilde{e}_i(t)
\end{aligned}$$

则

$$\begin{aligned}
\dot{V}(t) \leqslant & \sum_{i=1}^{n} \operatorname{sign}(e_i(t))(-\xi_i e_i(t) + \tilde{e}_i(t) + u_i(t)) + \sum_{i=1}^{n} \operatorname{sign}(\tilde{e}_i(t))(-\theta_i \tilde{e}_i(t) + \delta_i e_i(t) \\
& + \sum_{j=1}^{n} c_{ij} \zeta_j(t) - \sum_{j=1}^{n} c_{ij} \lambda_j(t) + \sum_{j=1}^{n} d_{ij} \int_{t-\tau_0(t)}^{t} \zeta_j(s) \mathrm{d}s - \sum_{j=1}^{n} d_{ij} \int_{t-\tau_0(t)}^{t} \lambda_j(s) \mathrm{d}s \\
& + \bigwedge_{j=1}^{n} \alpha_{ij} \zeta_j(t-\tau_j(t)) - \bigwedge_{j=1}^{n} \alpha_{ij} \lambda_j(t-\tau_j(t)) \\
& + \bigvee_{j=1}^{n} \beta_{ij} \zeta_j(t-\tau_j(t)) - \bigvee_{j=1}^{n} \beta_{ij} \lambda_j(t-\tau_j(t)) \\
& + \xi_i D^{\alpha-\beta} e_i(t) + \tilde{u}_i(t))
\end{aligned}$$

将控制器（11.9）代入上面公式，得

$$\begin{aligned}
\dot{V}(t) \leqslant & \sum_{i=1}^{n} \operatorname{sign}(e_i(t))(-\xi_i e_i(t) + \tilde{e}_i(t) - k_i e_i(t) + \operatorname{sign}(e_i(t))(-\gamma_i + c(D^{\beta-1} |e_i(t)|)^{\mu} \\
& + \omega_i |e_i(t-\tau_i(t))|)) + \sum_{i=1}^{n} \operatorname{sign}(\tilde{e}_i(t)) \left(-\theta_i \tilde{e}_i(t) + \delta_i e_i(t) + \sum_{j=1}^{n} c_{ij} \zeta_j(t) \right. \\
& - \sum_{j=1}^{n} c_{ij} \lambda_j(t) + \sum_{j=1}^{n} d_{ij} \int_{t-\tau_0(t)}^{t} \zeta_j(s) \mathrm{d}s - \sum_{j=1}^{n} d_{ij} \int_{t-\tau_0(t)}^{t} \lambda_j(s) \mathrm{d}s
\end{aligned}$$

$$
\begin{aligned}
&+\bigwedge_{j=1}^{n}\alpha_{ij}\zeta_j(t-\tau_j(t))-\bigwedge_{j=1}^{n}\alpha_{ij}\lambda_j(t-\tau_j(t))\\
&+\bigvee_{j=1}^{n}\beta_{ij}\zeta_j(t-\tau_j(t))-\bigvee_{j=1}^{n}\beta_{ij}\lambda_j(t-\tau_j(t))\\
&+\xi_i D^{\alpha-\beta}e_i(t)-\eta_{i1}\tilde{e}_i(t)+\operatorname{sign}(\tilde{e}_i(t))(\eta_{i2}\\
&+c(D^{\alpha-\beta-1}|\tilde{e}_i(t)|)^{\mu})-\sum_{j=1}^{n} d_{ij}\int_{t-\tau_0(t)}^{t}\zeta_j(s)\mathrm{d}s\\
&\left.+\sum_{j=1}^{n}d_{ij}\int_{t-\tau_0(t)}^{t}\lambda_j(s)\mathrm{d}s-\xi_i D^{\alpha-\beta}e_i(t)\right)
\end{aligned}
$$

则

$$
\begin{aligned}
\dot{V}(t)\leqslant&\sum_{i=1}^{n}(-\xi_i-k_i+\delta_i)|e_i(t)|+\sum_{i=1}^{n}(1+\theta_i-\eta_{i1})|\tilde{e}_i(t)|-\sum_{i=1}^{n}\omega_i|e_i(t-\tau_i(t))|\\
&-\sum_{i=1}^{n}c(D^{\beta-1}|e_i(t)|)^{\mu}-\sum_{i=1}^{n}(\eta_{i1}+c(D^{\alpha-\beta-1}|\tilde{e}_i(t)|)^{\mu})\\
&+\sum_{i=1}^{n}\left|\bigwedge_{j=1}^{n}\alpha_{ij}\zeta_j(t-\tau_j(t))-\bigwedge_{j=1}^{n}\alpha_{ij}\lambda_j(t-\tau_j(t))\right|\\
&+\sum_{i=1}^{n}\left|\bigvee_{j=1}^{n}\beta_{ij}\zeta_j(t-\tau_j(t))-\bigvee_{j=1}^{n}\beta_{ij}\lambda_j(t-\tau_j(t))\right|\\
&+\sum_{i=1}^{n}\sum_{j=1}^{n}|c_{ij}||\zeta_j(t)-\lambda_j(t)|-\sum_{i=1}^{n}\gamma_i
\end{aligned}
$$

根据假设 11.1，得

$$
\begin{aligned}
\sum_{i=1}^{n}\sum_{j=1}^{n}|c_{ij}||\zeta_j(t)-\lambda_j(t)|&\leqslant\sum_{i=1}^{n}\sum_{j=1}^{n}|c_{ij}|(L_j|e_j(t)|+Q_j)\\
&=\sum_{i=1}^{n}\sum_{j=1}^{n}|c_{ji}|(L_i|e_i(t)|+Q_i)
\end{aligned}
$$

使用假设 11.1 和引理 11.1，得

$$
\begin{aligned}
\left|\bigwedge_{j=1}^{n}\alpha_{ij}\zeta_j(t-\tau_j(t))-\bigwedge_{j=1}^{n}\alpha_{ij}\lambda_j(t-\tau_j(t))\right|&\leqslant\sum_{i=1}^{n}|\alpha_{ij}||\zeta_j(t-\tau_j(t))-\lambda_j(t-\tau_j(t))|\\
&\leqslant\sum_{j=1}^{n}|\alpha_{ji}|(L_j|e_j(t-\tau_j(t))|+Q_j)
\end{aligned}
$$

类似地

$$\left|\bigvee_{j=1}^{n}\beta_{ij}\zeta_j(t-\tau_j(t))-\bigvee_{j=1}^{n}\beta_{ij}\lambda_j(t-\tau_j(t))\right|\leqslant\sum_{i=1}^{n}|\beta_{ij}||\zeta_j(t-\tau_j(t))-\lambda_j(t-\tau_j(t))|$$

$$\leqslant\sum_{j=1}^{n}|\beta_{ji}|(L_j|e_j(t-\tau_j(t))|+Q_j)$$

利用上面的不等式，可以推导出

$$\begin{aligned}\dot{V}(t)\leqslant&\sum_{i=1}^{n}\left(-\xi_i-k_i+\delta_i+\sum_{j=1}^{n}|c_{ji}L_i|\right)|e_i(t)|+\sum_{i=1}^{n}(1+\theta_i-\eta_{i1})|\tilde{e}_i(t)|\\&+\sum_{i=1}^{n}\left(\sum_{j=1}^{n}(|\alpha_{ji}|+|\beta_{ji}|)L_i-\omega_i\right)|e_i\left(t-\tau_i(t)\right)|\\&+\sum_{i=1}^{n}\left(\sum_{j=1}^{n}(|\alpha_{ij}|+|\beta_{ij}|++|\beta_{ij}|)Q_j-\eta_{i2}\right)-\sum_{i=1}^{n}\gamma_i\\&-\sum_{i=1}^{n}c(D^{\beta-1}|e_i(t)|)^{\mu}-\sum_{i=1}^{n}c(D^{\alpha-\beta-1}|\tilde{e}_i(t)|)^{\mu}\end{aligned}$$

由式（11.10）和引理 11.2 可得

$$\begin{aligned}\dot{V}(t)&\leqslant-\sum_{i=1}^{n}c(D^{\beta-1}|e_i(t)|)^{\mu}-\sum_{i=1}^{n}c(D^{\alpha-\beta-1}|\tilde{e}_i(t)|)^{\mu}-\sum_{i=1}^{n}\gamma_i\\&\leqslant-cn^{1-\mu}\left(\sum_{i=1}^{n}D^{\beta-1}|e_i(t)|+\sum_{i=1}^{n}D^{\alpha-\beta-1}|\tilde{e}_i(t)|\right)^{\mu}-\sum_{i=1}^{n}\gamma_i\\&=-\rho V^{\mu}(t)-\varpi\end{aligned}$$

其中，$\rho=cn^{1-\mu}$；$\varpi=\sum_{i=1}^{n}\gamma_i$。因此，通过引理 11.3 可以实现驱动系统（11.5）和响应系统（11.7）之间的固定时间同步。此外，建立时间 $T_{\max}$ 可以通过式（11.11）进行计算。

注 4　在定理 11.1 中，具有混合延迟的分数阶模糊惯性神经网络之间的固定时间与合适构造的控制器来实现。然而，控制律 $u_i(t)$ 和 $\tilde{u}_i(t)$ 不容易自适应，特别是 $\tilde{u}_i(t)$ 中的两个分布时滞项满足一些特殊条件。因此，我们将优化控制律 $\tilde{u}_i(t)$ 以提高我们结果的可行性。

现将状态反馈控制器设计如下：

$$\begin{cases}u_i(t)=-k_ie_i(t)+\operatorname{sign}(e_i(t))(-\gamma_i+c(D^{\beta-1}|e_i(t)|)^{\mu}+\omega_i|e_i(t-\tau_i(t))|)\\\tilde{u}_i(t)=-\eta_{i1}\tilde{e}_i(t)+\operatorname{sign}(\tilde{e}_i(t))(\eta_{i2}+c(D^{\alpha-\beta-1}|\tilde{e}_i(t)|)^{\mu})\\\qquad-\operatorname{sign}(\tilde{e}_i(t))\sum_{j=1}^{n}L_j|d_{ij}|\int_{t-\tau_0(t)}^{t}|e_j(s)|\mathrm{d}s-\xi_iD^{\alpha-\beta}e_i(t),\quad i=1,2,\cdots,n\end{cases}\tag{11.13}$$

其中，k_i、γ_i、ω_i、η_{i1}、η_{i2} 是控制参数。那么我们有以下定理。

定理 11.2　在假设 11.1、假设 11.2 和控制器（11.9）下，如果以下条件（11.14）成立，则式（11.5）和式（11.7）可以实现有限时间同步。

$$\begin{cases}\eta_{i1} \geqslant 1-\theta_i \\ \eta_{i2} \geqslant \sum_{j=1}^{n}(|\alpha_{ij}|+|\beta_{ij}|+|c_{ij}|+\tau|d_{ij}|)Q_j \\ k_i \geqslant \sum_{j=1}^{n}|c_{ji}|L_i+\delta_i+\xi_i \\ \omega_i \geqslant \sum_{j=1}^{n}(|\alpha_{ij}|+|\beta_{ij}|)L_i \end{cases} \tag{11.14}$$

此外，可以通过式（11.15）计算建立时间：

$$T_{\max}=\frac{1}{\varpi}\left(\frac{\varpi}{\rho}\right)^{\frac{1}{\mu}}\left(1+\frac{1}{\mu-1}\right) \tag{11.15}$$

其中，$\rho=cn^{1-\mu}$；$\varpi=\sum_{i=1}^{n}\gamma_i$。

证明　证明过程与定理 11.1 类似，此处省略。

注 5　文献[20]、[21]研究了惯性神经网络的有限时间同步问题。与有限时间同步相比，固定时间同步问题的建立时间与初始同步误差无关，建立时间的上界可以提前给出。从这个角度来看，固定时间同步更有利、更适用。

注 6　本章的建立时间是基于引理 11.3 的，引理 11.3 中的建立时间算法本身就是一个优化的结果。事实上，在引理 11.3 的证明中，建立时间的估计由下面公式给出：

$$\begin{aligned} T_s &\leqslant \int_0^{+\infty}\frac{1}{(a\omega^{\delta}+b)^k}\mathrm{d}\omega \\ &=\int_0^{r}\frac{1}{(a\omega^{\delta}+b)^k}\mathrm{d}\omega+\int_r^{+\infty}\frac{1}{(a\omega^{\delta}+b)^k}\mathrm{d}\omega \\ &\leqslant \int_0^{r}\frac{1}{b^k}\mathrm{d}\omega+\int_r^{+\infty}\frac{1}{a^k\omega^{\delta k}}\mathrm{d}\omega \\ &=\frac{r}{b^k}+\frac{1}{a^k(\delta k-1)}r^{1-\delta k} \end{aligned}$$

其中，r 是任意正数。为了对 T_s 给出一个不那么保守和更准确的估计，令

$$\varphi(r)=\frac{r}{b^k}+\frac{1}{a^k(\delta k-1)}r^{1-\delta k}$$

则

$$\dot{\varphi}(r)=\frac{1}{b^k}+\frac{1}{a^k(\delta k-1)}r^{-\delta k}$$

这表明 $\varphi(r)$ 达到其最小值 $\hat{\varphi}$，由下面公式给出：

$$\hat{\varphi}=\frac{1}{b^k}\left(\frac{b}{a}\right)^{\frac{1}{\delta}}\left(1+\frac{1}{\delta k-1}\right)$$

另外，我们可以通过在应用中选择合适的参数 a、b、k、δ 来优化建立时间的估计。事实上，如果一个不那么保守的 $a > be$，$\delta=\dfrac{\ln\frac{b}{a}}{\ln\frac{b}{a}+1}$，那么稳定时间函数 T_s 的估计可以通过下面公式获得：

$$T_s \leqslant T_{\max}=\frac{\ln\frac{b}{a}}{b}\left(\frac{b}{a}\right)^{1+\frac{1}{\ln\frac{b}{a}}}$$

11.4　数 值 仿 真

本节给出两个数值实例以验证定理 11.1 和定理 11.2 理论结果的有效性。

例 11.1　考虑以下惯性模糊神经网络驱动系统（11.16）和响应系统（11.17）。

驱动系统为

$$\begin{cases} D^{\beta}x_i(t)=-\xi_i x_i(t)+y_i(t) \\ D^{\alpha-\beta}y_i(t)=-\theta_i y_i(t)+\delta_i x_i(t)+\sum\limits_{j=1}^{2}c_{ij}\lambda_j(t)+\sum\limits_{j=1}^{2}d_{ij}\int_{t-\tau_0(t)}^{t}\lambda_j(s)\mathrm{d}s \\ \qquad +\sum\limits_{j=1}^{2}g_{ij}v_j+\bigwedge\limits_{j=1}^{2}T_{ij}v_j+\bigwedge\limits_{j=1}^{2}\alpha_{ij}\lambda_j(t-\tau_j(t))+\bigvee\limits_{j=1}^{2}S_{ij}v_j \\ \qquad +\bigvee\limits_{j=1}^{n}\beta_{ij}\lambda_j(t-\tau_j(t))+\xi_i D^{\alpha-\beta}x_i(t)+I_i,\quad i=1,2 \end{cases} \tag{11.16}$$

响应系统为

$$\begin{cases} D^{\beta}p_i(t)=-\xi_i p_i(t)+q_i(t)+u_i(t) \\ D^{\alpha-\beta}q_i(t)=-\theta_i q_i(t)+\delta_i p_i(t)+\sum\limits_{j=1}^{2}c_{ij}\zeta_j(t)+\sum\limits_{j=1}^{2}d_{ij}\int_{t-\tau_0(t)}^{t}\zeta_j(s)\mathrm{d}s \\ \qquad +\sum\limits_{j=1}^{2}g_{ij}v_j+\bigwedge\limits_{j=1}^{2}T_{ij}v_j+\bigwedge\limits_{j=1}^{2}\alpha_{ij}\zeta_j(t-\tau_j(t))+\bigvee\limits_{j=1}^{2}S_{ij}v_j \\ \qquad +\bigvee\limits_{j=1}^{2}\beta_{ij}\zeta_j(t-\tau_j(t))+\xi_i D^{\alpha-\beta}p_i(t)+I_i+\tilde{u}_i(t),\quad i=1,2 \end{cases} \tag{11.17}$$

另外，有

$$f_i(x)=\begin{cases}\tanh(x)+0.8, & x\geqslant 0\\ \tanh(x)-0.8, & x<0\end{cases},\quad i=1,2$$

不难验证激活函数满足式（11.16）和式（11.17），$L_i=4,Q_i=5,i=1,2$。驱动-响应系统的参数选择如下：

$$\begin{cases}\alpha=0.95,\beta=0.85\\ a_1=3,a_2=2,b_1=1,b_2=1,\xi_1=0.2,\xi_2=0.1\\ c_{11}=-0.1,c_{12}=0.3,c_{21}=-0.1,c_{22}=0.2\\ \alpha_{11}=-0.01,\alpha_{12}=-0.01,\alpha_{21}=-0.01,\alpha_{22}=-0.01\\ \beta_{11}=0.1,\beta_{12}=0.1,\beta_{21}=0.1,\beta_{22}=0.1\\ d_{11}=0,d_{12}=0,d_{21}=0,d_{22}=0\\ I_1=0,I_2=0,\tau_i(t)=0.3\cos(2t)+0.7,i=0,1,2\end{cases}$$

建议使用以下控制器：

$$\begin{cases}u_i(t)=-k_ie_i(t)+\mathrm{sign}(e_i(t))(-\gamma_i+c(D^{\beta-1}\,|\,e_i(t)\,|)^{\mu}+\omega_i\,|\,e_i(t-\tau_i(t)\,|\\ \tilde{u}_i(t)=-\eta_{i1}\tilde{e}_i(t)+\mathrm{sign}(\tilde{e}_i(t))(\eta_{i2}+c(D^{\alpha-\beta-1}\,|\,\tilde{e}_i(t)\,|)^{\mu})\\ \qquad -\sum\limits_{j=1}^{2}d_{ij}\int_{t-\tau_0(t)}^{t}\zeta_j(s)\mathrm{d}s+\sum\limits_{j=1}^{2}d_{ij}\int_{t-\tau_0(t)}^{t}\lambda_j(s)\mathrm{d}s\\ \qquad -\xi_iD^{\alpha-\beta}e_i(t),\quad i=1,2\end{cases}\tag{11.18}$$

其中，选择的控制器参数值如下：

$$\begin{cases}k_1=2,k_2=2,\omega_1=1,\omega_2=1,c=4\\ \eta_{11}=2,\eta_{21}=2,\gamma_1=2,\gamma_2=2,\mu=1.5\end{cases}$$

初始条件如下：

$$\begin{cases}x_1(t)=2,x_2(t)=3,y_1(t)=4,y_2(t)=1\\ p_1(t)=4,p_2(t)=1,q_1(t)=2,q_2(t)=4\end{cases}$$

很容易验证定理 11.1 的所有条件都满足。因此，响应系统（11.17）可以在固定时间内与驱动系统（11.16）同步。此外，根据定理 11.1，$T_{\max}$ 可以计算为

$$T_{\max}=\frac{1}{\varpi}\left(\frac{\varpi}{\rho}\right)^{\frac{1}{\mu}}\left(1+\frac{1}{\mu-1}\right)=0.9449\mathrm{s}$$

仿真结果如图 11.1～图 11.3 所示。图 11.1 和图 11.2 显示了状态轨迹，系统（11.16）和（11.17）之间的同步误差 $e(t)$ 和 $\tilde{e}(t)$ 的时间演化如图 11.3 所示。当同步控制（11.18）被加到响应系统（11.17）时，从图 11.1 和图 11.2 中可以看出，响应系统（11.17）的状态确实在固定时间 $T_{\max}$ 内收敛到驱动系统（11.16）的状态，并且收敛，此后误差保持为零。仿真结果表明，本章建立的定时同步的主要结果是正确的。

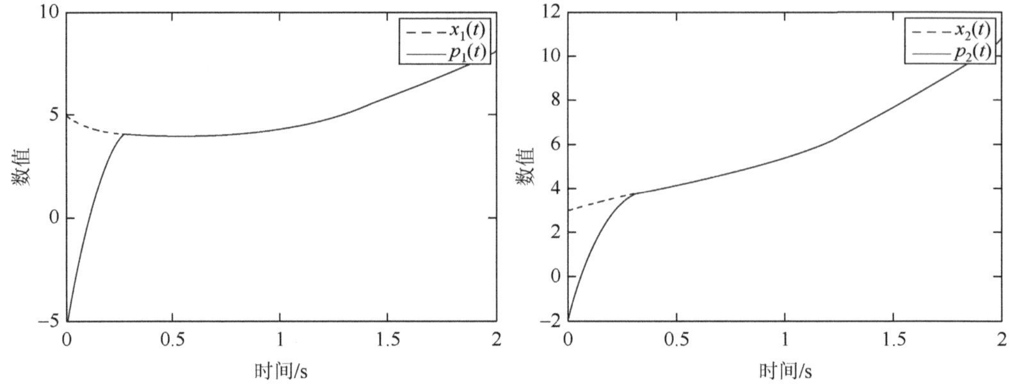

(a) $p_1(t)$和$x_1(t)$的状态轨迹　　(b) $p_2(t)$和$x_2(t)$的状态轨迹

图 11.1　$p(t)$ 和 $x(t)$ 的状态轨迹

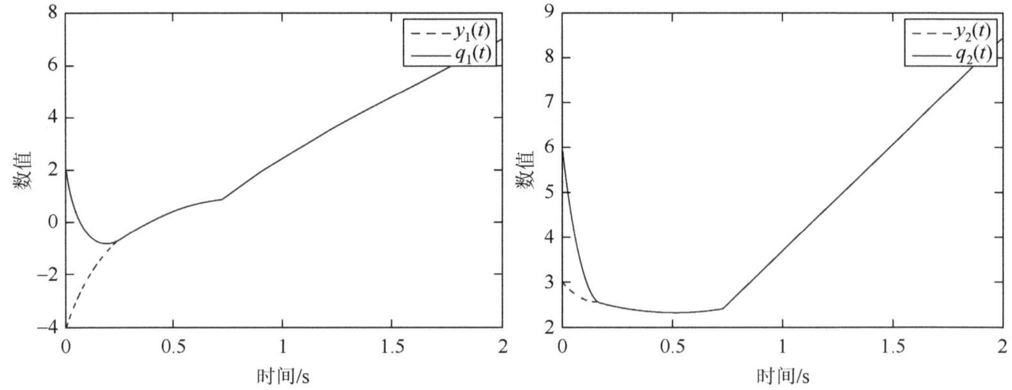

(a) $q_1(t)$和$y_1(t)$的状态轨迹　　(b) $q_2(t)$和$y_2(t)$的状态轨迹

图 11.2　$q(t)$ 和 $y(t)$ 的状态轨迹

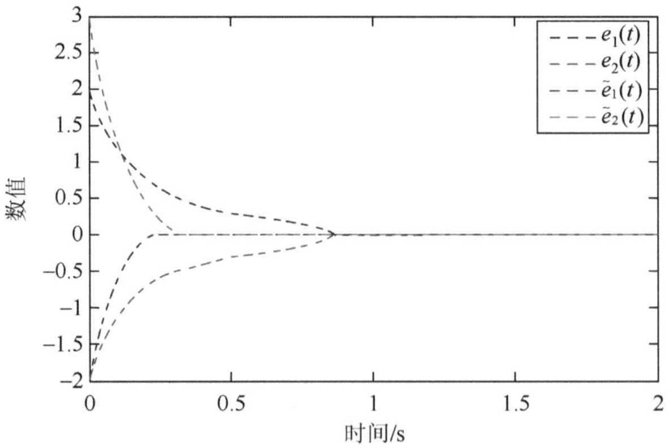

图 11.3　驱动-响应系统之间的同步误差 $e(t)$ 和 $\tilde{e}(t)$

例 11.2　考虑以下惯性模糊神经网络驱动系统（11.19）和响应系统（11.20）。驱动系统为

$$\begin{cases} D^{\beta}x_i(t) = -\xi_i x_i(t) + y_i(t) \\ D^{\alpha-\beta}y_i(t) = -\theta_i y_i(t) + \delta_i x_i(t) + \sum_{j=1}^{2} c_{ij}\lambda_j(t) + \sum_{j=1}^{2} d_{ij}\int_{t-\tau_0(t)}^{t}\lambda_j(s)\mathrm{d}s \\ \qquad + \sum_{j=1}^{2} g_{ij}v_j + \bigwedge_{j=1}^{2} T_{ij}v_j + \bigwedge_{j=1}^{2}\alpha_{ij}\lambda_j(t-\tau_j(t)) + \bigvee_{j=1}^{2} S_{ij}v_j \\ \qquad + \bigvee_{j=1}^{n}\beta_{ij}\lambda_j(t-\tau_j(t)) + \xi_i D^{\alpha-\beta}x_i(t) + I_i, \quad i=1,2 \end{cases} \tag{11.19}$$

响应系统为

$$\begin{cases} D^{\beta}p_i(t) = -\xi_i p_i(t) + q_i(t) + u_i(t) \\ D^{\alpha-\beta}q_i(t) = -\theta_i q_i(t) + \delta_i p_i(t) + \sum_{j=1}^{2} c_{ij}\zeta_j(t) + \sum_{j=1}^{2} d_{ij}\int_{t-\tau_0(t)}^{t}\zeta_j(s)\mathrm{d}s \\ \qquad + \sum_{j=1}^{2} g_{ij}v_j + \bigwedge_{j=1}^{2} T_{ij}v_j + \bigwedge_{j=1}^{2}\alpha_{ij}\zeta_j(t-\tau_j(t)) + \bigvee_{j=1}^{2} S_{ij}v_j \\ \qquad + \bigvee_{j=1}^{2}\beta_{ij}\zeta_j(t-\tau_j(t)) + \xi_i D^{\alpha-\beta}p_i(t) + I_i + \tilde{u}_i(t), \quad i=1,2 \end{cases} \tag{11.20}$$

另外，有

$$f_i(x) = \begin{cases} \tanh(x) + 0.5, & x \geqslant 0 \\ \tanh(x) - 0.5, & x < 0 \end{cases}, \quad i=1,2$$

不难验证激活函数满足假设 11.1 和假设 11.2， $L_i = 1, Q_i = 1, i = 1.2$ 。驱动响应系统的参数选择如下：

$$\begin{cases} \alpha = 0.90, \beta = 0.45 \\ a_1 = 3, a_2 = 3, b_1 = 1, b_2 = 1, \xi_1 = -0.1, \xi_2 = -0.2 \\ c_{11} = -0.2, c_{12} = 0.2, c_{21} = -0.2, c_{22} = 0.2 \\ \alpha_{11} = -0.1, \alpha_{12} = -0.1, \alpha_{21} = -0.1, \alpha_{22} = -0.1 \\ \beta_{11} = 0.5, \beta_{12} = 0.5, \beta_{21} = 0.5, \beta_{22} = 0.5 \\ d_{11} = -1, d_{12} = 1, d_{21} = -1, d_{22} = 1 \\ I_1 = 0, I_2 = 0, \tau_i(t) = 0.3\cos(2t) + 0.7, i = 0,1,2 \end{cases}$$

建议使用以下控制器：

$$\begin{cases} u_i(t) = -k_i e_i(t) + \text{sign}(e_i(t))(-\gamma_i + c(D^{\beta-1}|e_i(t)|)^{\mu} + \omega_i |e_i(t-\tau_i(t))|) \\ \tilde{u}_i(t) = -\eta_{i1}\tilde{e}_i(t) + \text{sign}(\tilde{e}_i(t))(\eta_{i2} + c(D^{\alpha-\beta-1}|\tilde{e}_i(t)|)^{\mu}) \\ \qquad - \text{sign}(\tilde{e}_i(t))\sum_{j=1}^{n} L_j |d_{ij}| \int_{t-\tau_0(t)}^{t} |e_j(s)| \text{d}s - \xi_i D^{\alpha-\beta} e_i(t), \quad i=1,2 \end{cases} \tag{11.21}$$

其中控制器参数如下：

$$\begin{cases} k_1 = 2, k_2 = 2, \omega_1 = 1.2, \omega_2 = 0.8, c = 16 \\ \eta_{11} = 2, \eta_{21} = 3, \gamma_1 = 2, \gamma_2 = 3, \mu = 1.5 \end{cases}$$

初始条件为

$$\begin{cases} x_1(t) = 5, x_2(t) = 3, y_1(t) = -4, y_2(t) = 3 \\ p_1(t) = -5, p_2(t) = -2, q_1(t) = 2, q_2(t) = 6 \end{cases}$$

很容易验证定理 11.2 的所有条件都满足。因此，响应系统（11.20）可与驱动系统（11.19）定时同步。此外，根据定理 11.2，$T_{\max}$ 可以计算为

$$T_{\max} = \frac{1}{\varpi}\left(\frac{\varpi}{\rho}\right)^{\frac{1}{\mu}}\left(1+\frac{1}{\mu-1}\right) = 0.3750\text{s}$$

仿真结果如图 11.4～图 11.6 所示。图 11.4 和图 11.5 显示了状态轨迹，系统（11.19）和（11.20）之间的同步误差 $e(t)$ 和 $\tilde{e}(t)$ 的时间演化如图 11.6 所示。仿真结果表明本章建立的定时同步的主要结果是正确的。

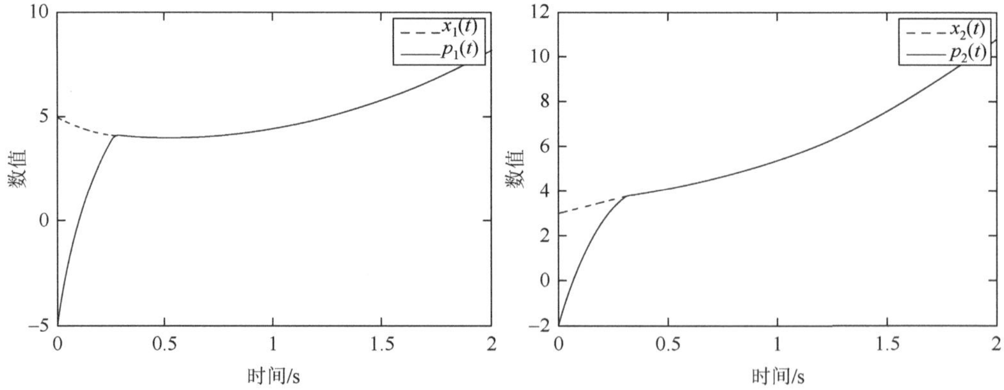

(a) $p_1(t)$和$x_1(t)$的状态轨迹　(b) $p_2(t)$和$x_2(t)$的状态轨迹

图 11.4　$p(t)$ 和 $x(t)$ 的状态轨迹

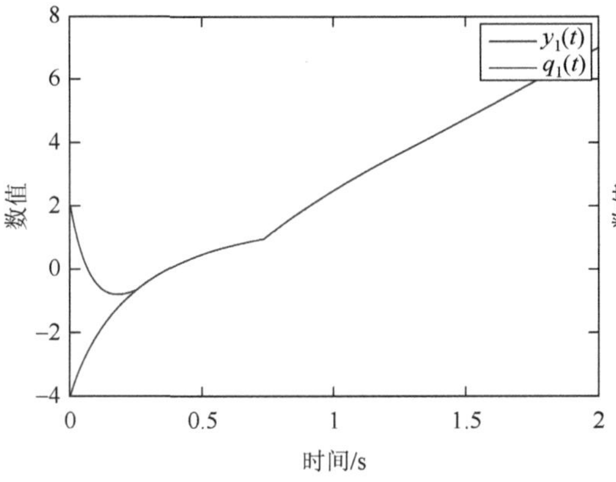

(a) $q_1(t)$和$y_1(t)$的状态轨迹

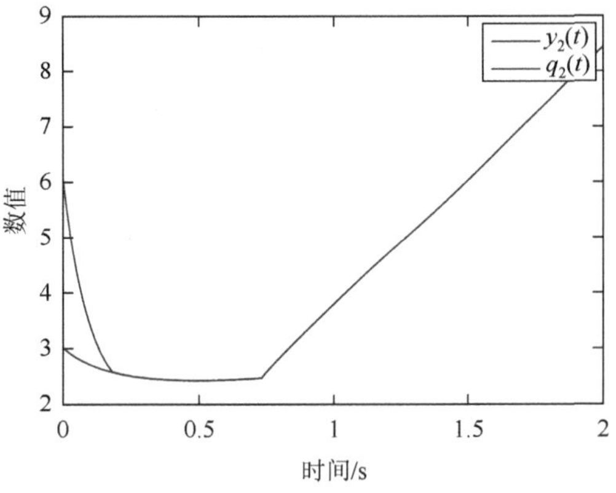

(b) $q_2(t)$和$y_2(t)$的状态轨迹

图 11.5　$q(t)$ 和 $y(t)$ 的状态轨迹

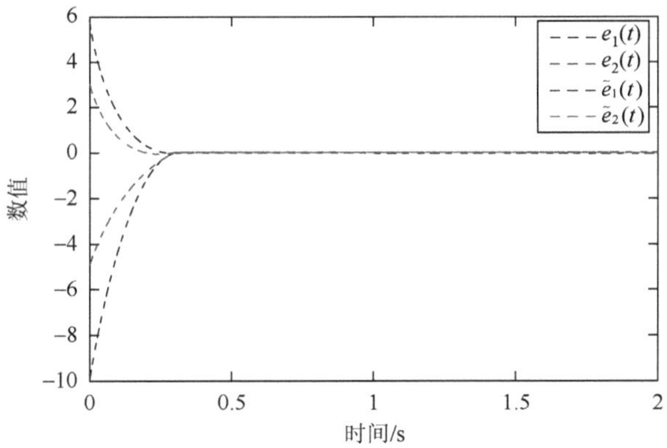

图 11.6　驱动-响应系统之间的同步误差 $e(t)$ 和 $\tilde{e}(t)$

11.5　本 章 小 结

本章研究了一类具有时变混合延迟的分数阶模糊惯性细胞神经网络的固定时间同步问题。利用有限时间稳定性理论、Lyapunov 泛函和分析技术，我们获得了驱动-响应系统的固定时间同步的一些新准则。并通过两个数值例子仿真验证了理论结果的正确性。下一步我们将本章的研究成果扩展到更一般的具有混合延迟的模糊惯性神经网络，重点将考虑更有效的控制律这一具有挑战性的课题。

参 考 文 献

[1]　Chua L O，Yang L. Cellular neural networks：Theory[J]. IEEE Transactions on Circuits and Systems，1988，35：1257-1272.

[2] Liu P. Delay-dependent global exponential robust stability for delayed cellular neural networks with time-varying delay[J]. ISA Transactions，2013，52：711-716.

[3] Yang G，New results on the stability of fuzzy cellular neural networks with time-varying leakage delays[J]. Neural Computing and Applications，2014，25：1709-1715.

[4] Pu H，Liu Y，Jiang H，et al. Exponential synchronization for fuzzy cellular neural networks with time-varying delays and nonlinear impulsive effects[J]. Cognitive Neurodynamics，2015，9：437-446.

[5] Duan S，Hu X，Dong Z，et al. Memristor-based cellular nonlinear neural network：Design，analysis and applications[J]. IEEE Transactions on Neural Networks and Learning Systems，2015，26：1202-1213.

[6] Yang T，Yang L，Wu C，et al. Fuzzy cellular neural networks：Theory[J]. Proceedings of IEEE International Workshop on Cellular Neural Networks and Applications，1996：181-186.

[7] Yang T，Yang L，Wu C，et al. Fuzzy cellular neural networks：Applications[J]. Proceedings of IEEE International Workshop on Cellular Neural Networks and Applications，1996：225-230.

[8] Li Z，Li K. Stability analysis of impulsive fuzzy cellular neural networks with distributed delays and reaction-diffusion terms[J]. Chaos，Solitons and Fractals，2009，42：492-499.

[9] Li X，Rakkiyappan R，Balasubramaniam P. Existence and global stability analysis of equilibrium of fuzzy cellular neural networks with time delay in the leakage term under impulsive perturbations[J]. Journal of the Franklin Institute，2011，348：135-155.

[10] Jia R. Finite-time stability of a class of fuzzy cellular neural networks with multi-proportional delays[J]. Fuzzy Sets and Systems，2017，319：70-80.

[11] Duan L，Fang X，Fu Y. Global exponential synchronization of delayed fuzzy cellular neural networks with discontinuous activations[J]. International Journal of Machine Learning and Cybernetics，2019，10：579-589.

[12] Babcock K，Westervelt R. Stability and dynamics of simple electronic neural networks with added inertial[J]. Physica D：Nonlinear Phenomena，1986，23：464-469.

[13] Mauro A，Conti F，Dodge F，et al. Subthreshold behavior and phenomenological impedance of the squid giant axon[J]. Journal of General Physiology，1970，55（4）：497523-497536.

[14] Koch C. Cable theory in neurons with active，linearized membranes[J]. Biological Cybernetics，1984，50（1）：15-33.

[15] Angelaki D，Correia M. Models of membrane resonance in pigeon semicircular canal type II hair cells[J]. Biological Cybernetics，1991，65（1）：1-10.

[16] Song C，Cao J. Dynamics in fractional-order neural networks[J]. Neurocomputing，2014，142：494-498.

[17] Kaslik E，Sivasundaram S. Nonlinear dynamics and chaos in fractional-order neural net-works[J]. Neural Networks，2012，32：245-256.

[18] Chen L，Chai Y，Wu R，et al. Dynamic analysis of a class of fractional-order neural networks with delay[J]. Neurocomputing，2013，111：190-194.

[19] Wang H，Yu Y，Wen G. Stability analysis of fractional-order hopfield neural networks with time delays[J]. Neural Networks，2014，55：98-109.

[20] Wang H，Yu Y，Wen G，et al. Global stability analysis of fractional-order hopfield neural networks with time delay[J]. Neurocomputing，2015，154：15-23.

[21] Chen J，Zeng Z，Jiang P. Global Mittag-Leffler stability and synchronization of memristor-based fractional-order neural networks[J]. Neural Networks，2014，51：1-8.

[22] Bao H，Cao J. Projective synchronization of fractional-order memristor-based neural networks[J]. Neural

Networks，2015，63：1-9.

[23] Lakshmanan S，Prakash M，Lim C，et al. Synchronization of an inertial neural network with time-varying delays and its application to secure communication[J]. IEEE Transactions on Neural Networks and Learning Systems，2018，29（1）：195-207.

[24] Yang X，Ho D W C. Synchronization of delayed memristive neural networks：Robust analysis approach[J]. IEEE Transactions，2016，46（2）：3377-3387.

[25] Li X，Li X，Hu C. Some new results on stability and synchronization for delayed inertial neural networks based on non-reduced order method[J]. Neural Networks，2017，96：91-100.

[26] Gu Y，Wang H，Yu Y. Stability and synchronization for Riemann-Liouville fractional-order time-delayed inertial neural networks[J]. Neurocomputing，2019，340：270-280.

[27] Feng Y，Xiong X，Tang R，et al. Exponential synchronization of inertial neural networks with mixed delays via quantized pinning control[J]. Neurocomputing，2018，310：165-171.

[28] Tang Q，Jian J. Exponential synchronization of inertial neural networks with mixed time-varying delays via periodically intermittent control[J]. Neurocomputing，2019，338：181-190.

[29] Liang K，Wanli L. Exponential synchronization in inertial Cohen-Grossberg neural net-works with time delays[J]. Journal of the Franklin Institute，2019，356：11285-11304.

[30] Shi J，Zeng Z. Global exponential stabilization and lag synchronization control of inertial neural networks with time delays[J]. Neural Networks，2020，126：11-20.

[31] Cui N. Finite-time synchronization of inertial neural networks[J]. Journal of the As-sociation of Arab Universities for Basic and Applied Sciences，2017，24：300-309.

[32] Guo Z. Finite-time synchronization of inertial memristive neural networks with time delay via delay-dependent control[J]. Neurocomputing，2018，293：100-107.

[33] Wei R，Cao J，Alsaedi A. Fixed-time synchronization of inertial memristor-based neural networks with discrete delay[J]. Cognitive Neurodynamics，2018，12：121-134.

[34] Chen C. Fixed-time synchronization of inertial memristor-based neural networks with discrete delay[J]. Neural Networks，2019，109：81-89.

[35] Alimi A M，Aouiti C，Assali E A. Finite-time and fixed-time synchronization of a class of inertial neural networks with multi-proportional delays and its application to secure communication[J]. Neurocomputing，2019，332：29-43.

[36] Duan L，Wei H，Huang L. Finite-time synchronization of delayed fuzzy cellular neural networks with discontinuous activations[J]. Neurocomputing，2019，361：56-70.

[37] Liu Y，Sun Y. Fixed-time synchronization of fuzzy cellular neural networks with time-varying delays and discontinuous activations[J]. IEEE Access，2020，8：65801-65811.

[38] Zheng M，Li L，Peng H，et al. Fixed-time synchronization of memristor-based fuzzy cellular neural network with time-varying delay[J]. Journal of the Franklin Institute，2018，355：6780-6809.

[39] Sun Y，Liu Y. Fixed-time synchronization of delayed fractional-order memristor-based fuzzy cellular neural networks[J]. IEEE Access，2020，8：165951-165962.

[40] Li C，Deng W. Remarks on fractional derivatives[J]. Applied Mathematics and Computation，2007，187：777-784.